三维工程模型的构建与应用

田志刚　郭党伍　宋中杰　张松安　等 编著

黄河水利出版社

·郑州·

内 容 提 要

本书在简要介绍工程图的基本知识及 AutoCAD 绘图的基本技巧基础上,结合多年工程实践,详细讲解了工程制图中点、线、面的绘制,函数的绘图,三维实体的创建、组合与编辑,三维立体工程图的制作及应用,工程图的图案填充、文字注释、表格创建、尺寸标注、打印输出等。对于书中介绍的各种制图方法都相应给出了制图实例,便于读者理解和掌握。

本书适用于具有 AutoCAD 初步基础的工程技术人员、测绘人员。通过本书的学习可以为绘制三维立体工程图打下基础。

图书在版编目(CIP)数据

三维工程模型的构建与应用/田志刚等编著.—郑州:黄河水利出版社,2018.11 (2022.2 重印)
ISBN 978-7-5509-0643-3

Ⅰ.①三… Ⅱ.①田… Ⅲ.①工程制图-计算机制图
Ⅳ.①TB237

中国版本图书馆 CIP 数据核字(2018)第 263439 号

组稿编辑:岳晓娟   电话:0371-66020903   E-mail:2250150882@qq.com

出 版 社:黄河水利出版社
　　　　　地址:河南省郑州市顺河路黄委会综合楼 14 层　　　邮政编码:450003
发行单位:黄河水利出版社
　　　　　发行部电话:0371-66026940、66020550、66028024、66022620(传真)
　　　　　E-mail:hhslcbs@ 126.com
承印单位:河南新华印刷集团有限公司
开本:787 mm×1 092 mm　1/16
印张:23
字数:530 千字
版次:2018 年 11 月第 1 版　　　　　印次:2022 年 2 月第 2 次印刷

定价:98.00 元

前　言

近些年来,随着社会经济的发展、科学技术的进步,我国对大型工程的设计已逐渐与国际接轨,采用大量的复杂三维曲线组合设计。对于结构复杂的工程,采用常规的二维平面图表示其结构和尺寸,就需要大量的平面图、断面图和剖面图,一个较大的分项工程,往往需要数百幅图纸,为此业主、监理单位和施工单位都设有专门的资料室,即便如此,要查找某个单项工程的完整图纸,也需要较长的时间,给施工管理带来许多不便。针对上述情况,有部分工程技术人员开始尝试采用绘制三维立体图的方法,对工程的质量、进度和工程量进行控制,收到了较好的效果。

2005~2006年,作者在溪洛渡水电站从事工程测量监理期间,尝试从控制工程质量、进度和工程量的角度,绘制了成套的施工用图,首次完成了整个导流洞三维立体图(第1版)的绘制。6个导流洞总长度9 346 m,规格一般为20 m×26 m,最大为34 m×70 m。三维立体图完成后,三峡溪洛渡监理部组织建设、施工和监理等各方面技术人员进行了检查与评审,与会专家一致认为三维立体图的绘制能够快速、精确地控制工程质量、进度和工程量,充分肯定了三维立体图在工程建设中的作用。2008年该项成果获得河南省测绘科技进步一等奖和国家测绘科技进步三等奖。

本书主要讲解了以下五个方面的内容:一是工程图的基本知识及AutoCAD绘图的基本技巧;二是工程制图中点、线、面的绘制;三是三维实体的创建、组合与编辑;四是三维立体工程图的制作及应用;五是工程图的图案填充、文字注释、表格创建、尺寸标注、打印输出等。书中的案例都是根据实际的工程设计图绘制的,并在工程建设中作为正式图纸使用。对于AutoCAD中绘制三维实体有多种选项的命令,各种选项都配有实例,以便绘图者能够根据工程的不同需要进行选择。

书中介绍的生成"脚本文件"的方法,可以用于坐标点位旁边批量自动注记文字,也可用于常用线性工程桩号和高程的注记;"设置视图""设置图形"命令可以快速地将三维立体模型转换为"三视图"(俯视、主视、侧视)。

本书提出了三维数字模型、直线形三维立体图的概念。三维数字模型是将工程坐标X、Y、Z加入三维立体图,直线形三维立体图是将工程桩号、高程加入三维立体图。本书第15、16章详细介绍了相关的绘制方法和实际应用。

本书由田志刚负责全面协调。提纲由苏群生、田志刚、郭党伍、宋中杰等构思,经过多次集体讨论拟定。

全书共分16章。撰写人员及撰写分工如下:前言、第1章由田志刚撰写,第2章由孟杰撰写,第3章由鲁雨先撰写,第4章由李红艳撰写,第5章由邓军红撰写,第6、7章由张松安撰写,第8、9章由邓军红、李红艳撰写,第10章由孟杰、许桂平撰写,第11章由宋中杰撰写,第12章由郭党伍撰写,第13章由孟杰、许桂平、赵韦琛撰写,第14章由张彦丽撰写,第15章由田志刚、王品撰写,第16章由牛万宏撰写,书中附图由苏群生制作。全书由苏群生审稿、统稿。

  在本书的编写过程中,中国水电顾问集团成都勘测设计研究院、长江三峡技术经济发展有限公司溪洛渡水电站工程监理部提供了有力的支持和帮助,在此深表感谢!

  由于作者的水平所限,不足之处在所难免,恳请广大读者批评指正,以便在今后的工作中加以改进。

作 者

2018 年 11 月

目　录

目 录

第1章　工程图的基本知识

1.1　大型工程施工图概述

在工程建设中,施工单位或监理单位的技术人员,首先对设计图进行审阅,了解设计意图和具体的设计内容,并结合本单位的软硬件条件和现场的实际情况编写施工组织设计(施工作业方案)。在此期间,测绘人员要建立工程控制网,并在现场放样,就必须绘制带有坐标系统的施工用图。施工图一般分为现场施工图和整体工程图,两者的区别主要有两个:①现场施工图一般图幅较小(40 cm×50 cm),比例尺较大(一般为1:200),每幅图只能表示局部的工程,便于携带,在现场图上丈量坐标和规格,指导施工;②整体工程图是为了显示整体工程结构的,图幅较大,一般为1#或0#图纸,比例尺为1:500或1:1 000。

在施工图上,未施工的部分一般用虚线表示,已经施工部分根据实测的结果实线绘出,故根据实线和虚线部分的差异,可以计算出工程的超欠挖工程量。工程检查验收时,施工图是基本的技术资料,可以用于查阅施工质量。工程结束后,整体工程图上,标注有实测的结果,称为竣工图。竣工图是竣工验收的基本依据,应当归档长期保存。

自我国建设项目实行监理制以来,对工程实行质量控制、进度控制和投资控制。施工单位每月完成的工程量必须由施工图来确认,一般是两期施工图的差值部分为施工量。加上控制质量的实测断面图、标注施工进度的进度图,施工图的数量不断增加,由此各个施工单位都专设有绘图人员,绘图的水平也得到不断提高。

近年来,随着科技的进步,我国工程项目呈现大型化,出现了由复杂曲线组成的复合结构设计。例如,在溪洛渡水电站导流洞中就出现了纵断面为 $\frac{x^2}{a^2}+\frac{y^2}{b^2}=1$ 的椭圆形结构和进出口闸门的多层重叠结构,采用二维图表示其结构,不仅会造成多层的重叠,施工图的数量也急剧增加,使用不便。为此某些施工单位尝试采用立体图来表示复杂结构的工程图。绘制立体图应当使用 AutoCAD 2007 以后的版本,早期的版本因为命令不全,有些复杂结构不易绘出。

2006年,在溪洛渡水电站进行监理测量时,为了表示诸多结构物的复杂结构,使用 AutoCAD 2007 软件完成了溪洛渡全部6条导流洞9 346 m的三维立体图的绘制,这些导流洞的一般规格为20 m×24 m,其中最大规格的竖井闸门规格为34 m×75 m,其中结构复杂的部分包括导流洞进口、进水闸门、堵头段和出水口闸门等多处。实践证明,从 Aut oCAD 2007 以后的版本增加了多条新的命令,能够完成多数曲线的绘制,即便是不能用命令直接绘制的曲线,也可通过"样条曲线"命令绘制,其精度可以满足现场施工的要求。

当前大型及标志性建筑采用三维数字模型已经成为控制施工的新模式,三维数字模型与三维立体图的主要区别在于三维数字模型上的各点都带有$(X/Y/Z)$坐标,可以在计算机中随时查询并调出。根据我们的实践,多数三维立体模型转化为三维数字模型时,要对三维立体模型做局部的修改,才能做到无缝连接。本书介绍一些常用的方法。

施工图包含平面图、纵横断面图、剖面图和三维立体图。只要绘制了三维立体模型,其他各类工程图都可以用三维模型转换得到。本书详细介绍这些转换方法。

工程图还包括竣工图,竣工图是利用测绘仪器在现场实测的结果绘制的。本书介绍的方法是总结溪洛渡水电站各施工单位常用的方法。

施工图有以下特点:

(1)施工图应严格按照设计单位下发的工程设计图纸绘制,原则上施工单位和监理单位不能随意变更原设计图纸的内容;只有发现如下情况,征得设计代表的同意后才能修改,修改后的图纸需有监理或业主的书面签字存档。

①在绘制施工图的过程中发现设计图纸的失误时(例如标注的尺寸有误,坐标标注有误等);

②当遇到外界突发的自然因素(山体塌方、泥石流等),按照原设计无法进行施工时;

③外界人为因素的阻拦,无法按原设计施工时;

④修改原设计,可以明显提高作业效率,又不影响整体设计效果的微小设计更改。

(2)施工设计图是指导施工作业的实际用图。它分为两个部分,第一部分为复制或细化不同比例的设计图;第二部分是用于施工质量、进度和投资管理的施工用图和竣工图。

(3)施工图的坐标系统一般有平面直角坐标系和桩号坐标系两类,两者有固定的函数关系,可以进行互相转换。其中,平面直角坐标系一般为现场测量人员使用,而桩号坐标系多为设计、监理或业主使用。

(4)对于同一项工程,不同的施工单位绘制的施工图大同小异,不会完全相同。绘图设置不同、比例不同、绘图单位的绘图人员的习惯不同和各施工单位采用的作业方法不同,为施工服务的施工图纸就会不同。但总体上纵横断面图、平面图、剖面图和竣工图是必不可少的。

(5)随着计算机绘图的应用,三维立体图、三维数字模型已经在施工中得到了广泛的应用,在大型复杂工程中出现了施工辅助建筑用图、施工进度图、进行质量控制的断面图、进行工程量计算的立体图等。随着工程规模和难度的增加,工程用图的种类和数量都呈现增加的趋势,例如北京奥运会"鸟巢"体育馆的施工图达到18 000余幅。

(6)绘制施工图是工程施工控制的基准,目的在于对施工过程进行进度、质量和投资控制,并为施工的全过程提供整体的作业记录。施工图是工程竣工上交资料的重要组成部分,应按照归档成果的要求进行规范和管理,分类建立数据图库,便于查找和管理。

实践证明,施工和监理人员直接在施工现场,比较了解现场实际情况,也会最先发现设计图纸与现场实际偏差之处。如果对设计进行适当的修改,可以明显提高作业效率、缩短工期,应尽快提出修改方案,并修改设计图纸,向总监理工程师和设计代表提出修改设计报告,获得批准后,才能实施。

1.2 工程图的基本知识

1.2.1 制图标准

我国执行的道路和建筑行业制图标准有《房屋建筑制图统一标准》(GB/T 50001—2010)、《建筑制图标准》(GB/T 50104—2010)、《道路工程制图标准》(GB 50162—1992)等。其中,各部分的含义如下:GB 为国标代号,为强制性国家标准,GB/T 为推荐性国家标准,后面的数字 50001 为标准序号列,2010 为标准批准年号。按照惯例,推荐标准也是需要严格执行的标准。

所谓国标,是原国家建设委员会批准的标准,除此之外,还有行业标准。例如:水利行业执行的水利部颁布的行业标准:《水利水电工程基础制图标准》(DL/T 5347—2006)、《水电水利工程水工建筑制图标准》(DL/T 5348—2006)等。

随着时代的进步,国家标准和行业标准也在不断地更新和完善。对于正规的工程,应当采用最新的国家标准和行业标准;对于大型工程的临建工程或辅助工程,应当参照国家标准。

1.2.2 图幅样式

目前的国标或行标都对图纸幅面的尺寸大小进行了统一的规定。绘制技术图样时,应优先考虑表 1-1 规定的基本幅面。

表 1-1 基本图纸幅面及图解尺寸

尺寸代号	幅面代号				
	A0	A1	A2	A3	A4
$b×l$	841×1 189	594×841	420×594	297×420	210×297
c	10			5	
a	25(装订边)				

注:必要时,也允许加长图纸幅面,新的幅面尺寸是由基本幅面的短边成整倍数增加后得出。

A4 图幅的基本画面见图 1-1。图中右下角表格为标题栏。

1.2.3 图纸的比例

图纸的比例是图中图形与其实物相对应的线性比例,需要按比例绘制图样时,应按国家标准的要求选择合适的比例。

比例符号以"1∶×××"表示,图样比例一般标注在标题栏的比例栏中。如果一幅图上有几个不同比例的视口,比例宜注写在图名的右侧,字的基准线宜取平;比例数字的字号宜比图名的字号小一号或二号,具体见表 1-2。

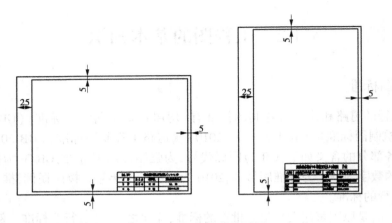

图 1-1　A4 图幅的基本画面

表 1-2　常用比例和可用比例

	比例
常用比例	1∶1、1∶2、1∶5、1∶10、1∶20、1∶50、1∶100、1∶150、1∶200、1∶500、1∶1 000、1∶2 000
可用比例	1∶3、1∶4、1∶6、1∶15、1∶25、1∶40、1∶60、1∶80、1∶250、1∶300、1∶400、1∶600、1∶5 000、1∶10 000、1∶20 000

1.2.4　制图字体

在工程制图中,除了绘制图形,还有部分文字注释工作,例如注写技术要求、填写标题栏、明细表、标注尺寸等。文字注释可以将一些用几何图形难以表达的信息表示出来,文字注释是对工程图形非常必要的补充。

AutoCAD 中可以使用两种文字:

(1)Windows 系统的 True Type 字体。这种字体的优点是放大和缩小都不会改变文字的精度。在"字体名"下拉列表中,True Type 字体前面带有 T 符号。

(2)AutoCAD 本身带的 shx 字体是小字体,即西文,其中的"gbcbig.shx"是简体中文版。亚洲字母表也包含数千个非 ASCⅡ字符。为支持这种文字,程序提供了一种被称为大字体的类型。大字体是亚洲文字。

在工程制图中,常新建文字样式"工程字",具体选择如下:

(1)一般选用与国标大字体相关的文字 gbenor.shx;

(2)选中"使用大字体"复选框,在"字体样式"中选择:gbcbig.shx;

(3)"字高"为 0,其余默认;

(4)单击"应用"按钮,保存"工程字"样式并置于当前。

国标大字体"工程字"可用于多种设计和工程图的文字注释。

1.3 工程图的绘制

随着工程规模的扩大和施工难度的增加,业主和监理对施工单位绘制工程图的要求越来越高,不仅数量和种类不断增加,对工程图的质量也有明文规定。例如,每月施工工程量的计算,都必须由施工单位根据实测成果绘制月初与月底两次现场实测图。与监理测量人员的实测图进行对照,分别计算出各自的工程量,如果发现误差较大,必须到现场重测检验。业主和监理对工程施工设计的审查,也要求施工单位用幻灯片汇报。工程的进度、结算和质量都要求以实测图为依据。

为了满足业主的要求,各施工单位的测量队一般都抽出部分测量人员,专门进行工程绘图。各监理单位的测量队也有一定数量的绘图人员。即便是一般的测量人员,也要求基本上熟悉 AutoCAD 或 CASS 等绘图软件的使用。目前在大型工程中的施工单位,多数测绘绘图人员都已经熟悉二维工程图的绘制方法,但对绘制三维工程图,精通者不多。为了满足这部分同志的需要,我们总结了在溪洛渡绘制整个导流洞三维工程图的经验,编写了本书。

本书主要内容包括以下几个方面:

(1)常用的二维工程图的制作;

(2)三维实体模型的命令详解及应用实例;

(3)复杂实体的制作,包括带有坡度的三维实体、圆曲线、多层体的叠加与组合等;

(4)利用实体模型制作三视图、断面图、剖面图等的具体做法;

(5)在实体中利用图层、布局等结构,清晰地分析整体的局部;

(6)利用三维实体计算表面积和体积等;

(7)带有三维坐标的实体模型;

(8)利用"布局"输出图纸,结合图表制作各类施工图;

(9)建立施工图的标准。

第 2 章　提高绘图效率的基本技巧

在 AutoCAD 中有很多提高效率的命令和设置,恰当地使用这些命令和设置不仅可以提高作业效率,而且能够保持图面整洁。这些设置包括正交、对象捕捉、图层、块和设置样板文件等。本章将结合实例,说明这些设置和命令的用法。

2.1　正交和对象捕捉

2.1.1　正交的应用

正交是经常使用的设置。一旦进行了"正交"设置,画线需保持垂直,即便是移动、复制都保持在 UCS 坐标系的 0°、90°、180°、270°方向,在绘制三维实体图时,可以利用此性能,使绘制的线条保持在同一个平面内;但在进行"对齐""三维对齐""移动"和"插入文字"时,就非常不便,需要及时去除"正交"状态。

对于大型工程项目,应分解为各个分部工程,都采用在世界坐标系下的"正交"状态下绘制,最终通过"三维对齐"命令将各个局部工程移动到轴线上。对于道路、隧道等线性工程,都应在正交状态下绘制,最后对齐到中轴线上。

2.1.2　对象捕捉的应用

对于重叠的实体图形,在使用"对象捕捉"时,会导致捕捉不到需要的点,而捕捉到不需要的点,这时可以将不需要捕捉的设置消去,只保留一个需要捕捉的设置,即可得到需要的捕捉目标。

按住 Shift 键并单击右键,将显示"临时对象捕捉"菜单(见图 2-1),可以方便地实现单个捕捉设置。

临时对象捕捉选择的对象捕捉的模式只能使用一次。其中常用的是:"两点之间的中点",其功能为:单击两个点之后,即可确定两点之间中点的位置。

针对"对象捕捉"全部打开后,在复杂图形中容易混淆的情况,可以全部关闭,使用时打开"临时捕捉模式"。例如,绘制两个不同半径圆的切线,先在图上绘制两个不同半径的圆,正常将"对象捕捉"都打开后,点击"直线(Line)命令",将鼠标放在圆上,捕捉到的是"象限点"或"最近点",无法捕捉"切点",这时打开"临时捕捉模式",选择"切点",就

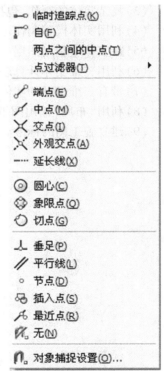

图 2-1　"临时对象捕捉"菜单

可以在圆上找到捕捉点,顺利地绘制出两圆的切线。

2.2 用图层组织图形

图层是一个强大的组织工具。在绘制比较复杂的图形时,把不同性质的内容布置在不同的图层里,可以随时打开或关闭某些图层,可以保证图形的清晰,便于修改。图层一般分为常用图层、结构图层和辅助图层。

(1)常用图层。含粗实线、细实线、虚线、点画线、填充、文字、尺寸和视口等。

(2)结构图层。在多个对象组成的复合图形中,需要设置以各个对象名命名的图层,甚至在每个图层中再设置各自的常用图层,其目的是对各个对象进行打开或冻结。

(3)辅助图层。是建立绘图时临时建立辅助平面位置设置的图层,例如楼房有多层,每层楼的层高并不相同,为了表示各个楼层的平面位置,可以绘制多个长方体进行叠加,在实际操作时,就可以在各个长方体的顶面或底面进行定位,组成整个楼体。图纸绘制结束后,可以将其冻结,不参与输出打印。

2.2.1 图层的建立

以中轴线为例,说明图层建立的全过程。

对于工程施工图,中轴线是第一个需要绘制的,平面图或立体图的中心位置都是由工程控制网的坐标确定的。这条中心线称为轴线。

(1)单击"图层特性管理器"后,单击右键,显示子菜单,单击"新建图层",则在屏幕上显示新建的图层1,输入"轴线",就已经建立。如果已经存在图层1,选中。单击"重命名图层"(见图2-2),即可修改图层的名称。

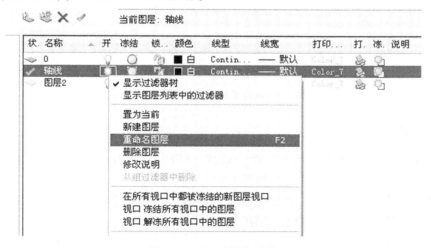

图2-2 图层特性管理器

(2)设置"轴线"图层的颜色、线型和线宽。

①设置图层的颜色。

在"图层特性管理器"中单击"颜色"列,出现"选择颜色"对话框,选择红色作为轴线层颜色。

②设置图层的线型。

轴线层的线型选择点画线,但在新建的文件中,一种只有实线,点画线需要加载。

a.对于新文件,"图层特性管理器"中只有默认的实线(continuous),单击"加载"按钮,出现"加载或重载线型"对话框;滚动"可用线型"列表,找到"CENTER"线型,单击"选择";单击"确定"按钮,回到"选择线型"对话框,在此对话框中单击 CENTER 线型;单击"确定"回到"图形特性管理器"对话框,此时轴线图层中的"线型"列变成 CENTER。

b."轴线"的线宽。

在"线宽"列中选择线宽为 0.15,单击"确定",退出"图形特性管理器"对话框。

至此就已经将"轴线"层的颜色、线型、线宽都设置完毕。

③设置线型比例。

尽管已经设置了"轴线"的颜色、线型和线宽,但是立即在"轴线"层上画线,得到的结果多数是连续的,并不是点画线,这就需要修改线型比例。包括"全局比例"和"当前对象缩放比例",一般默认情况下,这两种比例均为 1,需要调整。由于选取的单位有 mm 和 m 的区别,有如下两种情况:

a.当单位选为 mm 时,选择"格式"→"线型",出现"线型管理器"对话框。单击"显示细节",在"全局比例因子"框中输入 50,单击"确定",结束设置。

b.当单位选为 m 时,上述设置并不能得到预期效果,可以保持"全局比例因子"为 1 不变,变动"当前对象缩放比例"。

点画线不同比例下轴线绘制的效果见图 2-3。

图 2-3　点画线在不同比例下的效果

2.2.2　创建其他层

对于工程施工图,尤其是线型工程,图层以桩号表示较为合适。溪洛渡水电站 2#导流洞三维实体图及图层设置见图 2-4、图 2-5。

图 2-5 共设置图层 35 个。其中局部工程采用了桩号名,常用的包括轴线、尺寸线、设计线、实线、虚线等;辅助线直接使用图层 1、图层 2……。

如果打算从"布局"选项中打印输出图形,必须把线型比例设置为 1,这样线型看起来才正常。这是由于 AutoCAD 忠实地将线型比例绘制到当前单位系统。图纸空间单位模型空间不同,当改变模型空间的图形比例时,用来与较小的图形空间区域相匹配时,线型仍维持增大的线型比例设置。

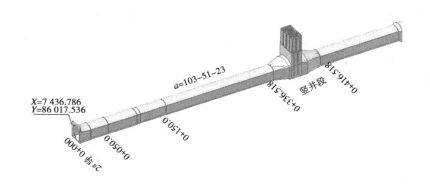

图 2-4　溪洛渡 2#导流洞三维立体图(局部)

当前图层：0

名称	颜色	线型	线宽	打印…	视…	视口线型	视口线宽
2#导桩号	白	Contin...	默认		白	Contin...	默认
248~510	青	Contin...	默认		青	Contin...	默认
416.518...	245	Contin...	默认		245	Contin...	默认
50～100	61	Contin...	默认		61	Contin...	默认
575~629.641	洋红	Contin...	默认	Color_6	洋红	Contin...	默认
617~773.248	40	Contin...	默认		40	Contin...	默认
629.641~...	红	Contin...	默认		红	Contin...	默认
773.248~...	72	Contin...	默认		72	Contin...	默认
824.1~96...	22	Contin...	默认		22	Contin...	默认
969.16～...	50	Contin...	默认		50	Contin...	默认
Defpoints	白	Contin...	默认		白	Contin...	默认
JMD	洋红	Contin...	默认		洋红	Contin...	默认
TK	白	Contin...	默认		白	Contin...	默认
标注线	2...	Contin...	默认		2...	Contin...	默认
堵头段	155	Contin...	默认		155	Contin...	默认
进口段	10	Contin...	默认		10	Contin...	默认
设计尺寸...	白	Contin...	默认		白	Contin...	默认
设计线	240	Contin...	默认		240	Contin...	默认
竖井段	2...	Contin...	默认		2...	Contin...	默认
图层1	40	Contin...	默认		40	Contin...	默认
图层12	2...	Contin...	默认		2...	Contin...	默认

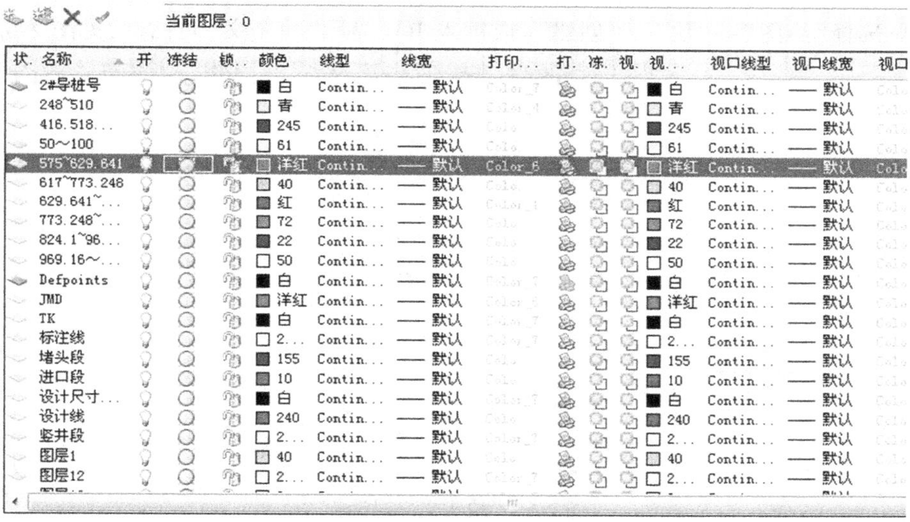

图 2-5　溪洛渡 2#导流洞立体图的图层设置(局部)

2.3　块的应用

在要绘制的图形中，会有大量相同或相似的图形，或者是与其他 CAD 图形文件中的图形相同，这时就可以把这些图形创建为块对象，以便需要时将其插入当前编辑的图形中。

2.3.1　什么是块

块是一个或多个对象的集合，一个块可以由多个对象组成，在块中，每个图形可以有独立的图层、颜色、线型和线宽。块可以插入到同一图形或其他图形中指定的任意位置，并可以重复使用。虽然可以使用复制的方法创建大量相同的图形，但大量的图形会占用较大的存储空间。如果把相同的图形定义为一个块分别插入图形中，系统就不必重复地储存，可以节约空间，也可提高绘图效率。

插入块并不需要对块进行复制,只需要指定插入的位置、比例和旋转角度。常用的图形创建一个块,并保存为一个独立的文件,称为外部块。在绘图时,所有绘图人员可以方便快捷地使用相同的外部块,而不必重新进行绘制和创建块。这样可以保持图纸的统一性和标准性。

2.3.2 创建和插入内部块

使用"创建块"命令将图形保存为图块。可以把图形的一部分,也可将整个图形的内容定义为块。

2.3.2.1 建立图块

对于图 2-4 所示的溪洛渡 2#导流洞进口,现创建为内部块。

(1)打开 2#导流洞三维图。

(2)选择"绘图"→"块"→"创建"(或键入 B),显示"块定义"对话框,见图 2-6。

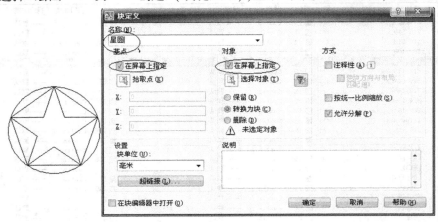

图 2-6 "块定义"对话框

按"确定"后对话框消失,在命令行显示

命令 bloce 指定插入基点:(点击插入时的基点)

选择对象:找到一个

选择对象:找到 10 个,总计 11 个,回车,即完成块定义。

2.3.2.2 插入图块

1.绘制插入图块的环境

先绘制插入图块的环境,尤其准备好插入"块"的具体位置后,才能插入图块。

2.插入图块

(1)选择"插入图块"命令,出现"插入"对话框(见图 2-7),激活"名称",查找图块"五元"并选中,在"浏览(B)"右边会显示"五元"图块的形状,按"确定",对话框消失;

(2)在"指定插入点……"的提示下,选择长方形的中心点点击作为插入点;

(3)在"输入 X 比例因子……"的提示下,按回车接受比例 1;

(4)在"输入 Y 比例因子……"的提示下,按回车接受默认比例 1;

(5)在"指定旋转角<0.0>"提示下,按回车接受默认值 0°,插入的图块不做旋转。

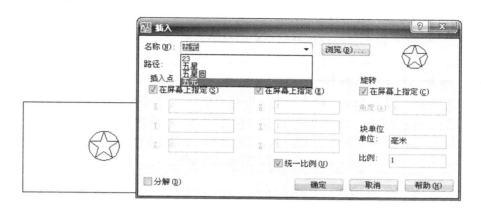

图 2-7 "插入"对话框

2.3.3 将内部块保存为外部块

前述的图块为内部块,它们只能存在于当前的文件中,需要把它们保存为独立的外部块(也就是图形文件)后,才能被其他文件调用。

2.3.3.1 使用输出保存外部块

(1)在 CAD 中打开保存内部块的图形,选择"文件"→"输出",出现输出数据对话框,见图 2-8;

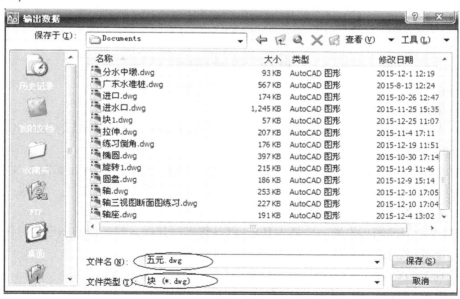

图 2-8 使用"输出数据"对话框将内部块保存为外部图形文件

(2)单击展开"保存类型"下拉列表,选择"块(＊.dwg)"类型;

(3)在"文件名"框中输入"五元";

(4)单击"保存"按钮,对话框关闭;

(5)在"输入现有块名……"提示下,输入需要转换为外部块的内部块名(例如五元),内部块就转为外部块文件。

重复上述步骤,将其他内部块都保存为同名的外部文件。

提示:当保存的外部块文件与内部块同名时,输入"="即可。

2.3.3.2　使用 wblock 保存外部块

也可以使用写块(wblock)命令来把块保存为文件。与"输出"命令的不同之处是:它只能输出"∗.dwg"格式的文件,"输出"命令可以输出多种格式。

(1)键入 wblock 并按回车,出现"写块"对话框,如图 2-9 所示。

图 2-9　"写块"对话框

(2)在"源"(含块、整个图形、对象)组中选择"块"选项;

(3)单击展开"块"选项,选中"A4 竖"块;

(4)在"目标"组中,单击"文件名和路径"栏后面的按钮,使用默认的"A4 竖"名称,在指定的文件夹内保存文件。

(5)单击"确定"按钮,对话框关闭,内部块"A4 竖"就被定义为外部图形文件"A4竖"。

2.3.3.3　指定基点

最后要给当前图形设置一个插入基点,以备将来把其插入到其他的图形中时使用。

(1)选择"绘图"→"块"→"基点";

(2)在"输入基点<0,0,0>"下,选择基点(一般选择块的左下角点);

(3)选择"文件"→"保存",保存当前文件;

(4)选择"文件"→"退出",退出程序。

2.3.3.4　插入块图形文件

采用写块(wblock)命令保存的块图文件,可以插入到任何图形中,同时 CAD 将把图形信息作为块定义复制到当前图形的块定义表框中。具体操作步骤如下:

（1）打开含图块的文件；

（2）单击"绘图"→"插入块"按钮,打开"插入"对话框；

（3）单击"浏览"按钮,在"选择图形文件"对话框中选择块图形文件"＊＊"；

（4）选择在屏幕上指定插入点、比例和旋转角度；

（5）选中"分解"复选框,便于插入后进行编辑修改；

（6）单击"确定",退出对话框,光标锁定块的插入点 K,按命令行提示操作：

指定块的插入点：(移动光标在图中选择插入点)

指定 X/Y 轴的比例因子：1

指定旋转角度：<0>：输入±90

2.3.4　块文件的实例

图 2-10 为常用的 A4 横排图框,要求将其制作为外部块,并在另一个文件中插入的操作如下：

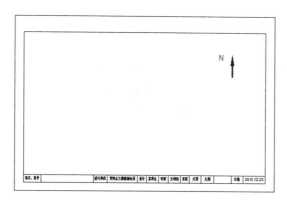

图 2-10　A4 横排图框之一

（1）建立内部块。

（2）用 wblock 创建外部块,块名"A4-1"。

（3）打开新的文件。

（4）单击"插入"→"块（B）……"按钮,打开"插入"对话框,此时,图 2-11 中"名称"栏为空白,点击"浏览"按钮,显示"我的文档"文件框,从中选择"A4 横.dwg"文件（外部块）点击,自动打开,在"名称"中自动显示"A4 横"。（也可在其他文件夹中选择其他块文件）

（5）选择在屏幕上指定插入点、比例和旋转角度：

指定块的插入点：(移动光标在图中选择插入点)

指定 X/Y 轴的比例因子：1

指定旋转角度：<0>：输入±90

（6）选中"分解"复选框,便于插入后进行编辑修改。

单击"确定",退出对话框,光标锁定块的插入点 K,按命令行提示操作。

其实通过"带基点复制"也能完成以上操作,但需要打开原始文件,并选中该图框,点击右键,用"带基点复制"命令,选中基点,可以将图框复制到另一个文件中,与块比较,稍

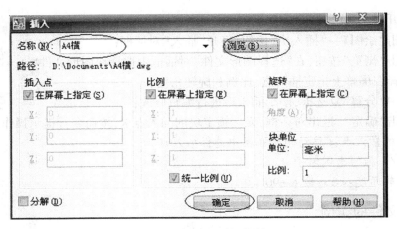

图 2-11 "插入"图块对话框

微麻烦一点,主要是通过"浏览"按钮就可以代替打开文件的过程。

2.4 建立和使用样板

随着施工图数量的不断增多,绘图人员每次绘图都需要对字体、标注、图层和线条等进行设置,非常烦琐。为改变此种状态,可预先创建专业样板图形,营造一个规范化的绘图平台,每次绘图打开"样板图形",可以节省多项重复的设置,提高绘图效率。样板图也是在持续改进中不断完善的。

2.4.1 建立样板

为提高效率,最好修改已经绘制好的图纸作为样板图。既然是样板图,就是常用的设置已经在样板中设置好了。以下以最常用的 A4 规格的施工图为例,说明样板图的制作过程。

(1)选择设置比较齐全、规范的文件"2#导流洞",作为样板文件的母体,对设置进行修改。

(2)设置记数单位和精度。

选择"格式"→"单位"命令,在"图形单位"对话框内设置:

①长度单位,CAD 默认单位设置为 mm,但工程图带有坐标,以 m 为单位,精度设置为:0.000,一般的土木工程和机械工程长度单位均采用 mm,精度为 0;

②角度单位,为输入方便一般选:十进制度,精度选:0.0000;

③插入比例(用以缩放插入内容的单位),选择:m;

(3)设置图层:前面已经讲过,这里省略。

(4)设置线型比例。

图层设置完毕后,可以在点画线和虚线层上画直线,观察线型比例是否合适,如果画出的点画线和虚线看起来和连续线一样,或者疏密不合适,应从"格式"菜单中选择"线型"命令或使用"ltscale"命令调整全局比例。

（5）设置文字样式。

①工程图中设置两种文字——"工程字"和"尺寸"两种样式：

工程字：国标大字体"gbcbig.shx"和正体字"gbenor.shx"，默认字高为0，其余选默认系统设置。

尺寸：国标大字体"gbcbig.shx"和斜体字"gbeitc.shx".默认字高为0，其余选默认系统设置。

②文字效果。

宽度比例：指文字的宽度与高度之比，加宽输大于1数字，反之输小于1数字。

倾斜角度：相对于80°角方向的倾斜角度，范围为-85°~+85°，0°表示不倾斜。

垂直：指文字沿垂直方向书写，垂直效果对汉字无效，但对上述的工程字有效。

颠倒：颠倒书写与正常沿水平方向对称，该选项对汉字有效。

（6）设置尺寸标注样式。

以 ISO-25 为基础样式，新建以"工程"命名的标注样式，选项卡设置如下：

"直线"：颜色设为"蓝色"，其设置按 ISO-25 即可。

"符号与箭头"，机械标注一般为实心箭头，土木工程一般为斜线，其大小为3左右。

测绘专业通常以 m 为单位，也是按1:1的比例绘制图形。其角度也与其他行业不同：测绘专业的角度的起始0方向为北（N）方向，正角度的方向为顺时针，其角度单位设置为（°′″）制。标注格式设置为"度/分/秒"，精度选0°00′00″。

文字选"工程字"或"尺寸"。

调整：其中调整"文字始终在尺寸线之间"和"使用全局比例"可以将以 mm 为单位的标注更改为以 m 为单位的标注。

主单位：长度选"小数"，精度选0.000，角度选"度/分/秒"，精度选0°00′00″。

（7）保存样板图。

①将"2#导流洞"中的所有图形删除；

②选择"文件"→"另存为"，出现"另存为"对话框，在对话框中打开"保存类型"，选择："AutoCAD 图形文件"（*.dwt），这时文件的默认路径为：AutoCAD 的 Template 文件夹。

文件名设为"A4-01".dwt（文件名不得有汉字），单击"保存"会出现"样板说明"对话框，填入文字说明和选用"公制"，最后按"确定"即可。

2.4.2　使用样板

（1）选择"文件"→"新建"。

（2）出现"创建新图形"对话框，单击选择"使用样板"选项。

（3）出现"选择样板"列表，在右侧出现预览窗口。在文件类型中选择"图形样板"，在文件列表中选择"A4-01.dwt"。

（4）单击"确定"进入绘图状态，此时新文件和"A4-01"文件具有同样的基本设置。

（5）在其中绘图，绘图结束后，单击"另存为"，新命名一个文件名即可。

第 3 章　带有工程坐标的点、线的绘制

在大型水电、道路工程中,首先必须建立工程控制网,工程的重要部位都需要计算出各点的坐标,并在图上绘制出这些点的位置并标注其名称。AutoCAD 中的"点"(point)命令、"直线"(line)、"多段线"(pline)是绘制点、线的基本命令。通常直接应用上述命令绘制多点和中线,比较烦琐。

本节介绍的利用脚本文件绘制坐标点位置和名称的方法比较简便,将其推广,可以绘制断面图。此外,对于隧道工程,需要根据实测的已经完工的巷道断面成果计算超、欠挖方量,本节介绍此方法。

3.1　坐标点的展示

3.1.1　直接用"点"命令,连续绘制多个坐标点

默认状态下,屏幕上的点是没有长度和大小的,因此很难看见。但 AutoCAD 中可以为点设置不同的显示样式,宜首先选择"十"字样式,点的大小设置大于 10 个单位,以便能清晰地看到展绘坐标点的位置。

选择"绘图"→"点"→"多点"命令或在命令行输入命令"point",连续展绘坐标点。

选择"绘图"→"点"→"多点",点击。命令行显示:指定点:(输入点的"Y 坐标值,X 坐标值"),就会在屏幕上展示该点的位置,第 1 点展点结束。

命令行又显示:指定点:接着输入第 2 个点的"Y 坐标值,X 坐标值",第 2 点展点完成。

连续输入以后各点坐标,就会批量展示各个坐标点的位置。批量展点结束,按"Esc"键即可。

当屏幕上看不到展示点时,按"范围缩放"命令"⊕",即可显示各点的位置。

这里说明,AutoCAD 中的坐标系为世界坐标系,与测量专业坐标系不同。如果要得到与测量坐标系一致的点位,就必须输入"Y 坐标值,X 坐标值"。

3.1.2　在 Excel 中坐标 Y、X 合并为 YX 列文本数据,自动批量展示多个控制点

例1:已知有批量测量控制点的坐标 X、Y 和各点的点名,并已经存入 Excel。如图 3-1 所示,介绍利用坐标点 X、Y 在图上自动展点。

3.1.2.1　在 Excel 中进行坐标数据的转换

注意:在利用函数前,要首先将文字输入改为:"英文/半角"模式,否则公式中的逗号,不符合数据文件格式,以后应用程序将失败。

	A	B	C	D
	断面名	3度带坐标		*Y,X*
1				
2		*X*	*Y*	
3	高庄左	3861152.22	394164.85	394164.8454, 3861152.2177
4	高庄右	3855582.45	396453.69	396453.6873, 3855582.452
5	马峪沟左	3861843.45	396891.64	396891.6416, 3861843.4454
6	马峪沟右	3855526.40	398243.10	398243.1028, 3855526.403
7	下官庄左	3862156.34	401046.39	401046.3878, 3862156.3382
8	下官庄右	3855760.39	398864.52	398864.5185, 3855760.3854

(表头: D8 ▼ f_x =CONCATENATE(C8,",",B8))

图 3-1 利用 CONCATENATE(…) 函数合并为"*Y,X*"D 列

3.1.2.2 利用合并后的数据展点

1. 在 CAD 下展点的准备工作

(1)在 Excel 表格中复制"*Y,X*"全部数据(不含文字行)。

(2)在 CAD 界面中,确定坐系(UCS),并显示 *X*、*Y* 平面。

一般单独展示测量控制点的坐标时,只要在世界坐标系中的二维视图中即可。但需要展示断面点时,就需要确定新的 UCS,并需要将当前视口变为"*XY*"平面。

(3)为了使显示的点位清楚,应当选择"样式"/"点样式"菜单中的"+"。

(4)设置"控制点"图层,处于打开状态,并定为:当前层。

2. 在图上展示控制点

(1)打开 CAD,在命令行输入:"point"或单击"点"命令,单击"指定点:"选中,再单击右键,出现如图 3-2 所示的画面。

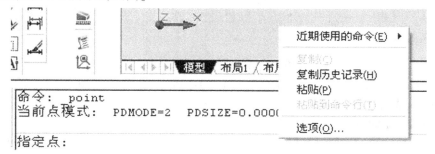

图 3-2 右击指定点:后面出现的画面

(2)单击"粘贴"命令,就完成点的展示。

以上操作后,往往在界面上看不见展示的点,甚至进行缩放后仍然看不见,这时不要轻易地认为操作有误,多数原因是:高斯坐标值 *X*、*Y* 的数值都很大,在当前视口中往往看不见,只要按下列操作就可以看到:

单击并按住"范围缩放",下拉直至"范围缩放"后松开,便可以得到如图 3-3 所示的展示点。

从图 3-3 可以看出,点的标记很大,当时没有点名,分清各点较麻烦,能否在点的旁边注上点名呢?答案是肯定的。

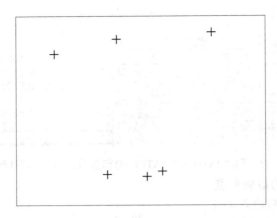

图 3-3　选中"范围缩放",看到展示的点位

3.1.3　生成脚本文件批量展示坐标点,并注记点名

例:已知某控制网各点名称及坐标 X、Y 值如图 3-4 中的 A、B、C 列所示,要求自动绘制各点在图上的位置,并同时标注点名。

	A	B	C	D	E	F	G	H
	H3			fx =CONCATENATE(E3," ",D3," ",F3," ",G3," "," ",A3)				
1		3度带坐标						脚本文件
2	断面名	X	Y	Y,X	text	字高	旋转	
3	高庄左	3861152.22	394164.85	394164.8454,3861152.2177	text	300	0	text 394164.8454,3861152.2177 300 0 高庄左
4	高庄右	3855582.45	396453.69	396453.6873,3855582.452	text	300	0	text 396453.6873,3855582.452 300 0 高庄右
5	马峪沟左	3861843.45	396891.64	396891.6416,3861843.4454	text	300	0	text 396891.6416,3861843.4454 300 0 马峪沟左
6	马峪沟右	3855526.40	398243.10	398243.1028,3855526.403	text	300	0	text 398243.1028,3855526.403 300 0 马峪沟右
7	下官庄左	3862156.34	401046.39	401046.3878,3862156.3382	text	300	0	text 401046.3878,3862156.3382 300 0 下官庄左
8	下官庄右	3855760.39	398864.52	398864.5185,3855760.3854	text	300	0	text 398864.5185,3855760.3854 300 0 下官庄右
9	单庄左	3862160.23	402251.73	402251.7293,3862160.2347	text	300	0	text 402251.7293,3862160.2347 300 0 单庄左
10	单庄右	3856053.42	401773.85	401773.8461,3856053.4214	text	300	0	text 401773.8461,3856053.4214 300 0 单庄右
11	裴峪左	3861131.01	403378.40	403378.4045,3861131.0065	text	300	0	text 403378.4045,3861131.0065 300 0 裴峪左

图 3-4　生成脚本文件的文本

在 Excel 中,首先按前一节的要求生成 YX(D)列,在 E、F、G 列填入 text、字高、旋转角度,在 H 列生成脚本文件 ＊＊＊.scr,存入记事本中。

3.1.3.1　定义"文字样式"

在 CAD 下,打开"样式"→"文字样式";进行如图 3-5 的格式进行设置,并"置为当前"。

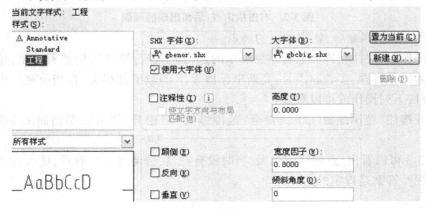

图 3-5　文字样式设置

将文字设置为工程字(国标大字体),亦可设置为 Standard 格式中的宋体字。

需要注意的是:文字的高度应设置为 0,文字应当专门设置一个图层,便于管理。

3.1.3.2 生成"脚本文件"" * .scr"

1.在 Excel 下,合并生成 H 列

1)添加 E(text)、F(字高)、G(旋转)列

其中 text 列:标示显示文本;字高列:表示显示字体高度,本例中设置为300;旋转列:表示字体旋转的角度,字体朝正北方向时,应设置为 0。

2)生成脚本文件的文本列 H

H3 单元格输入:" = CONCATENATE(E3 ," ",D3 ," ",F3 ," ",G3 ," "," ",A3)"

注:" "表示" "内为空格;A3 前面的两个双引号的作用是,点名移开点位一段距离。

其中 A3 列前的头一个空格是分界符,第二个空格是要显示点名时距离控制点为一个字体的间距。

2.保存脚本文件

将 Excel 表格 H 列经过计算后的数据复制至"记事本",并保存为后缀为" * .scr"的脚本文件,具体见图3-6。

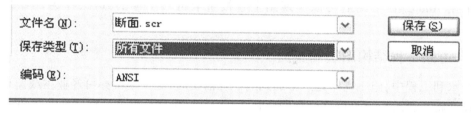

图 3-6　保存为脚本文件

3.1.3.3 利用"脚本文件"显示点名

(1)打开"工具"→"运行脚本"(R),显示如图3-7的界面。

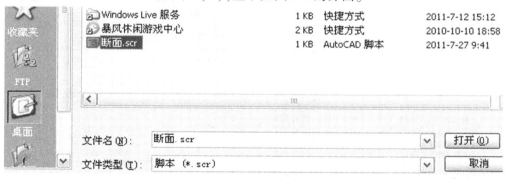

图 3-7　运用脚本文件

(2)运算后得到图3-8的效果。

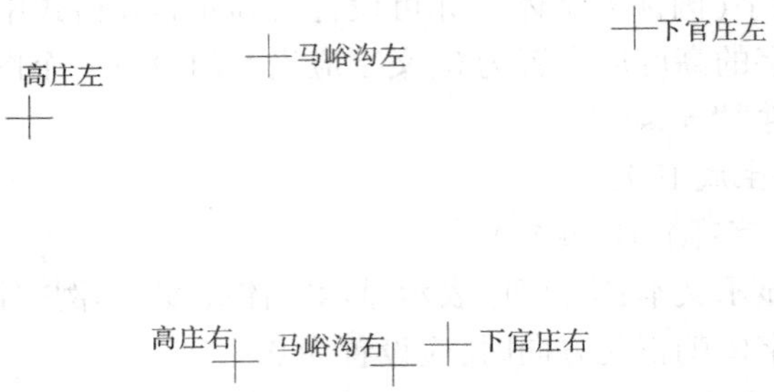

高庄左　马峪沟左　下官庄左

高庄右　马峪沟右　下官庄右

图 3-8　显示的点名、点位图

3.2　线型工程坐标图的绘制

线型工程包括道路、隧道和桥梁等工程,在线型工程中往往有两种坐标系,一种是测绘行业采用的工程坐标系;另一种是所谓的"桩号坐标系",现场施工人员往往使用桩号坐标系,测量人员往往将整桩号点和特征点的坐标都计算出来,作为现场放样的基本数据。采用 AutoCAD 绘图后可以实现图上直接量取桩号坐标的方法,作为计算结果的检查。

3.2.1　道路工程结构图绘制实例 1

在水利工程中,施工道路是经常遇到的。在需要时,施工单位亦可经业主或监理同意自己设计施工道路。施工道路通常先绘制中线,施工时根据曲线要素计算各整桩号坐标后,采用极坐标法放样。

3.2.1.1　道路的基本参数表

某水利工地 4#施工道路其中一段的基本数据见图 3-9。

点号	点名	桩号	x	Y	R	Ls	Ts	Ll	
1	起点	2+880	3179.055	4106.378					4106.378, 3179.055
2	JD12	2+991.131	3144.5	4212	102	50	85.784	158.82	4212, 3144.5
3	JD13	3+125.239	3244.675	4319.391	102.4	35	61.074	117.07	4319.391, 3244.675
4	JD14	3+613.398	3219.662	4812.297	500	0	139.935	272.89	4812.297, 3219.662
5	终点	3+933.677	3375	5100					5100, 3375
6	j12zh	2+905.347	3171.174	4130.468					4130.468, 3171.174
7	j12hy	2+955.347	3159.586	4178.97					4178.97, 3159.586
8	j12yh	3+14.163	3172.087	4235.612					4235.612, 3172.087
9	j12hz	3+64.163	3203.014	4274.729					4274.729, 3203.014
10	j13zh	3+64.166	3203.016	4274.731					4274.731, 3203.016
11	j13hy	3+99.166	3225.365	4301.607					4301.607, 3225.365
12	j13yh	3+146.232	3241.361	4345.432					4345.432, 3241.361
13	j13hz	3+181.232	3241.58	4380.386					4380.386, 3241.58
14	j14zy	3+473.763	3226.754	4672.541					4672.541, 3226.754
15	j14yz	3+746.652							,
16	j12圆心		3261.328	4186.214					4186.214, 3261.328
17	j13圆心		3139.69	4357.71					4357.71, 3139.69
18	J14圆心		3726.111	4697.382					4697.382, 3726.111

图 3-9　道路的基本参数

要求绘制道路中线,并标出每 20 m 整桩号的坐标。

3.2.1.2　绘图设计

（1）作业项目:4#道路平面图。

（2）图层设置:点位层、点坐标标注层、桩号标注层、中线层、边线层、道路桥涵层。

（3）操作步骤:

①抄录道路基本参数,计算各转点,ZH、HY、YH、HZ 点桩号,切线长和曲线长等数据。

②利用软件计算道路上各特征点、整桩号点、工程点坐标,并按升序进行排序。

③根据道路长度和规模选定 A3 或 A4 样板文件,并在其中建立新的(前述)图层。

④打开"格式",设置"文字格式"为"工程字",标注格式中的:"工程"格式。

⑤采用"点"命令,批量绘制坐标点;建立"脚本文件.scr",用"运行脚本"的方式标注各点桩号。

⑥在"中线层"用直线、样条曲线、圆弧命令绘制直线、缓和曲线和圆曲线段。

⑦用"偏移"命令绘制道路边界线。

⑧绘制桥涵位置。

3.2.1.3　道路中线坐标计算成果表

道路中线坐标计算成果见图 3-10。

	J2	▼	fx	=CONCATENATE(G2,"，",F2,"，",H2,"，",I2,"，",C2)					
	A	B	C	D	E	F	G	H	I	J
1	点号	点名	桩号	x	y		text	字高	旋转	
2	1	起点	2+880	3179.055	4106.378	4106.378,3179.055	text	4	270	text 4106.378,3179.055,4,270 2+880
3	2		2+900	3172.836	4125.387	4125.387,3172.836	text	4	270	text 4125.387,3172.836,4,270 2+900
4	3	12zh	2+905.347	3171.174	4130.468	4130.468,3171.174	text	4	270	text 4130.468,3171.174,4,270 2+905.347
5	4		2+920	3166.715	4144.427	4144.427,3166.715	text	4	270	text 4144.427,3166.715,4,270 2+920
6	5		2+940	3161.705	4163.781	4163.781,3161.705	text	4	270	text 4163.781,3161.705,4,270 2+940
7	6	12hy	2+955.347	3159.586	4178.97	4178.97,3159.586	text	4	270	text 4178.97,3159.586,4,270 2+955.347
8	7		2+960	3159.361	4183.617	4183.617,3159.361	text	4	270	text 4183.617,3159.361,4,270 2+960
9	8		2+980	3160.809	4203.533	4203.533,3160.809	text	4	270	text 4203.533,3160.809,4,270 2+980
10	9	2#涵	2+994	3164.124	4217.123	4217.123,3164.124	text	4	270	text 4217.123,3164.124,4,270 2+994
11	10		3+0	3166.109	4222.784	4222.784,3166.109	text	4	270	text 4222.784,3166.109,4,270 3+0
12	11	12yh	3+14.163	3172.087	4235.612	4235.612,3172.087	text	4	270	text 4235.612,3172.087,4,270 3+14.163
13	12		3+20	3175.053	4240.638	4240.638,3175.053	text	4	270	text 4240.638,3175.053,4,270 3+20
14	13		3+40	3186.875	4256.751	4256.751,3186.875	text	4	270	text 4256.751,3186.875,4,270 3+40
15	14		3+60	3200.176	4271.683	4271.683,3200.176	text	4	270	text 4271.683,3200.176,4,270 3+60
16	15	12hz	3+64.163	3203.014	4274.729	4274.729,3203.014	text	4	270	text 4274.729,3203.014,4,270 3+64.163
17	16	13zh	3+64.166	3203.016	4274.731	4274.731,3203.016	text	4	270	text 4274.731,3203.016,4,270 3+64.166
18	17		3+80	3213.681	4286.434	4286.434,3213.681	text	4	270	text 4286.434,3213.681,4,270 3+80
19	18	13hy	3+99.166	3225.365	4301.607	4301.607,3225.365	text	4	270	text 4301.607,3225.365,4,270 3+99.166
20	19		3+100	3225.82	4302.307	4302.307,3225.82	text	4	270	text 4302.307,3225.82,4,270 3+100
21	20	3#函	3+115	3232.983	4315.471	4315.471,3232.983	text	4	270	text 4315.471,3232.983,4,270 3+115
22	21		3+120	3234.934	4320.074	4320.074,3234.934	text	4	270	text 4320.074,3234.934,4,270 3+120
23	22		3+140	3240.427	4339.272	4339.272,3240.427	text	4	270	text 4339.272,3240.427,4,270 3+140
24	23	13yh	3+146.232	3241.361	4345.432	4345.432,3241.361	text	4	270	text 4345.432,3241.361,4,270 3+146.232
25	24		3+160	3242.211	4359.168	4359.168,3242.211	text	4	270	text 4359.168,3242.211,4,270 3+160
26	25		3+180	3241.642	4379.156	4379.156,3241.642	text	4	270	text 4379.156,3241.642,4,270 3+180
27	26	13hz	3+181.232	3241.58	4380.386	4380.386,3241.58	text	4	270	text 4380.386,3241.58,4,270 3+181.232
28	27		3+200	3240.629	4399.13	4399.13,3240.629	text	4	270	text 4399.13,3240.629,4,270 3+200
29	28		3+220	3239.615	4419.105	4419.105,3239.615	text	4	270	text 4419.105,3239.615,4,270 3+220
30	29		3+240	3238.601	4439.079	4439.079,3238.601	text	4	270	text 4439.079,3238.601,4,270 3+240
31	30		3+260	3237.538	4459.053	4459.053,3237.538	text	4	270	text 4459.053,3237.538,4,270 3+260
32	31	小桥西头	3+268	3237.182	4467.043	4467.043,3237.182	text	4	270	text 4467.043,3237.182,4,270 3+268

图 3-10　道路中线坐标计算成果

（1）本表是在 Excel 表上处理道路中线坐标的基本格式,表中的 A、B、C、D、E 列是全道路中线的点号、点名、桩号、平面坐标 x、y。这些点包括道路的整桩号点,缓和曲线的直缓点 ZH、缓圆点 HY、圆缓点 YH、缓直点 HZ,圆曲线的直圆点 ZY、圆直点 YZ、道路的各个转点 JD_i 和道路起点、终点、涵洞、桥梁桩号、坐标等。可以用程序生成的数据文件(*.dat)通过"记事本"文件打开,转入 Excel,也可以手工在 Excel 上直接输入。

（2）本表的 F 列 = CONCATENATE(E2,"，",D2),复制该列数据。

(3)本表的 G 列全为 text,H 列为字高(4),I 列为文字的旋转角度(270),对于显示桩号的文字,应当旋转 270°。本表的 J 列 = CONCATENATE(G2,“(空格)”,F2“(空格)”,I2“空格 空格”,C2),其中的连续两个空格表示文字距离点位的距离为两个文字位置。J 列数据应在“记事本”中打开,并保存为所有文件中的脚本文件(*.scr),见图 3-11。

```
text 4558.925,3232.52 4 270  3+360
text 4578.399,3231.506 4 270  3+380
text 4598.873,3230.492 4 270  3+400
text 4618.848,3229.479 4 270  3+420
text 4638.822,3228.465 4 270  3+440
text 4658.796,3227.452 4 270  3+460
text 4672.541,3226.754 4 270  3+473.763
text 4678.772,3226.477 4 270  3+480
text 4698.768,3226.112 4 270  3+500
text 4718.762,3226.548 4 270  3+520
text 4738.722,3227.782 4 270  3+540
```

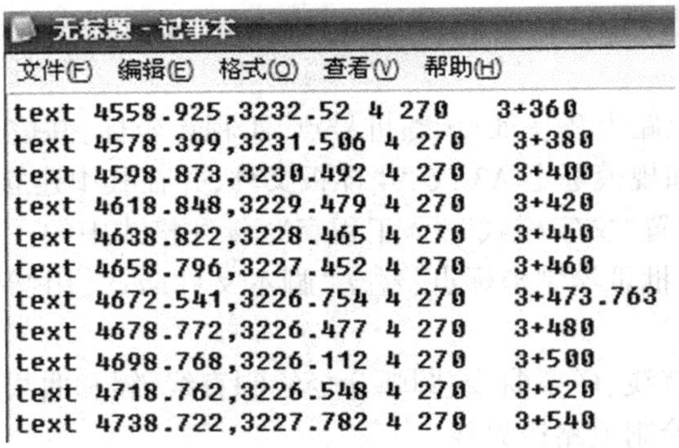

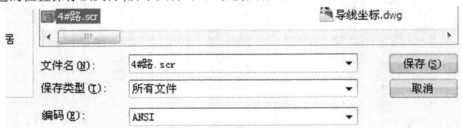

图 3-11　记事本中打开的 G 列数据文件格式

(4)在 CAD 中的“工具”菜单中打开“运行脚本(R)”,打开存入的脚本文件,就会在显示屏上,展绘桩号文字。具体的操作可参照前文中的相关图形。

3.2.1.4　**实际操作**

(1)在 Excel 上复制 F 列数据。在 AutoCAD 界面上,打开“格式”命令框中的“点样式”,选中“+”(不要选取“.”,因为“.”太小,看不到)。按“点(point)”命令,在命令行上显示“指定点:”后,直接粘贴复制的数据,即可在屏幕上展绘出各点的点位。

(2)Excel 中复制 G 列数据 J 列数据,打开“记事本”,右键单击鼠标按“粘贴”,这时记事本将显示原 Excel 中 G 列的全部数据。

(3)点击“文件”菜单中“保存”,命名为 4#路.scr,并在保存类型中选择“所有文件”,在合适的位置保存该文件,脚本文件即可创建,具体显示如图 3-12 所示。

图 3-12　创建 4#路的脚本文件(*.scr)

(4)利用“脚本文件”展绘点名。在 CAD 上,将文字格式设置为“工程字”,并必须将其字高设置为 0,按“置为当前”。

打开“工具”中的“运行脚本(R)”,打开“4#路.scr”文件,就绘出各点桩号名,见图 3-13。

(5)用“line”命令连接各转点 JD_i。

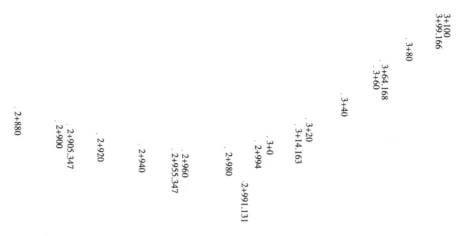

图 3-13　脚本文件展绘各点桩号名

(6)用"直线"命令连接各直线点,用"样条曲线"连接缓和曲线点,用"三点画弧"命令绘制圆弧段,将整个中线连接。

本公路的宽度为 4 m,单击"偏移(offset)"命令,在命令行显示:

指定偏移距离[通过(T)/删除(E)/图层(L)]<通过>:4 回车,然后对各段中线进行左、右偏移,绘出各边线。

注意,这时绘出的边线和中线在同一个图层上,线宽和线型都与中线一致,因中线一般为红色的点画线,且线宽是 0.15 的细线,边线一般为粗虚线,显然是不合适的。需要利用偏移的子命令。

"偏移"复制命令有多个选项,合理利用选项可以明显提高绘图效率。

(1)指定偏移距离复制对象,就是我们平时所用的指定偏移距离后,点击对象左或右,就会生成偏移左、右的复制对象,复制的对象的线型、线宽和图层等同于原对象。

(2)通过指定点偏移对象:

指定偏移距离[通过(T)/删除(E)/图层(L)]<通过>:t 回车

指定要偏移的对象:点击对象

指定通过点:点击偏移对象要经过的点,即可生成新的对象

(3)删除(E)。

如果在偏移之前选择"删除"选项,提示为如果输入 Y,则在偏移源对象后将其删除。

(4)图层(L),确定将偏移对象创建在当前层上还是源对象所在的图层上。命令显示及响应为输入偏移对象的图层选项[当前(C)/源(S)]<当前>:(输入选项)。

3.2.1.5　在图上绘出本段道路上的桥梁、涵洞等结构物

按设计图绘制的桥梁、涵洞位置只是初始位置。因为现场实际地质、地形情况可能与设计图有差别,应根据现场实际准确确定桥梁、涵洞位置。实际中往往将位置做小的变动,就会影响施工的工程量和进度。

最后对该图进行部分编辑,就得到标准的道路平面结构图,见图 3-14。

3.2.1.6　道路结构图的应用

(1)道路结构图是道路的基本用图,直接显示道路上整桩号点、曲线特征点和桥涵点

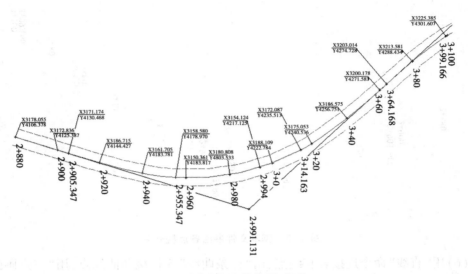

图 3-14　道路平面结构图（部分）

的坐标和桩号；在 CAD 软件上，可以查询道路中线、边线任意点的坐标，在现场实际放样时，可以按图施工。

（2）图上显示道路的设计参数、切线长、曲线长、圆半径等数据，可以确定该道路的等级、最高时速等信息。

（3）图上已经施工结束部分的边线以粗实线表示，便可以作为施工进度图，在周例会上对业主和监理汇报进度，结合已经完成的数据，又可以作为工程量的进度图。

（4）道路结构图应当在施工中不断地完善和追加附加工程，在完工时成为竣工图，是需要长期归档保存的技术资料。

（5）平面结构图也是制作三维数字模型的基础图形，以后制作三维模型最终要投影到该平面图上。

3.2.2　纵断面图的绘制

对于线型工程，绘制纵断面图是一项基本的工作。本例为已经实测出纵断面上各点的起点距、高程，要求根据这些数据绘制起点距和高程的点位、纵断面图并进行标注。

3.2.2.1　观测数据

已知各点的观测数据见图 3-15。

3.2.2.2　绘图过程构思

（1）设置图层：点层、高程层、桩号层、折线层和起始点线层。

（2）将所有数据输入 Excel 中，以起点距为 X（A 列），高程为 Y（B 列）。在 C 列生成坐标文件列，Ci = CONCATENATE（A2，"，"，B2），各点的位置，用多段线 pline 连接各点为断面线。

（3）利用脚本文件"断面 aa.scr"注记点的桩号，利用脚本文件"断面 ab.scr"注记点的高程。

点号	起点距	高程	点号	起点距	高程	点号	起点距	高程
1	0	35.614	13	320	34.001	25	740	33.67
2	12.4	35.539	14	335	33.655	26	780	34.028
3	40	35.907	15	375	33.809	27	813	33.685
4	72	35.399	16	430	34.369	28	840	34.155
5	100	35.388	17	440	34.561	29	880	33.99
6	108.6	35.318	18	480	33.619	30	910	34.415
7	140	35.059	19	500	36.011	31	940	34.148
8	180	35.253	20	540	34.607	32	949	33.531
9	220	38.535	21	580	34.427	33	960	33.698
10	240	35.312	22	620	33.618	34	1 000	33.249
11	280	34.953	23	660	34.748	35	1 040	32.786
12	320	34.001	24	700	34.594	36	1 060	31.776

图 3-15　各点的观测数据

（4）考虑到得到的断面线与桩号线之比为 1:1,不能明显地显示坡度,故将断面线(多段线)创建为块,再用"插入块"时,将 Y 坐标(高程)的比例扩大 10 倍,得到新的断面线。

（5）通过一系列编辑命令将桩号、高程移至合适位置,对标记的字号、字形进行编辑,就可得到最终的纵断面图。

3.2.2.3　操作过程

（1）设置图层(见图 3-16)。

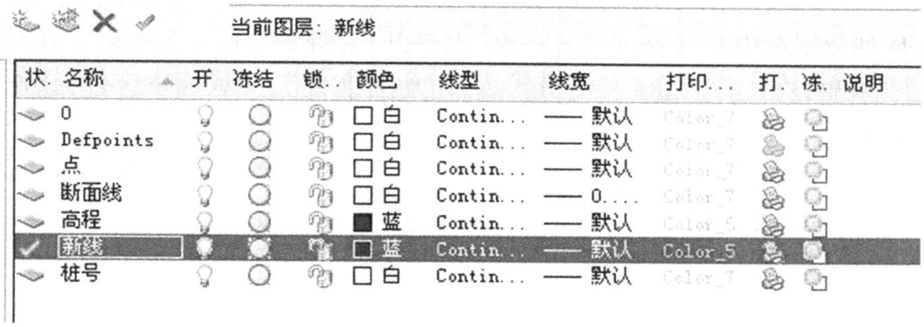

图 3-16　纵断面图层设置

点层:用于显示纵断面点的位置,点层设置像细线层。

高程:用于显示注记的点的高程,颜色设为红色,字体设置为工程字较为合适。

桩号层:用于注记点的起点距,颜色设置为黑白色,由于字体旋转 270°,字体设置为 Standard 即可。

折线层宜用多段线,便于选中生成"块"。

（2）Excel 中输入纵断面测量数据(见图 3-17),用 CONCATENATE 函数对单元格进行合并。

在图 3-17 中,A 列为输入的起点距,B 列为输入的高程,E 为字符串 text,F 列为字体高度,G 列为字体旋转的角度,其余各列为用函数 CONCATENATE(……)函数,计算得到的数据:

CONCATENATE 函数功能:将不超过 255 个单元格的内容合并为一个字符串。其单

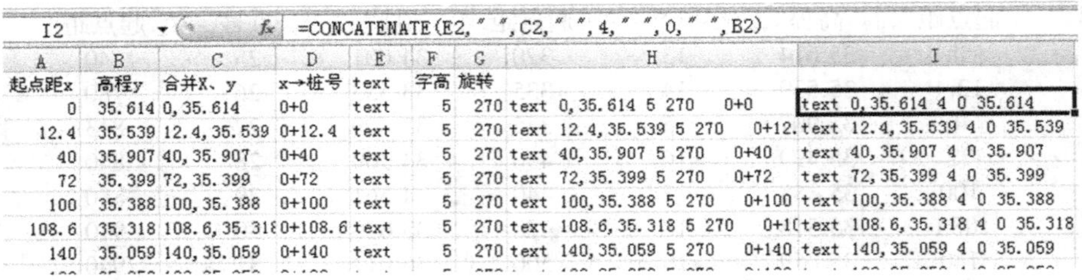

	I2		fx	=CONCATENATE(E2," ",C2," ",4," ",0," ",B2)				
A	B	C	D	E	F	G	H	I
起点距x	高程y	合并X、y	x→桩号	text	字高	旋转		
0	35.614	0,35.614	0+0	text	5	270	text 0,35.614 5 270 0+0	text 0,35.614 4 0 35.614
12.4	35.539	12.4,35.539	0+12.4	text	5	270	text 12.4,35.539 5 270 0+12.	text 12.4,35.539 4 0 35.539
40	35.907	40,35.907	0+40	text	5	270	text 40,35.907 5 270 0+40	text 40,35.907 4 0 35.907
72	35.399	72,35.399	0+72	text	5	270	text 72,35.399 5 270 0+72	text 72,35.399 4 0 35.399
100	35.388	100,35.388	0+100	text	5	270	text 100,35.388 5 270 0+100	text 100,35.388 4 0 35.388
108.6	35.318	108.6,35.318	0+108.6	text	5	270	text 108.6,35.318 5 270 0+10	text 108.6,35.318 4 0 35.318
140	35.059	140,35.059	0+140	text	5	270	text 140,35.059 5 270 0+140	text 140,35.059 4 0 35.059

图 3-17　Excel 表中填入数据

元格内容可以是字符串、数字或单元格的引用。合并后的字符串可以在写字板中直接打开,在"所有文件"格式下,保存为不同后缀的文件。例如,保存为后缀为 ＊ ＊ ＊.scr 的脚本文件,在 CAD 中直接打开脚本文件,就可在设置的位置注记文字。

C2 列 = CONCATENATE(A2,",",B2),用于绘制各点的点位和纵横比例为 1:1 的断面线。

D2 = CONCATENATE(INT(A2/1000),"+",INT(A2/1000) ＊ 1000),其功能为:将 A2 列起点距数据转换为字符串的桩号。

H2 = CONCATENATE(E2," ",C2," ",F2," ",G2,"(3 个空格)",D2),式中的双引号之间为空格,3 个空格表示文字旋转 270° 后距离原点位有 3 个空格位。本式为生成脚本文件的基本格式,其中 E2 为字符 text,C2 为文字起点的位置坐标,F2 = 5 为字体高度,G2 = 270 为字体旋转角度,D2 = 0+0,为标注文字:桩号。

将 H 列数据选中并复制,在"写字板"上打开,为脚本文件准备数据。在写字板上打开"文件"菜单,点击保存,将文件格式选为"所有文件",生成脚本文件,文件名为断面aa.scr,见图 3-18。

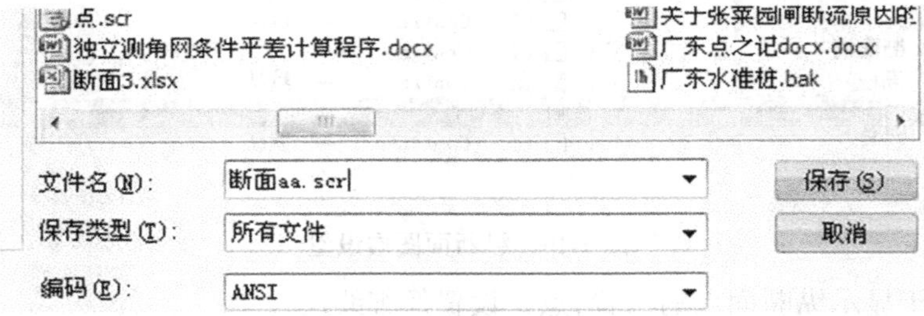

点.scr	关于张莱园闸断流原因的
独立测角网条件平差计算程序.docx	广东点之记docx.docx
断面3.xlsx	广东水准桩.bak

文件名(N):	断面aa.scr
保存类型(T):	所有文件
编码(E):	ANSI

图 3-18　生成并保存脚本文件"断面 aa.scr"

I2 = CONCATENATE(E2," ",C2," ",F2," ",0,"一个空格",B2),其中 E2 为字符 text,C2 为文字起点的位置坐标,F2 = 4 为字体高度,0 表示字体旋转角度为 0(文字为水平),B2 为标注文字:该点的高程值。这里说明 CONCATENATE() 函数中的内容可以是具体的数字 0,或标高数据及字符串,得到的结果为一个字符串。将 I 列数据复制并在写字板上打开保存为"断面 ab.scr"脚本文件。具体步骤同上,这里省略。

在 CAD 上的操作步骤如下:

(1)在图上绘制正交的水平线和高程线,在两线的交点处,插入文字"(0,0)",并选中该点为自选的 UCS 坐标系的原点,具体操作是:点击"UCS"—"原点"坐标系,将鼠标点击原点,新的坐标系就已经建成,以后的纵断面绘图所有操作都在此原点坐标系下。

在原点水平线下插入文字"桩号",在高程线左边输入竖排的"高程",具体见图3-19。

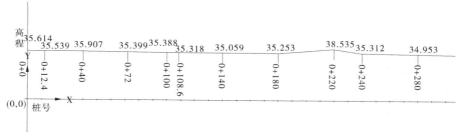

图 3-19 插入标注文字的纵断面图

（2）复制 C 列数据，直接在 CAD 中用"点"命令展绘各点位置。

点击"格式"→"点样式"，将点样式改为"+"，并将"点大小"设置为0.5，按回车键。

将"点"层，设置为当前层，点击"点"命令，命令行显示：指定点：单击右键，在命令框中选"粘贴"后，即可展绘所有点。

（3）绘制断面线。将"折线层"选为当前层，点击"多段线"命令，命令行显示：指定起点：粘贴复制的 C 列数据，即可绘制纵横比例为 1:1 的纵断面线。

（4）利用脚本文件插入桩号。

绘制文字应注意：绘制文字前要将"正交"和"对象捕捉"关掉，否则文字会重叠。

将桩号层设置为当前层，打开"样式"→"文字样式"设置为 Standard 格式，字高为0。

在 CAD 中，打开"工具"→"运行脚本（R）"框，结果见图3-20。

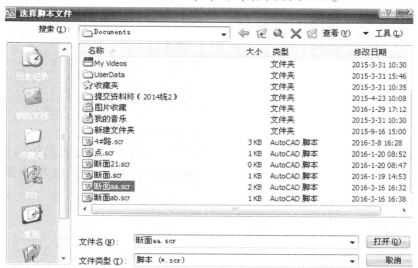

图 3-20 打开脚本文件

从文件夹中查询到保存本断面桩号数据的脚本文件"断面 aa.scr"，点击"打开"即可。此时就会在图中断面点下方显示旋转 270°的桩号文字。

（5）绘制各点高程的文字。

将"高程层"设置为当前层，打开"样式"→"文字样式"设置为"工程字"，字高为0。

采用与上述相同的步骤,打开已保存的高程文字数据的脚本文件"断面 ab.scr"。

最终得到的添加文字的结果如图 3-19 所示。

(6)以每 10 m 相隔等分水平线。

点击"绘图"→"点"→"等距分点"命令,在命令行显示:

选择要等距分点的对象:

---选择水平线,回车。

指定线段长度[块 B]:---10 回车。

此时水平线会每相隔 10 m 分为一段。

(7)纵横比例为 1∶1 的纵断面图说明。

本图水平线和高程线的比例相同,可以在电子图上查阅任意桩号点的高程。具体方法是先在水平线上找出具体桩号点的位置,在此向上绘制垂直线,与断面线的交点长,即为实地高程。

在纵断面坡度较小时,1∶1 断面图上高度的变化不明显,为了清晰地看清点的高程变化,往往需要绘制水平距离为 1、高程扩大 10 倍的纵断面图。可以对 1∶1 纵断面进行完善和修改,即可绘制纵横比例不同的纵断面图。

3.2.2.4 纵横比例为 10∶1 的纵断面的绘制

在 Excel 中,将 C 列的高程扩大 10 倍,由 C2 列 = CONCATENATE(A2,",",B2),改为 C2 列 = CONCATENATE(A2,",",B2 * 10),以后的表格中的位置参数的 Y 值将全部扩大 10 倍,新的表格值见图 3-21。

	C2	▼	fx	=CONCATENATE(A2,",",B2*10)					
	A	B	C	D	E	F	G	H	I
1	起点距x	高程y	合并X、y	x→桩号	text	字高	旋转	高程扩大10倍的数据处理	
2	0	35.614	0,356.14	0+0	text	5	270	text 0,356.14 5 270 0+0	text 0,356.14 4 0 35.614
3	12.4	35.539	12.4,355.39	0+12.4	text	5	270	text 12.4,355.39 5 270 0+12.4	text 12.4,355.39 4 0 35.539
4	40	35.907	40,359.07	0+40	text	5	270	text 40,359.07 5 270 0+40	text 40,359.07 4 0 35.907
5	72	35.399	72,353.99	0+72	text	5	270	text 72,353.99 5 270 0+72	text 72,353.99 4 0 35.399
6	100	35.388	100,353.88	0+100	text	5	270	text 100,353.88 5 270 0+100	text 100,353.88 4 0 35.388
7	108.6	35.318	108.6,353.18	0+108.6	text	5	270	text 108.6,353.18 5 270 0+108.6	text 108.6,353.18 4 0 35.318
8	140	35.059	140,350.59	0+140	text	5	270	text 140,350.59 5 270 0+140	text 140,350.59 4 0 35.059
9	180	35.253	180,352.53	0+180	text	5	270	text 180,352.53 5 270 0+180	text 180,352.53 4 0 35.253

图 3-21   纵横比例为 10∶1 的数据处理表格

仅需修改一下图层名和脚本文件名,其他只要按照前述的绘制纵横比例为 1∶1 的纵断面图的各个步骤,就可以绘制出纵横比例为 10∶1 的纵断面图,其步骤省略,最终结果见图 3-22。

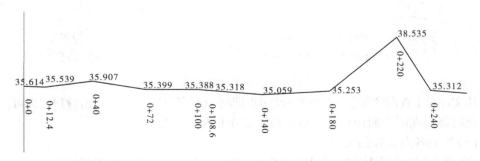

图 3-22   纵横比例为 10∶1 的纵断面图结果

3.3 绘制三维的断面图

为了利用断面图绘制三维立体模型,需要在三维空间绘制断面图。

在三维空间绘制断面图并不复杂,只有在原来绘制的二维断面线上,重新建立新的坐标系统即可。

例如在 5.1 节的例题中,我们已经在 XY 平面绘制了高庄左—高庄右,马峪沟左—马峪沟右,下官庄左—下官庄右的点位,这几个点分别为黄河上布设的 3 个断面,现在要求以某个断面线的左端点为原点,断面的左端点至右端点方向为 X 轴,高度 H 方向为 Y 轴,绘制断面图。

采用"直线"(line)或"多段线"(pline)均可以。

例:已知如图 3-23 所示,要求绘制出断面的闭合线。

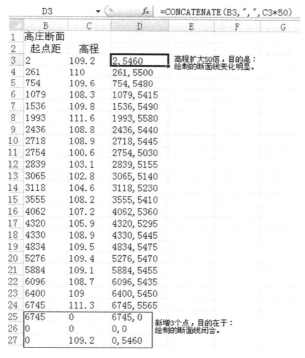

图 3-23　马峪沟断面的起点距和高程数据

3.3.1　分析

(1)断面的高程比起点距小得多,为了看清地表的起伏变化,将高程扩大 50 倍。

(2)要形成闭合线,原始资料还要增加两个点(0,0)和(终点长,0),等全部显示完毕后,手工输入"C",就可以生成闭合线。

(3)为了直接生成面域,采用多段线(pline)命令。

(4)前面已经绘制了马峪沟断面的起终点,建立新的 UCS,以马峪沟断面起点为新坐标系原点,以断面起点到终点的方向为 X 方向,以垂线方向为 Y 方向。

这样新建的断面就刚好位于马峪沟断面线上,与实际情况完全相符。

3.3.2　步骤

(1)为保证断面闭合,人为增加断面起点和终点的起点距和高程点,见图 3-24。

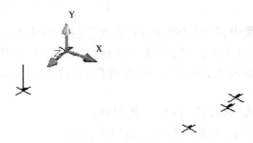

图 3-24　建立新的 UCS

(2)利用公式,得到"Y/X"列。

(3)在 CAD 界面下,依次在各断面线上建立新的 UCS。

(4)画出断面。

在 Excel 中复制合并后的"D"列。打开 CAD,将建好的＊断面图层改为当前层,在命令行输入"pline"(多段线),回车,显示"指定起点:",这时粘贴数据,即可得到断面。这时,多段线并没有闭合,输入"C",回车,便得到闭合的多段线。为了图面清晰,可以关闭＊断面图层,再绘制下一个断面。采用同样的方法绘制其他断面,直至结束。高庄断面的断面图(高程扩大 50 倍)见图 3-25。

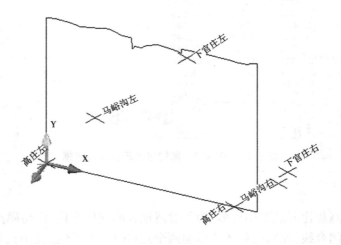

图 3-25　高庄断面的断面图(高程扩大 50 倍)

3.4　利用 line 命令绘制工程导线

对于隧道工程,布设导线是洞中唯一的控制测量方法。一般情况下都采用先计算出坐标,然后展点上图的方法。AutoCAD 软件用坐标展点的精度可以达到 0.000 000 1 以上,这就为根据测量的距离和角度精确绘制测量控制点的位置提供了平台。本节介绍如何根据观测值精确确定点位的方法和本方法在导线平差方面的应用。这种方法还可以应用在根据建筑的结构确定各点的坐标,从而进行测量放样。

AutoCAD 中常用的是数学中的坐标系,即以水平轴为 X 轴,以竖直轴为 Y 轴,并且正角的方向为逆时针方向,而测量坐标系以北方向为 X 轴,东方向为 Y 轴,顺时针方向为正角度的方向。因地图中的方向为上北下南、左西右东,刚好与数学坐标系相反,即数学中的 X 轴与测量坐标系中的 Y 轴相同,Y 轴与测量中的 X 轴相同,测量中的正角度恰好是数学上的负角度。对于工程制图,应当采用工程坐标系。

3.4.1　准备工作

3.4.1.1　设定单位

在 AutoCAD 上输入测量点的坐标时必须先进行精度设定,具体办法是输入 UNITS 命令,进行单位设定,具体如下:

输入 UNITS 命令或者在"格式"菜单下,打开"单位"命令,进行精度单位和精度设定,具体见图 3-26。

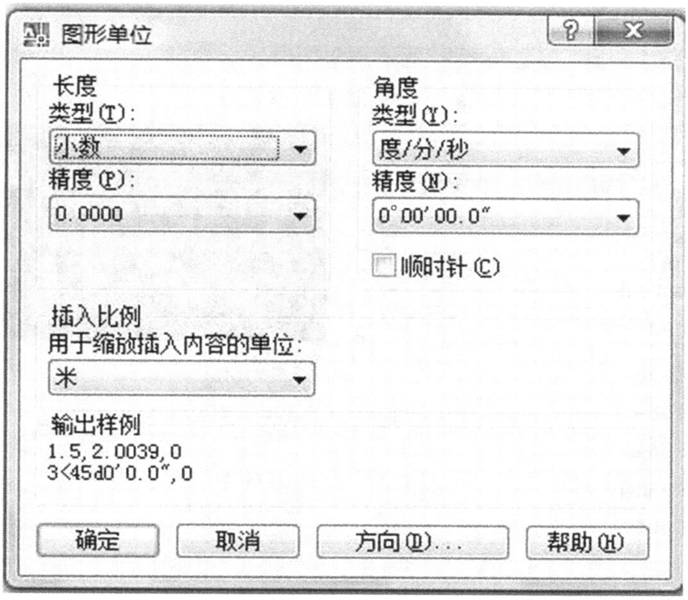

图 3-26　图形单位选择

设置完成后按"确定",单位设置结束。

3.4.1.2 设置标注样式

打开"文字"工具栏,选择"文字样式",建立"测量"文字样式,其中字体名、高度都按照图 3-27 中的样式进行选择,不要使用大字体,否则会出现不必要的麻烦,例如无法对角度的。′"进行正确显示。其中字体名一般选择:gbeitc.shx 形式,高度设为 0.0000,否则会出现字体大小无法改动的情况。

图 3-27　文字样式的选择

在"标注"工具栏中选择"标注样式"(见图 3-28),新建"测量标注"或修改"测量标注",然后修改样式。修改标准主要有:新建"测量"标注样式,修改其各个参数。其中主要修改的项有直线、符号和箭头、文字、主单位等。实际操作时应当多次进行修改,直到标注与图形大小相匹配。

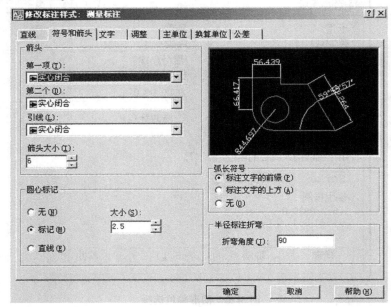

图 3-28　"标注样式"的选择

直线:一般标注采取蓝色,实线。

符号和箭头:其中箭头大小项:一般选 6～10。

文字:选"测量"模式,高度选 10～20。

主单位选择:见图 3-29。

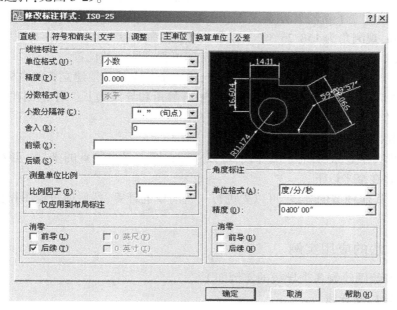

图 3-29　主单位选择

3.4.1.3　创建小三角图块或绘制正三角形

有些人习惯采用"点"的方法绘制已知控制点的位置,建议在精密绘图时不要使用"点",其原因是绘制"点"的命令在初次使用时,点样式只是一点,在图上很难找到。另外,采用新的样式后,它的大小会随着调用的次数增大,与图纸很不协调。建议在绘图时可以采用创建小三角图块或绘制正三角形的方法解决。

3.4.2　根据实测数据绘制导线图

3.4.2.1　已知坐标点的绘制

已知点的坐标必须在世界坐标系下进行输入,输入时应当注意将中文输入(例如搜狗)改为"英文、半角",否则程序可能不执行。

输入已知点可采用"点"命令,将已知点的 Y 坐标作为 X 坐标、X 坐标作为 Y 坐标输入。例如,某点的坐标为(8 000,6 000),输入时在 point 命令下输入(6 000,8 000),按回车键即可。

用点输入容易在显示屏上看不到,这是由于点的位置在显示屏以外的地方,或者点的样式只是一个看不见的小点,这时可以选择"点样式",改变点的样式。不过改用直线输入的方法较好,例如有两个以上的已知点,在 line 命令后,可以输入起点和终点的坐标,点在直线的两端就看得很清楚。

3.4.2.2 测点的绘制

确定点的坐标需要两个条件:观测角和边长。如果已经知道起始点和起始点后视点,就可以采用转变坐标系统的方法绘制出各个测点,具体如下:

(1)选择 UCS 工具栏中的 3 点命令,以起始点为原点,以后视点为新坐标系 X 轴,然后按回车键,就建立了新的坐标系 $X'Y'$,这时采用极坐标法输入。例如已知点到测点的距离是 120 m,观测角为 158°25′38″。首先采用 line 命令,点击已知点作为直线的起始点,第二个点输入:@ 120<-158°25′38″,按回车键即可得到测点的位置。

(2)后续点采用同样的方法在图上绘出,每一个新点都必须建立新的坐标系。

(3)绘制完成后进行标注,可以直接标注出测角和导线边长。注记测角和边长不仅用于导线图的绘制,还用于检查绘制过程是否有误。

(4)写出点名。

(5)返回世界坐标系,对于支导线,可以立即在图上量出各点的坐标。该坐标应当和计算结果误差在毫米以下。

(6)对于其他种类的导线,可以先进行一些简单的计算,然后通过绘图得到近似平差后的坐标。

3.4.3 本方法的应用实例

采用精密绘图绘制各类导线的实例如下。

3.4.3.1 实例 1:支导线

实例 1 支导线见表 3-1,支导线图解坐标见图 3-30。

表 3-1 支导线

点名	观测角 (°　　′　　″)			边长	方位角 (°　　′　　″)			X	Y
D4-P					327	03	42	1 790.920	5 512.504
A1	246	21	07	60.036	33	24	49	1 841.033	5 545.565
A2	163	44	40	103.203	17	09	29	1 939.474	5 575.958
A3	258	45	08	129.206	95	54	37	1 926.169	5 704.477
A4	179	18	40	105.553	95	13	17	1 916.564	5 809.583
A5	-260	11	46	81.182	15	01	31	1 994.971	5 830.629

3.4.3.2 实例 2:单定向导线

单定向导线见表 3-2,单定向图解计算见图 3-31。

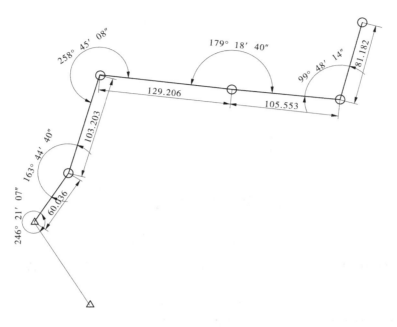

图 3-30　支导线图解坐标

表 3-2　单定向导线

点名	观测角 (° ′ ″)	边长	方位角 (° ′ ″)	X	Y
A—B			**237 59 37**	**3 702.437**	**9 866.601**
B—1	99 00 53	451.701	157 00 36	3 286.622 *3 286.619*	10 043.019 *10 043.035*
1—2	167 45 35	278.064	144 46 11	3 059.515 *3 059.489*	10 203.421 *10 203.448*
2—3	123 11 23	345.16	87 57 34	3 071.782 *3 071.790*	10 548.355 *10 548.388*
3—4	189 20 38	200.134	97 18 12	3 046.341 *3 046.355*	10 746.861 *10 746.900*
4—C	179 59 18 $\Delta X=+20$	204.955 $\Delta Y=+43$	97 17 30	**3 020.348** （支:3 020.328	**10 950.199** 10 950.156）

注:表中黑体 X、Y 为支导线计算值,斜体为单定向在图上丈量坐标。

3.4.3.3　实例 3:无定向导线

（1）无定向导线在绘制时和单定向导线在开始时由于没有起始方向,为计算方便,设

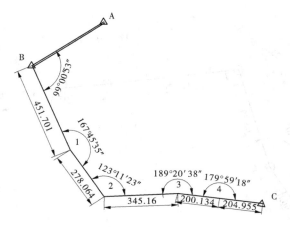

图 3-31　单定向图解计算图

起始方向为 $00°00'00''$，第一观测角设为 $180°00'00''$，按照支导线计算各点的假定坐标，见表 3-3。

表 3-3　无定向导线

点名	观测角 (° ′ ″)	边长	方位角 (° ′ ″)	X	Y
A—B			0 00 00 157 00 29.8	**3 702.437**	**9 866.601**
B—1	180 00 00	451.692 451.701	0 00 00 157 00 29.8	4 154.129 *3 286.619*	9 866.601 *10 043.035*
1—2	167 45 35	278.059 278.064	347 45 35 144 46 04.8	4 425.867 *3 059.490*	9 807.649 *10 203.447*
2—3	123 11 23	345.153 345.16	290 56 58 87 57 27.8	4 549.274 *3 071.790*	9 485.312 *10 548.387*
3—4	189 20 38	200.130 200.134	300 17 36 97 18 05.8	4 650.225 *3 046.354*	9 312.509 *10 746.898*
4—C	179 59 18 $\Delta X = +20$	204.952 204.955 $\Delta Y = +43$	300 16 54 97 17 23.8	*3 020.348* (支:4 753.573	*10 950.199* 9 135.521

（2）计算导线起点到终点坐标的距离和方位角，计算起点到终点假定坐标的距离和

方位角：

$$\alpha_{B-C} = 122°11'20.8'', S = 1\,280.402$$
$$(\alpha_{B-C}) = 122°11'20.8'', (S) = 1\,280.402$$
$$\Delta\alpha = 157°00'29.8'', K_S = 1.000\,019\,525$$

将各边长乘以系数 1.000 019 525，起始方位角改为 147°00′29.8″，重新计算，就可以得到平差后坐标。由于凑整问题，计算值与实际相差应在 1 mm 之内。

可以证明单定向和无定向按照近似平差得到的结果相同。

无定向导线精确绘图如下：

（1）输入绘直线命令。输入已知点起点坐标（X 时输入 Y，Y 时输入 X），第二点用同样的方法输入坐标。在图上丈量两点之间的距离 $S1$ 和两点之间的方位角。用直线输入已知点比较容易查找。

（2）选择离起终点较近的范围内，用 line 命令输入第一条边，选定导线起点后点击，沿任意方向输入第一边边长即可按回车键。

（3）依次类推，直到绘制出导线的最后一个点。整个导线全部绘出。

（4）导线的起点和终点就是两个已知点，但由于没有以已知点为绘制的起点且方向也是任意定的，因此这两个点与两个已知点的坐标点点位都不一致。通过对整个导线的缩放和位移、旋转可以做到与原坐标一致。

目前 AutoCAD 中的"三维操作"工具栏中有"对齐"命令，可以一次完成上述操作。具体如下：

激活"对齐"命令

旋转"修改/三维操作/对齐"命令；或输入：align

选择对象：（选中绘制的全部导线点）

指定第一个源点：（拾取导线的起点作为第一个源点）

指定第一个目标点：（拾取已知的起点作为目标点）

指定第二个源点：（拾取导线的终点作为第二个源点）

指定第二个目标点：（拾取第二个已知点作为第二个目标点）

指定第三个源点：（回车结束指定）

是否基于对齐点缩放对象？（按"Y"后回车）

这里需要注意的是：绘制好导线后应当量取导线起点到终点的距离和已知点之间的距离进行比较，得到缩放系数。

需要说明的是：我们进行的平差都是近似平差，因此对于单定向导线去掉连接角后生成的无定向导线平差后结果相同，实际上单定向导线的精度应当高于无定向导线。无定向导线的图与单定向相同，这里省略。

3.4.3.4　实例 4：附合导线

附合导线计算见表 3-4。

表 3-4　附合导线计算

点名	观测角 (° ′ ″)	边长	方位角 (° ′ ″)	X	Y
A—B			<u>237　59　30</u>	<u>2 507.69</u>	<u>1 215.63</u>
B—1	99　01　00+7	225.85	157　00　37	*2 299.778+41* **2 299.819** <u>2 299.839－20</u>	*1 303.839－34* **1 303.805** <u>1 303.833－28</u>
1—2	167　45　36+7	139.03	144　46　20	*2 186.209+66* **2 186.275** <u>2 186.307－32</u>	*1 384.036－55* **1 383.981** <u>1 384.018－37</u>
2—3	123　11　24+7	172.57	87　57　51	*2 192.340+97* **2 192.437** <u>2 192.450－20</u>	*1 556.497－82* **1 556.415** <u>1 556.434－19</u>
3—4	189　20　36+7	100.07	97　18　34	*2 179.608+115* **2 179.723** <u>2 179.729－6</u>	*1 655.754－97* **1 655.657** <u>1 655.666－9</u>
4—C	179　59　18+7	102.48	97　17　59	2 166.72 *2 166.587+133*	1 757.29 *1 757.403－113*
C—D	129　27　24+7		46　45　30 46　44　48	$F_x = +133$	$F_Y = -113$
	$f_\beta = 42''$	$\sum S = 740$	$\sqrt{f_x{}^2} + \sqrt{f_y{}^2} = 175$	$K = 1/4\ 200$	

注:表中加黑色为平差后坐标,斜体为角度分配后计算值和改正值,下划线是图解平均后丈量值和与平差值的差异。

本例中,图解坐标为什么与计算的结果不同,下面我们进行分析。

3.4.3.5　实例 5:附合导线图解坐标图

附合导线图解坐标见图 3-32。

在分配角度后,绘图得到各点的坐标与按照支导线计算得到坐标的结果是同样的,得到的导线闭合差 ΔX、ΔY 也是相等的,由此看来计算平差和图解平差产生差异的原因是两种平差过程的不同。

(1)计算分配闭合差。在计算时各点的改正值是 $dx = -\Delta X \cdot S / \sum S, dy = -\Delta Y \cdot S / \sum S$。

(2)在 CAD 中,是采用的"三维操作/对齐"命令,其过程如下:

①已知导线起点和终点连接一条直线 BC,导线图解的起点和终点连接一条直线 B′C′。

②以导线的起算点 C′为基点,将导线整体平移到已知起点 C 的坐标上。

③这时两条直线有一个夹角,软件自动旋转使两条直线重合,夹角为 0°。

④接着软件提示:是否基于对齐点缩放对象?(按"Y"后回车),如果按"y",由绘制导线与连线形成的多边形立即进行整体缩放,使 B′C′与 BC 相等,四个点两两重合,实现对齐命令。

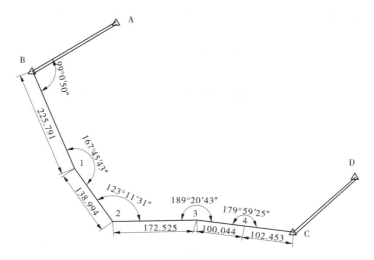

图 3-32　附合导线图

平移:首先将导线平移,使绘图的导线起点与已知的起始坐标点重合。对于附合导线,由于绘图直接在起点上绘制,应用"对齐"命令时,第一个源点与第一个目标点重合,因此平移没有进行。

旋转:当第二个源点对准第二个目标点时,实际上会发生旋转,具体如图 3-33 所示。

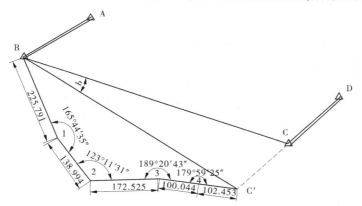

图 3-33　附合导线图解示意图

图 3-33 中:在分配角度后,图解出终点 C′点,已知坐标点 C 的位置如图 3-33 所示,必须旋转角度 b 才能使 BC′与 BC 重合。旋转后导线上各点的坐标变换为

平移:

$$x' = x - x_B$$
$$y' = y - y_B$$

经过这样的平移,导线点变为以 B 点为原点的坐标。

旋转:设绘图系是以 BC′为 X 轴,而目前新的坐标系 UBV 是以 BC 为 U 轴,旋转角为 α,则:

设原坐标系坐标 XOY 逆时针旋转 α 角度变换为新坐标系 UOV,则新旧坐标之间的关系为

$$x' = u\cos\alpha - v\sin\alpha$$
$$y' = u\sin\alpha + v\cos\alpha$$

上式用于已知旋转角度 α、新坐标(U,V),计算原坐标的情况,旋转得到如图 3-34 所示的图形。

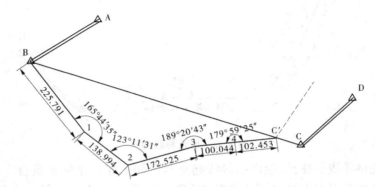

图 3-34　旋转后,未缩放时图形

反之,如果已知原坐标系坐标和旋转角度 α,需要求各点在新坐标系的坐标,也很简单。只要选择 $-\alpha$ 角即可,即

$$u = x'\cos(-\alpha) - y'\sin(-\alpha) = x'\cos\alpha + y'\sin\alpha$$
$$v = x'\sin(-\alpha) + y'\cos(-\alpha) = -x'\sin\alpha + y'\cos\alpha$$

是否基于对齐点缩放对象?(按"Y"后按回车键),如果按"y",有绘制导线与连线形成的多边形立即进行整体缩放,使 B'C' 与 BC 相等,四个点两两重合,实现对齐命令。

这个过程与人工计算是不同的,因此得到的结果也略有差异。

闭合导线的绘图图解过程与附合导线的绘图图解过程基本相同,其结果也与手工计算略有差异,具体过程这里省略。

3.4.4　结语

在 CAD 上进行图解导线平差对于无定向导线是可以的,对于单定向导线、闭合导线、附合导线进行平差的结果与手算略有差异。不过都是近似平差,有些差异也是认可的。

精密绘图在工程测量放样时可以减轻计算工作,例如某条圆曲线,可以先画出一个半径等于曲线半径的圆弧(其圆周角等于转角),然后在图上绘制出起点和终点的坐标,将圆弧的起、终点对准坐标点,标注上桩号,就可以得到圆弧上任意点的坐标,可以替代各桩号点进行坐标计算。

第 4 章   地下隧道断面图的绘制

受地形的限制,长距离地下隧道成为很多工程的主要建筑。例如,某大型水利工程,发电厂房、导流洞、施工道路均位于地下。这些工程具有规模大、要求精度高、施工困难等特点,对于工程质量的控制也十分严格。例如,某水电站地下隧道工程的总长度超过 1 万 m,地下隧道断面直径 8~34 m,要求每 3 m 实测一个断面,断面不得有欠挖,超挖不得大于 15 cm(其中样板工程,要求不得有任何欠挖,超挖不得大于 10 cm。)。

地下隧道工程,对工程质量的控制和方量的计算,都依赖实测断面来进行检测,断面图的绘制是一项经常而又烦杂的内业工作。每个断面也有设计的标准断面和施工后用免棱镜全站仪施测的现场施测断面,需要将两个断面进行合成,即合成断面图。然后在图上检查断面的超欠挖量和计算实际开挖量。

本章的主要内容有直线段中线坐标系的建立,断面设计图的绘制,直线段中线工程坐标与桩号坐标的计算程序,在中线坐标系上绘制实测断面图,设计与实测图的集成。其中曲线部分可以根据需要学习,曲线部分的计算程序省略。

4.1   工程中线坐标系的建立和应用

4.1.1   中线坐标系的定义

中线坐标系是为单项工程需要建立的临时坐标系,X 轴沿中线方向,一般 X 值与工程的桩号相同。Y 值在偏离轴线右侧为正、左侧为负,Z 轴即高程轴,具体如图 4-1 所示。

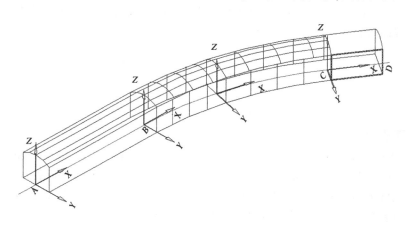

图 4-1   中线坐标系示意图

4.1.2 直线段中线坐标系

直线段中线坐标系的建立比较简单,如图 4-1 所示的地下隧道 AB 直线段。

已知:直线上任意点 P 的桩号为 S_0;平面坐标为 (X_0, Y_0),直线 AB 的方位角 α。则任意点工程坐标 X、Y 转换为以 A 点为原点(转换为 0),以直线 AB 前进方向为 X' 轴,顺时针旋转 $90°$ 为 Y' 轴的新坐标系统的转换公式为

$$X_1 = (X - X_0)\cos\alpha + (Y - Y_0)\sin\alpha + S_0$$
$$Y_1 = -(X - X_0)\sin\alpha + (Y - Y_0)\cos\alpha$$

式中:X_1 为某点的中线桩号坐标系 x 坐标(某点的桩号);Y_1 为某点的中线桩号坐标系 y 坐标偏移中线的值(正值表示偏移中线右方的值,负值表示该点偏移中线左边的值);X 为某点的工程坐标系 x 坐标;Y 为某点的工程坐标系 y 坐标;S_0 为中线起点 A 的桩号。

利用上面的公式将原工程坐标系转换为中线坐标系后,地下工程的控制点就有两套坐标,一套为整个工程的工程控制网坐标系,另一套为直线工程的"中线桩号坐标系"。大型地下隧道一般都采用两套坐标系统。

4.1.3 曲线部分的中线坐标计算

建立曲线部分的中线坐标系明显比直线部分复杂得多。从图 4-1 可以看出:BC 之间为曲线段,由缓和曲线和圆曲线组成。每一个曲线点都不可能用一个固定的公式来变换。

通常带有缓和曲线的圆曲线中线坐标计算过程是:已知曲线中线坐标上某点的桩号,求出该点在当地坐标系中的坐标或副中线的坐标。这部分内容多为读者知晓,这里不加推导地直接应用其公式。

而本书介绍的是有 1 个在曲线外的已知坐标点,求该点位于曲线什么桩号的断面上?且偏离中线的距离是多少?

如图 4-2 所示是在线路设计中常见的带有对称缓和曲线的圆曲线。

为推导方便,采用的坐标系是以 ZH 为原点,以 ZH 至转点 JD 为 X 方向的坐标系。

4.1.3.1 直缓段(ZH—HY)

$$X = l - \frac{l^5}{40R^2L_0^2} + \frac{l^9}{3\,456R^4L_0^4} - \cdots$$
$$Y = \frac{l^3}{6RL_0} - \frac{l^7}{336R^3L_0^3} + \cdots$$

4.1.3.2 缓直段(YH—HZ)

直缓段和缓直段的计算公式完全相同,只不过直缓段坐标系的原点为 ZH,X 轴的方向是由 ZH 至转点 JD,缓直段的坐标系原点是 HZ,X 轴方向由 HZ 至转点 JD。

采用下面的公式可以将以缓圆点 YH 为原点,以 YH 至转点 JD 为 X 轴的坐标系的第二缓和曲线点转换为以 ZH 为原点的统一坐标系上的点,设缓直段原来的坐标系为 (U, V),则

$$X = (T - U)\cos\alpha - V\cos\alpha + T$$
$$Y = (T - U)\sin\alpha + V\cos\alpha$$

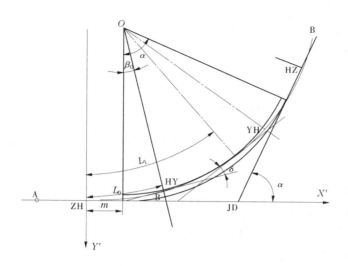

图 4-2 带有对称缓和曲线的圆曲线

式中:T 为切线长;α 为转角。

4.1.3.3 圆曲线段(HY—YH)

$$X = l_j - \frac{l_j^3}{6R^2} + \cdots + q$$

$$Y = \frac{l_j^2}{2R} - \frac{l_j^4}{24R^3} + \cdots + p$$

$$l_j = l_i - 0.5l_0$$

式中:p 为圆心内移值;q 为附加切距。

由以上公式可以计算出曲线上任意一点的切线支距,即以 ZH 为原点的坐标。

4.1.3.4 曲线横断面线的方位角

下面的断面方位角是在以 ZH 为原点的坐标系内推算的。

$$\alpha_{直缓段} = 90° + 90°k\frac{l^2}{\pi R l_0} \quad (直缓段)$$

$$\alpha_{圆曲线段} = 90° + k\beta_0 + k\frac{180°(l_i - 0.5l_0)}{\pi R}) \quad (圆曲线段) \quad k = \pm 1:为转角的正负$$

$$\alpha_{缓直段} = 90° + k\alpha + 90°k\frac{l^2}{\pi R L_0} \quad (缓直段) \quad \alpha:转角的绝对值$$

一般坐标系中,上式都再加上 ZH—JD 的方位角 α,即得到各断面的方位角。

4.1.3.5 坐标点的桩号和偏移中线距离的计算

确定曲线外一点在中线坐标系中的位置范围方法如下:

直缓段坐标方位角的范围为

转角为正:90° ~ (90°+β_0)

转角为负:$-90° \sim (-90°-\beta_0)$

圆曲线段坐标方位角范围:

转角为正:$(90°+\beta_0) \sim (90°+\beta_0+\delta_0)$

转角为负:$-(90°+\beta_0) \sim -(90°+\beta_0+\delta_0)$

缓直段坐标方位角范围:

转角为正:$(90°+\alpha-\beta_0) \sim (90°+\alpha)$

转角为负:$-(90°+\alpha-\beta_0) \sim -(90°+\alpha)$

其中:α 为转角,左转为负,右转为正;β_0 为缓和曲线角,其值为 $\dfrac{90°l_0}{\pi R}$;δ_0 为圆曲线转角,其值为 $\dfrac{180°(l_{圆0}-0.5l_0)}{\pi R}$。

4.1.3.6 求在曲线外一点的桩号和偏移距的方法

已知:一点的坐标为(X_0,Y_0),圆心点坐标:$(m,k(R+P))$;

反算:圆心到该点的方位角 α。

判断该点所在的范围,即该点是在直缓段、圆曲线段或者是在缓直段?

(1)根据该点的范围,计算出本段曲线每隔 10 m 各点的坐标和断面方位角。

(2)利用点斜式计算出曲线上桩号点的断面点斜式直线方程 $AX+BY+C=0$

$$d_i = \frac{|AX_0+BY_0+C|}{\sqrt{A^2+B^2}}$$

(3)查找出距离最近的整桩号点的距离,可以计算出任意点的大致桩号。

(4)重复查找,即可找到达到毫米级的精确桩号值。

(5)反算中线点到该点的距离,即可得到该点偏离中线的距离。

该计算比较复杂,一般采用可编程序的高档计算器在现场直接计算。

4.1.4 中线坐标系的应用

4.1.4.1 在道路工程中的应用

(1)道路工程一般采用独立的工程坐标系。开始一般沿线路布设控制导线,利用本方法可以求出控制点距离中线的距离和桩号,对于路线放样,可大大节约时间。

(2)求开挖边界。道路工程有大量的土石方开挖和填方,其中开挖边界的确定对于质量和投资控制尤为重要。设计给出的是标准断面图,现场测量人员是先放中线测断面,在室内根据断面图确定开挖边界,然后到现场放出开挖边界。

利用轴线坐标系,可以立即求得一个坐标点的桩号和偏移中线的距离,根据断面图,可以立即在现场确定开挖边界,方便快捷。

4.1.4.2 在地下隧道工程中的应用

(1)中线坐标系对于地下工程的放样和工程质量控制都非常便利,现场放样时,Y 坐标值即为放样点偏离中线的距离,可以准确地对隧道掌子面进行放样,检查验收时,得出的隧道断面点的 X 坐标即为该点的桩号,Y 坐标值即为该点偏离中线的值,Z 坐标即为该点高程。与设计断面对照,隧道的质量数据清清楚楚。

（2）在直线段,无须进行现场记录,全站仪实测的数据可直接传入计算机,经过数据处理后,就可绘制断面图。

4.2　地下工程断面设计图的绘制

地下隧道断面设计图由设计单位在标准图纸上绘制并提供,施工单位使用的图纸一般由测量绘图人员严格按照设计图纸重新绘制。绘制合成图的第一个步骤是绘制标准断面图(设计断面图)。实际作业时是预先将某项工程的所有标准断面图一并绘制完成并保存为一个文件夹,使用时随时复制。以下以某工程的地下导流洞 D1 型断面设计图(见图 4-3)为例,说明断面图的绘制方法。

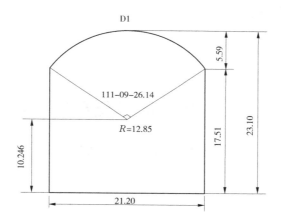

图 4-3　某工程的地下导流洞 D1 型断面设计图

绘制图 4-3 的方法很多,下面选择多段线进行绘制,具体步骤如下。

（1）在屏幕下方选择设置"正交"和"对象捕捉"模式。

（2）输入"Pline(多段线)"命令,在屏幕任意点点击作为起点,鼠标向下移动,输入23.1,回车。

（3）鼠标向右移动,输入 21.2,回车。

（4）鼠标向上移动,输入 17.51,回车。

（5）这时,在屏幕下方提示:指定下一点或[圆弧(A)/闭合(C)/半宽(H)/长度(L)/放弃(U)/宽度(W)]:输入 A(表示要输入圆弧参数)。

（6）屏幕下方提示:[圆心(CE)/方向(D)/半宽(H)/直线(L)/半径(R)/第二个点(S)/放弃(U)/宽度(W)]:输入 R,回车。

（7）屏幕下方提示:指定圆弧半径:输入 12.85 ,回车。

（8）输入"CE",多段线闭合,绘图结束。

（9）对图上尺寸进行标注,得到设计图。

第 5 章　用 CASS 软件绘制点、线工程图

在工程测量中还常用一个在 AutoCAD 平台上开发的 CASS 软件,它是外业数据采集和内业绘图的主要软件,功能齐全,可以完成工程测量、绘图、计算工程量等多项作业。由于 CASS 是在 AutoCAD 软件平台上二次开发的软件,二者相比,在批量点数据采集和绘制等方面都较 CAD 简便,且绘制的符号也比较规范。

本章内容如下:

(1)在地形图上查询点的坐标 x、y、z;

(2)在地形图上批量采集多点的坐标数据;

(3)注记控制点的坐标;

(4)批量展示坐标点;

(5)绘制纵横断面图。

5.1　CASS 软件的单位和坐标系统

由于 CASS 软件是专用的绘制地形图软件,因此它的单位和坐标系统是预先设置好的。

5.1.1　长度单位

AutoCAD 软件在绘制土木工程图和机械图时,都设置毫米(mm)为基本长度单位。而在道路、水电站等其他工程中,各构筑物都与坐标发生关系,一般都设置以米(m)为基本长度单位。

CASS 软件的长度单位为米(m)。

5.1.2　角度单位

在 AutoCAD 中绘制工程图时,角度常用十进制的(°)或 60 进制(° ′ ″)作为角度单位;

CASS 软件中,用 60 进制的(° ′ ″)作为角度单位。

5.1.3　AutoCAD 的坐标系统

AutoCAD 中有两个坐标系:一个称为世界坐标系(WCS)的固定坐标系,另一个称为用户坐标系(UCS)的可移动坐标系。

5.1.3.1　世界坐标系

世界坐标系简称 WCS,在二维空间里,包括原点、水平方向的 X 轴和竖直方向的 Y 轴,在三维空间里还有 Z 轴。在二维空间里,其正角的方向为逆时针方向。

世界坐标系(WCS)是 AutoCAD 默认坐标系,其坐标原点(0,0)的位置和坐标轴的方向都不会改变。在显示屏上,WCS 的原点在屏幕的左下角 X 轴和 Y 轴的交点位置有一个方框标记,表明当前使用的坐标系是世界坐标系。一个点的位置表示方法为(x,y)或(x,y,z)。

5.1.3.2　用户坐标系

为了方便用户绘图,AutoCAD 允许用户根据自己的需要改变坐标系的原点和方向,此时的坐标系就变成了用户坐标系(UCS)。

5.1.4　CASS 软件中的坐标系

鉴于 WCS 在 AutoCAD 中的固定属性,人们就联想到将工程坐标系用 WCS 代替。而设计和测绘所使用的工程坐标系以北方向为 X 轴,东方向为 Y 轴,顺时针方向为正角度的方向,刚好与 WCS 相反。即 WCS 中的 X 轴与工程坐标系中的 Y 轴方向相同,Y 轴与工程坐标系的 X 轴方向相同,WCS 的正角度恰好是工程坐标系的负角度。正常情况下无法采用 CAD 表示测量坐标系坐标。

如果将工程坐标系中的 Y 坐标当作 X 坐标,Y 坐标以 X 坐标输入 WCS,在 AutoCAD 图形上得到的位置恰好等同于工程坐标系的坐标,从坐标值上得到的效果是完全可行的。但是在数学上是否成立呢?大量的实践证明,此法在数学上是成立的,目前测绘行业经常使用的 CASS 软件就是采用本办法。

解决了坐标在 CAD 上的表示问题,工程坐标系与世界坐标系还有一个角度方向问题,工程坐标系的角度正方向为顺时针,世界坐标系中正角的方向为逆时针。只要在 AutoCAD 中将测量的正角度以负角度输入就可以解决。

5.2　用 CASS 软件在图上查询点的坐标及绘制坐标点

(1)利用 CASS 软件中的查询坐标命令,查询指定点的坐标 $X/Y/Z$。

功能:查询指定点坐标。

操作：工程应用 \ 查询定点坐标↩。

命令行:命令:**CXZB**

　　指定查询点:(在图上点击指定点)

　　测量坐标:X=＊＊＊.＊＊＊　Y=＊＊＊.＊＊＊　H=＊＊＊.＊＊＊

说明:查询出的 X、Y 坐标是笛卡儿坐标系,在测量坐标系中:X 应为 Y,Y 应为 X。

(2)CASS 软件上注记控制点坐标。

点击 CASS 界面窗口右上角的"文字注记"—"特殊注记",显示"坐标坪高"选择框,点击左上角第一个框,点击后该框由黑变白(见图 5-1),"注记坐标"选中,再点击"确定","坐标坪高"选择框消失,以下按命令行文字显示进行操作。

命令行显示:

指定注记点:在图上点击注记坐标点的位置(图 5-2 中带圈的点),此时活动鼠标到合

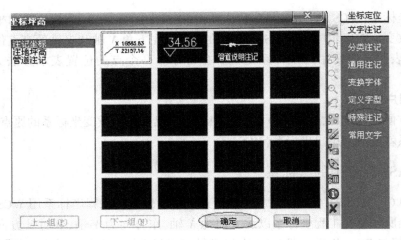

图 5-1 "坐标坪高"对话框

适位置。注记位置:点击要放置坐标值的位置,则图上注记出该点坐标。

若还要注记出该点高程,则需要进行如下操作:

"坐标坪高"选择第二个框"注地坪高",点击"确定"按钮,在命令行输入高程值后,再选择注记位置点击,最后显示如图 5-2 所示。

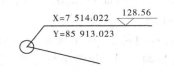

图 5-2 某一点注记坐标、高程后效果图

5.3 应用 CASS 软件在图上采集多点坐标数据

在数字地形图上或者数字工程图中,可以方便地采集图中多点的坐标 x、y,并生成数据文件,提取的数据可以用来生成新图的点位。操作步骤如下。

点击"工程应用"→"指定点生成数据文件"菜单,显示为新的数据文件起名菜单,起名后选保存位置,点击"保存",菜单消失,见图 5-3。接下来根据命令行提示,进行多点坐标采集。

命令行显示:

指定点:点击要采集坐标数据的第 1 点

地物代码:回车

高程(0.000):可输入该点高程,不输入则为 0

请输入点号<1>:输入正整数

指定点:继续点击采集的第 2 点

… :……

……

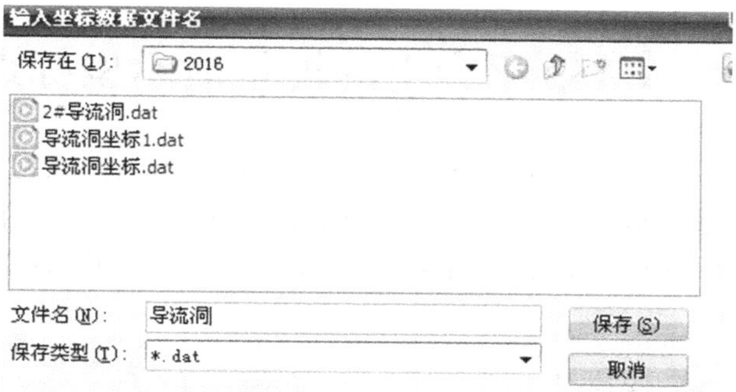

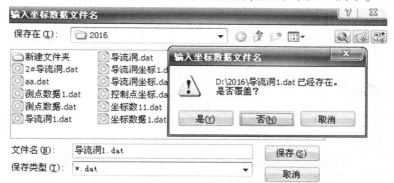

图 5-3 输入坐标文件名

各点输入结束后,继续按回车键显示:是否删除点位注记(Y/N)< N >:回车结束。

此时若打开保存的数据文件,可以在记事本中显示坐标数据,也可以增加或删除个别点,再次保存即可。

在采集数据文件的过程中,有时因多单击一次鼠标右键而发生中断现象,这时命令行出现与结束同样的显示:是否删除点位注记(Y/N)< N >:

因数据并没有采集完,需要在原文件中添加新的数据。怎么办呢? 操作如下:

假设在"导流洞1"文件采集数据的工程中发生中断:重新点击"工程应用"—"指定点生成数据文件"菜单,选择"导流洞1.dat"文件点击,显示如图5-4所示。

图 5-4 在原文件中增加数据

点击"是",文件框消失,此时在命令行重新显示:

指定点:点击要采集坐标数据的第 1 点

地物代码:回车

高程(0.000):可输入该点高程,不输入则为 0

请输入点号<n+1>:输入正整数(此时的点号就由原来的最后一个点号 n+1)

指定点:继续点击采集的第 n+2 点

……

注:这个方法在采集数据时会经常用到。

5.4　CASS 平台上的批量展示坐标点

在 CASS 平台上批量展示坐标点位有两种情况:①展示观测点,在点的附近显示观测点的高程;②展示测量控制点,可以绘制控制点的符号和坐标值。有时使用 CASS 软件展绘控制点比使用 CAD 方便。在 CASS 上批量展示测量点,要求将数据以固定格式保存在数据文件(∗ .dat)中。

5.4.1　外业测点的数据格式

CASS 所能识别的数据格式,其扩展名为“.dat”。外业测点的数据格式为“点名,点编码,Y 坐标,X 坐标,H 高程”,如图 5-5 所示(在输入数据时,应当在英文、半角模式下)。

需要说明的是,点编码可以没有,但两个逗号之间不得有空格。

上述数据格式是一般全站仪所采集数据文件的格式,故外业采集的数据文件可以直接在 CASS 软件上用命令展示观测点。如果某些测绘仪器储存的数据文件格式与上面的格式不同,可以在 Excel 中变换为上述数据格式后,再另存为数据文件,才能在 CASS 软件中使用。

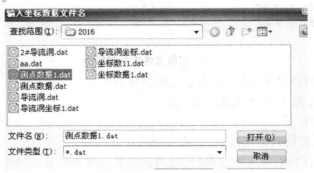

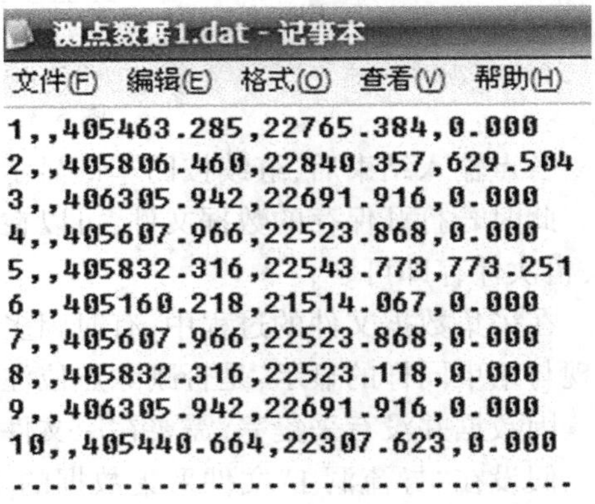
测点数据1.dat - 记事本
文件(F)　编辑(E)　格式(O)　查看(V)　帮助(H)

```
1,,405463.285,22765.384,0.000
2,,405806.460,22840.357,629.504
3,,406305.942,22691.916,0.000
4,,405607.966,22523.868,0.000
5,,405832.316,22543.773,773.251
6,,405160.218,21514.067,0.000
7,,405607.966,22523.868,0.000
8,,405832.316,22523.118,0.000
9,,406305.942,22691.916,0.000
10,,405440.664,22307.623,0.000
------------------------------
```

图 5-5　“测点数据”文件的数据

5.4.2　展绘观测点

在 CASS 平台点击工具栏中“绘图处理”→“展野外测点点号”,接着显示页面如图 5-6、图 5-7 所示。

图 5-6　输入坐标文件:“测点数据 1”

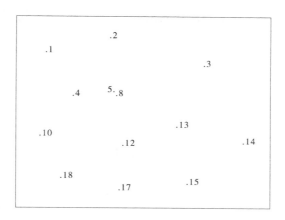

图 5-7   展绘"测点数据 1.dat"文件的点位

5.5   在 CASS 平台上展绘控制点

控制点的数据格式与外业测点的数据格式一致,为"点名,点编码,Y 坐标,X 坐标,H 高程",但是在图上显示的不是"点名",而是"点编码",并且可显示控制点坐标 x、y。

需要强调说明的是,控制点数据格式中的点代码和点名必须一致且不能为空。

数据文件的格式见图 5-8。

图 5-8   控制点的数据格式

在 CASS 平台点击工具栏中"绘图处理"→"展控制点",接着显示页面如图 5-9 所示。

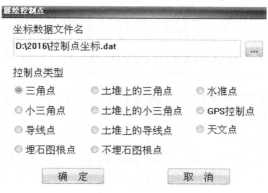

图 5-9   展绘控制点选择框

选择保存坐标数据的文件(D\2016\控制点坐标.dat)→控制点类型(三角点)→确定,结果见图5-10。

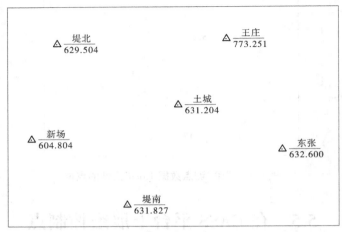

△ 堤北
　629.504

△ 王庄
　773.251

△ 土城
　631.204

△ 新场
　604.804

△ 东张
　632.600

△ 堤南
　631.827

图 5-10　展绘控制点的结果图

CASS 平台上展绘控制点的效果较好,在绘制测区控制网图时推荐使用。

5.6　用 CASS 软件绘制纵断面图的实例

在 CASS 软件中,绘制纵断面图比较简便,只要生成里程文件即可。里程文件用离散的方法描述了实际地形。接下来的工作都是在分析里程文件的数据后才能完成的。

在弹出的菜单"生成里程文件"中,显示了 5 种生成里程文件的方法:

(1)由纵断面生成:这是最常用的方法,在图上绘出纵断面线后可以生成各横断面的里程文件,适用于各类土方计算,是土方计算的基本步骤。

(2)由等高线生成:只能生成纵断面,不能生成横断面的里程文件。

(3)由三角网生成:只能生成纵断面,不能生成横断面的里程文件。

(4)由坐标文件生成:是为老的断面施测方法绘制断面图所用的。例如,现场用全站仪施测了某桩号中线左右两边的横断面坐标,回到内业将数据编辑为简码数据文件,可以利用此功能在 CASS 软件下绘制断面图。

(5)在写字板上输入断面观测数据,保存为扩展名为".hdm"的里程文件。数据格式如下:

BEGIN ",断面里程"":断面序号"(其中 BEGIN 也可是小写 begin)

第一点里程,第一点高程

第二点里程,第二点高程

……

NEXT

另一期第一点里程,第一点高程

另一期第二点里程,第二点高程

......

下一个断面

......

说明：

（1）每个断面第一行以"begin"开始："断面里程"参数多用于道路、河道，表示当前断面中桩在整条道路或整条河道的里程数；若里程文件只用来画断面，可以含去该参数；"断面序号"与道路、河道中整个断面序号相对应，对于单独绘制一个断面，该参数也可省略。

（2）各点应按照断面上的顺序表示，里程依次从小到大。

（3）每个断面从 NEXT 往下部分可以省略，这部分表示同一个断面另一个测期的断面数据，例如设计断面数据和原地形断面数据，绘制断面图时可以将两期断面线(设计线和实地线)同时绘出。

例1：已知断面点的观测数据：起点距，高程。在 CASS 软件中绘制纵断面图的操作如下：

（1）将此数据导入记事本上时，在第一行加上"begin"，就成为里程文件的数据格式。将其在"所有文件"格式下，保存为后缀为 *.HDM 的里程文件"实例1.HDM"，见图5-11。

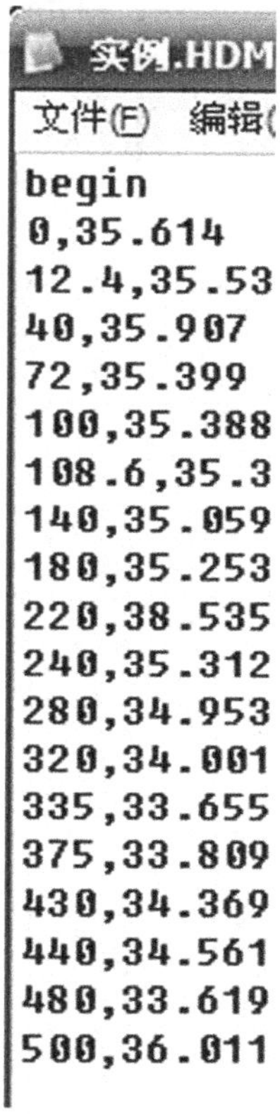

（2）在 CASS 界面上，打开"工程应用"→"绘断面图"→"根据里程文件"，单击显示"输入断面里程数据文件名"对话框，查找出存放该断面里程的数据文件"实例.HDM"，具体见图5-12。

点击"打开"，显示"绘制纵断面图"对话框，见图5-13。

对话框各部分含义：

断面图比例：输入横向:1:(数字)；纵向:1:(数字)。

断面图位置：可以输入断面图左下角坐标，亦可点击"…"后，直接再点击断面图左下角位置。

平面图：默认。

起始里程：输入起始点里程。

绘制标尺：如果需要内插标尺，打对号。

距离标注：点击"里程标注"，则起点距以桩号形式标注，否则以数字方式标注，高程标注位数和里程标注位数，可以圈选。

里程高程注记设置：文字大小设置和最小注记距离一般设置 3~5。

方格线间隔(单位:mm)，可以选：仅在结点画或设置横向、纵向间隔。

断面图间距(单位:mm)，每列个数、行间距、列间距选项：是针对一幅图上画多个横断面图时，每列绘几个断面图、每行的间距和每列的间距，如果选择得不合适，需再次绘图重新选择。

用里程文件绘制的纵断面图见图5-14。

例2：多个断面数据的绘制。

将多个断面实测数据在写字板上连续输入，各个断面间以"begin,黄河里程数据"隔

图 5-11　在记事本上生成
*.HDM 格式文件

```
实例.HDM
文件(F)  编辑(
begin
0,35.614
12.4,35.53
40,35.907
72,35.399
100,35.388
108.6,35.3
140,35.059
180,35.253
220,38.535
240,35.312
280,34.953
320,34.001
335,33.655
375,33.809
430,34.369
440,34.561
480,33.619
500,36.011
```

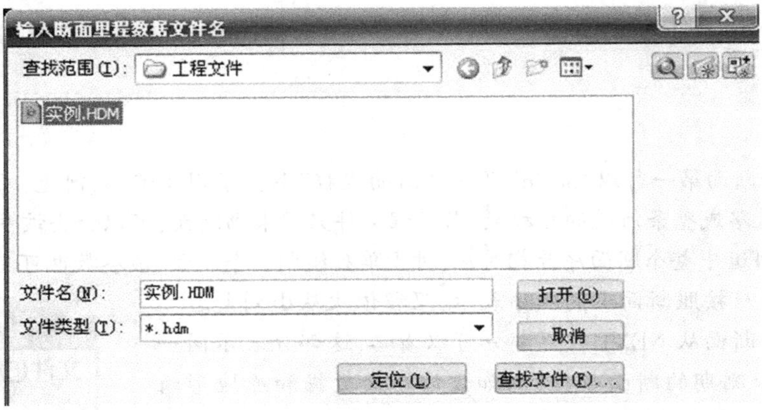

图 5-12　选择里程文件名对话框

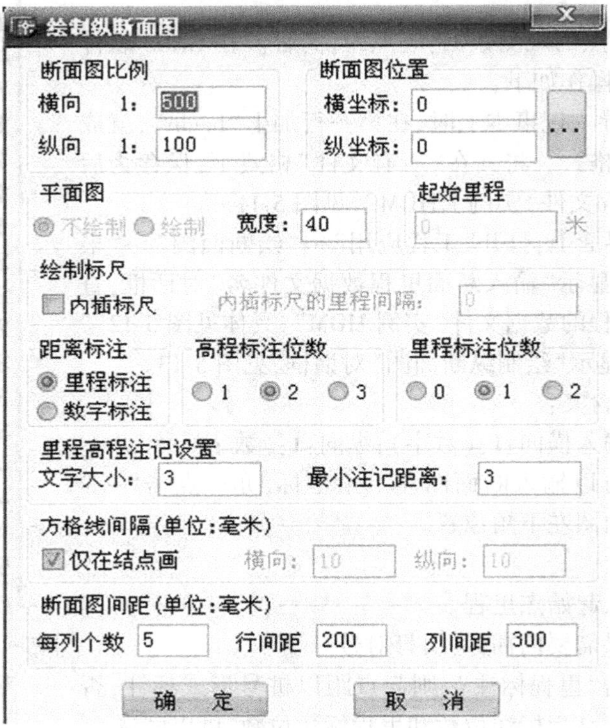

图 5-13　绘制纵断面图对话框

开（如下所示），存为一个里程文件,在 CASS 中一次绘出多个断面图:

多个断面数据以 begin,隔开,存为 * .HDM 文件

begin,168850

0,85.69

9.68,85.68

…………

begin,168900

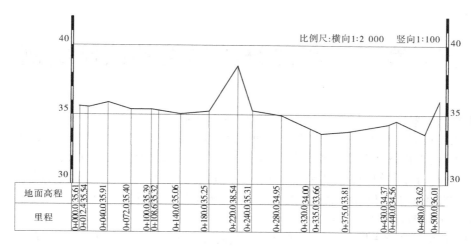

比例尺:横向1:2 000　　竖向1:100

地面高程	35.61	35.54	35.91	35.40	35.39	35.32	35.06	35.25	38.54	35.31	34.95	34.00	33.66	33.81	34.37	34.56	33.62	36.01
里程	0+000.0	0+012.4	0+040.0	0+072.0	0+100.0	0+108.6	0+140.0	0+180.0	0+220.0	0+240.0	0+280.0	0+320.0	0+335.0	0+375.0	0+430.0	0+440.0	0+480.0	0+500.0

图 5-14　用里程文件绘制的纵断面图

0,85.5

9.34,85.61

begin,168950

0,85.53

………

CASS 软件绘制的断面图中存在着线条过多的情况,实际操作时,可打开断面图的图层,关闭其中不需要的线条层。最后得到清晰的多个断面图(见图 5-15)。

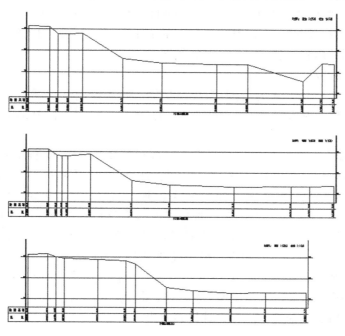

图 5-15　批量绘制断面图

第6章　工程二维结构图的绘制实例

工程图主要应用于工程施工的过程管理、质量控制、进度控制、工程量计算、工程验收及向上级汇报等。对于简单的单项工程,也有复制设计图作为施工图的。但是对于大型和复杂工程,工程设计图不仅数量多、图幅大,且专业分工过于详细,导致设计图数目总量巨大,一般都有专门的资料室保管,使用时查找都需要一定的时间,更不便现场指导施工作业。为此各施工单位都绘制有工程图,用以对施工过程进行指导和管理。

集成工程图有如下特点:

(1)工程图多数采用二维的三视图(正视、俯视和侧视图)表示,它虽然来源于工程设计图,但多数由施工测量和监理人员独立绘制,绘制工程图的过程也是了解熟悉设计图的过程。

(2)绘制工程图的过程中会发现图纸中的矛盾或标注错误,也是检查设计图纸的过程。

(3)线路工程的工程图分为纵断面图、横断面图、平面图及剖面图等类别。近年来出现了上述类别集合的工程图。例如纵断面图和横断面图集合在一起的合成图、平面与横断面集合在一起的合成图等。

(4)单项工程包括分层平面图、断面图和剖面图等。

(5)对于同一项工程,不同单位和人员绘制的工程图,有明显的区别。

绘制工程图的过程包括:了解某项工程图的需求,查找并阅读相关的设计原图、计算数据、构思工程图的内容、图幅和布局、开始绘图。

工程图绘制前的准备工作如下:

(1)确定绘制工程图包含的范围、内容及功能。收集绘制工程图需要的所有设计图及其说明书,包括修改和补充设计。如能收集到其他单位已经绘制好的类似功能的工程图,就更好了。

(2)仔细查阅设计图上的参数,包括平面参数和纵坡度参数、横断面图。平面坐标参数有平面线路的起点,转点桩号,坐标 X、Y,转角,曲率半径,缓和曲线长。纵断面高程参数有起点、变坡点的桩号、高程,各竖曲线的半径、坡度、转角,并汇集成表格记录。

(3)依据参数,分别计算。平面上整桩号点的坐标及平面曲线特征点和桥涵起、终点的平面坐标 X、Y;纵断面上的整桩号点、竖曲线特征点和桥涵起、终点的高程。

(4)计算数据的检查。计算数据一般精确到毫米(mm),与原设计图上的数据可能会有误差,其中大多数是由小数点后取位不同引起的。有时也会出现设计或计算的错误。例如,线路工程中会出现相邻曲线交叉,这是两个曲线点之间直线段过短或曲率半径过大引起的。出现此种情况,应立即通知设计代表解决。

6.1　绘制施工图的实例

图 6-1 为某大型水电站 1#导流洞纵断面特性图,该原图的图幅为 A3,由水电六局绘制,要求在此图的基础上加上横断面图绘制集成图。

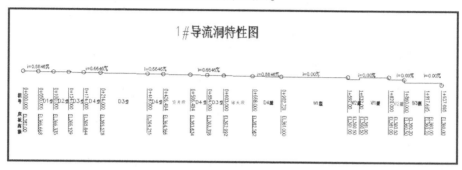

图 6-1　某大型水电站 1#导流洞纵断面特性图

6.1.1　绘图准备

该图详细表示了 1#导流洞的纵断面特性,由常规的隧道纵断面图加上了坡度和横断面型号标记,能够清晰地表示导流洞的变坡点、坡度、节点桩号及高程。现要求根据设计图从头开始绘制该图。

收集本图需要的所有设计图,主要有 1#导流洞的纵横断面设计图及相关的设计数据,将 1#导流洞的起点、各个节点、桩号、高程、坡度等数据汇集成 Excel 表格形式。

该图的结构如下:

(1)纵断面部分可分为三层:

第 1 层:显示纵断面图、纵坡度。但是该图的纵横方向都不是实际结果,其中纵向放大了 20 倍,横向的节点并不按实际间距绘制,而是根据标注的需要绘制。

第 2 层:标注各节点桩号和横断面型号。

第 3 层:标注各节点的高程。

(2)横断面部分:本导流洞的标准断面类型:D1、D2、D3、D4、W1、W2、W3 等,标注断面。

(3)本导流洞的进口段、竖井段、堵头段及出口段属于复杂的结构,在该图中只标出位置,具体结构省略。

本图实际出图为 A3 图幅,以此来决定标注字体的大小。但标注在图上的字高最小不得小于 3 mm(因为太小,在图纸上看不清),节点的点样式设置为小圆圈。

本图的字体多数采用工程字,但为了区分不同的内容,可部分采用宋体或楷体字。

本图需要的数据汇总在 Excel 表格中的结果如图 6-2 所示。

图 6-2　1#导流洞纵断面特性

	A	B	C	D	E	F	G	H	I
				I3	▼	fx	=CONCATENATE(B3,",",H3)		
1			1#导流洞纵断面特性计算表						
2	桩号	间距		断面类别	坡度	底板高程			
3	0+000	0		进口段		367.000	7340.000	7340.000	0.7340
4	0+050	50	50		-0.006646	366.668	7333.354	7333.354	50,7333.354
5	0+100	100	50	D1	-0.006646	366.335	7326.708	7326.708	100,7326.708
6	0+134	134	34	D2	-0.006646	366.109	7322.188	7322.188	134,7322.188
7	0+174	174	40	D3	-0.006646	365.844	7316.871	7316.871	174,7316.871
8	0+214	214	40	D4,	-0.006646	365.578	7311.555	7311.555	214,7311.555
9	0+419	419	205	D3	-0.006646	364.215	7284.306	7284.306	419,7284.306
10	0+426.194	426.194	7.194	D4	-0.006646	364.168	7283.350	7283.350	426.194,7283.35
11	0+506.494	506.494	80.3	竖井段	-0.006646	363.354	7272.676	7272.676	506.494,7272.676
12	0+554	554	47.506	D4	-0.006646	363.318	7266.362	7266.362	554,7266.362
13	0+603	603	49	D3	-0.006646	362.992	7259.849	7259.849	603,7259.849
14	0+668	668	65	墙头段	-0.006646	362.560	7251.209	7251.209	668,7251.209
15	0+902.731	902.731	234.731	D4	-0.006646	361.000	7220.008	7220.008	902.731,7220.008
16	1+592	1592	689.269	W1	0	361.000	7220.000	7220.000	1592,7220
17	1+592	1592	0		-90	360.500	7210.000	7210.000	1592,7210
18	1+632	1632	40	W2	0	360.500	7210.000	7210.000	1632,7210
19	1+632	1632	0		90	361.000	7220.000	7220.000	1632,7220
20	1+820	1820	188	W3	0	361.000	7220.000	7220.000	1820,7220
21	1+820	1820	0		-90	360.500	7210.000	7210.000	1820,7210
22	1+860	1860	40		0	360.500	7210.000	7210.000	1860,7210
23	1+860	1860				360.000	7204.000	7204.000	1860,7204
24	1+917.695	1917.695	57.695	出口段	0	360.2	7204.000	7204.000	1917.695,7204
25	1+937.695	1937.695	20		0	360.200	7204.000	7204.000	1937.695,7204
26	1+937.695	1937.695			-90	360.000	7200.000	7200.000	1937.695,7200

说明：

　　B 列：桩号的数字形式。C 列：为间距，C4＝B4－B3。G 列：G3＝20×F3（将地板高扩大 20 倍）。H 列：选择性复制 G 列时，将公式数据变为数字格式。

　　I 列：I3＝CONCATENATE(B3,","，H3)，应选择半角英文模式。

图 6-2　1#导流洞纵断面特性

6.1.2　绘图过程

6.1.2.1　使用脚本文件在 CAD 中的固定点上批量书写点名

　　脚本文件是一个文本文件，可以在"记事本"中直接输入生成，一般都是在 Excel 中使用 CONCATENATE 命令生成。图 6-3 即为生成时的格式，底稿见图 6-4。并复制到写字板上，在所有文件下，保存为：＊＊.scr 文件，见图 6-5。

z字高	旋转					
15	270	=CONCATENATE(L3," ",K3," ",M3," ",N3,
15	270	text	50,7033.354	15	270	0+050
15	270	text	100,7026.708	15	270	0+100
15	270	text	134,7022.188	15	270	0+134
15	270	text	174,7016.871	15	270	0+174
15	270	text	214,7011.555	15	270	0+214
15	270	text	419,6984.306	15	270	0+419

注：" "内为空格；A3 前面可设 2 个括号，作用是点名移开点位一段距离。

图 6-3　在 Excel 中生成文件的格式

　　在 AutoCAD 下，

　　打开"工具"→"运行脚本"（R），显示如图 6-6 的界面。

　　因原图上有部分点之间的间距过小，可以人为地加以疏散，并稍加修饰，得到的结果如图 6-7 所示。

6.1.2.2　手工标注各节点高程

　　前节所介绍的方法适宜按固定比例制图，对于限定绘图范围的工程图，按照限定比例绘图会造成两个节点的间距太小，无法在两者之间书写其他文字的现象，故以后的操作采

```
=CONCATENATE(L3,""," ",K3,""," ",M3,""," ",N3,""
text 50,7033.354 15 270 0+050
text 100,7026.708 15 270 0+100
text 134,7022.188 15 270 0+134
text 174,7016.871 15 270 0+174
text 214,7011.555 15 270 0+214
text 419,6984.306 15 270 0+419
text 426.194,6983.35 15 270 0+426.194
text 506.494,6972.676 15 270 0+506.494
text 554,6966.362 15 270 0+554
text 603,6959.849 15 270 0+603
text 668,6951.209 15 270 0+668
text 902.731,6920.008 15 270 0+902.731
text 1592,6920 15 270 1+592
text 1592,6910 15 270 1+592
text 1632,6910 15 270 1+632
text 1632,6920 15 270 1+632
text 1820,6920 15 270 1+820
text 1820,6910 15 270 1+820
text 1860,6910 15 270 1+860
text 1860,6904 15 270 1+860
text 1917.695,6904 15 270 1+917.695
text 1937.695,6904 15 270 1+937.695
text 1937.695,6900 15 270 1+937.695
```

图 6-4　在 Excel 中生成脚本文件的底稿

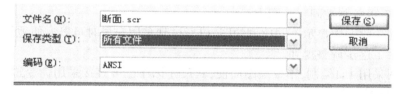

图 6-5　将写字板上数据保存为.scr 文件

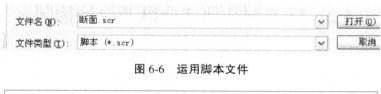

图 6-6　运用脚本文件

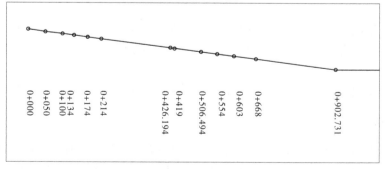

图 6-7　某水电站 1#导流洞竖曲线图(局部)

用手工操作。

（1）在桩号标注下,选择宋体字,字高 15,旋转角 270°标注各节点的底板高程。

（2）移动各标注高程至合适的位置。

（3）对一个桩号上需标注两个底板高程的节点，就在图上选择合适位置标注。

6.1.2.3　手工标注节点之间的横断面型号

（1）选择宋体字，颜色选择深红色，字体高度选择15，旋转角0°。

（2）按照设计图上标注的位置编辑。

（3）本图还有几个复杂的结构，主要有进口段、竖井段、堵头段和出口段，按实际位置标注。

6.1.2.4　加入横断面型号图

（1）横断面的型号分别为D1、D2、D3、D4、W1、W2、W3等，按照1:1的比例绘制全部横断面图，并整齐地排位为一行。横断面图的绘制方法前章已经介绍，这里省略。

（2）对各横断面的尺寸进行标注。

6.1.2.5　图的布局

到此我们绘制的图纸分为两部分：一是纵断面特性图，它的纵横比例是不同的，只是为了在一幅图中能够清晰地看到1#导流洞的特性；二是横断面图，它是按设计尺寸1:1的比例绘制的。为了使两种不同比例的图能够绘制在同一幅图上，本例是先绘制在两幅图上，调整合适后再复制在同一幅图中。

如何在同一幅图中显示不同比例的图，以后讲到采用布局时可以方便地解决该问题。目前本例是手工逐步调整得到。

横断面图采用1:1绘制，不仅绘图简便，其尺寸标注也可直接采用命令进行。总图采用A3图幅，其效果图见图6-8。

6.2　导流洞其他部分纵断面结构图

1#导流洞中具有标准断面的纵断面，在图6-9部分已经显示出来，但是进口段、堵头段、竖井段及出口段还没有显示，这段都属于结构复杂的部分，不可以用少数标准断面来表示其结构。

图6-9是集成的进口段、堵头段及竖井段纵断面、横断面结构图。它可以从总体上看出这些工程的基本结构。至于竖井段，是一个几十米高度的长方形竖井，连接部分的断面比较复杂。

测量和施工仍然需要依据图6-9绘制出较详细的结构图。这是本节的基本内容。

6.2.1　导流洞进口工程图的实例

如图6-9中的进口段所示，1#导流洞的上部顶板中心线曲线为长半轴为20、短半轴为5的椭圆的一部分，因此它的各个断面是不断变化的。图6-10提供了进水口各断面部分的细节及尺寸。列出了椭圆顶部从0+000 ～ 0+20.000各桩号的顶板高度尺寸。

图6-9是1#导流洞的不规则地段整体集成图，而图6-10是进口段椭圆顶部尺寸及横断面图。有了这两幅工程图，就对进口段的结构有了基本的了解。

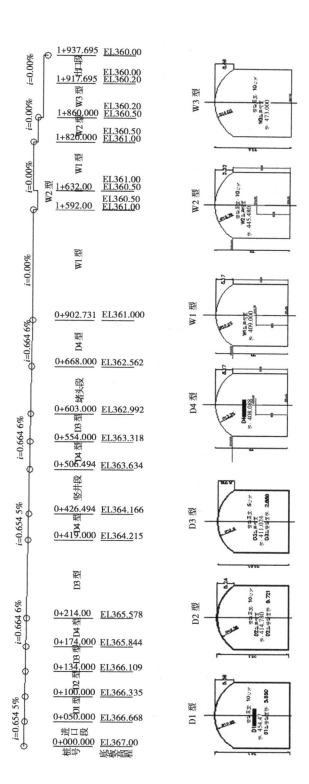

图 6-8 某水电站 1#导流洞底板高程属性图

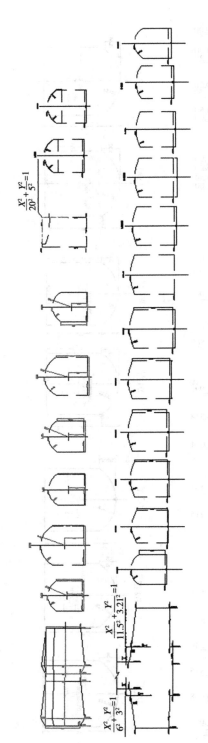

$$\frac{X^2}{20^2}+\frac{Y^2}{5^2}=1$$

$$\frac{X^2}{11.5^2}+\frac{Y^2}{3.21^2}=1$$

$$\frac{X^2}{6^2}+\frac{Y^2}{3^2}=1$$

图 6-9 1#导流洞进口段、堵头段和竖井段纵断面和横断面结构图

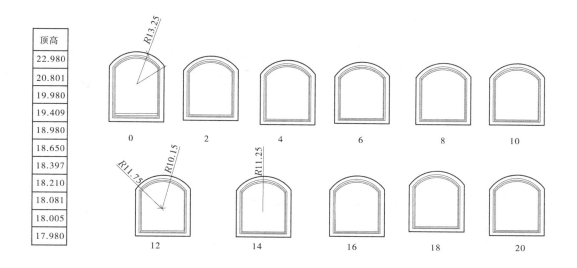

顶高
22.980
20.801
19.980
19.409
18.980
18.650
18.397
18.210
18.081
18.005
17.980

图 6-10   1#导流洞进口横断面及各桩号顶高尺寸

在图 6-9 中,既有横断面图,又有纵断面图,这就是工程图的特点。工程图本身就是为工程施工服务的,可以在内容上进行布局和组合,加上简单的说明,满足现场施工需要即可。

图 6-10 中,内部的粗线断面是衬砌后的断面。衬砌的厚度为 1～2 m。

绘制图 6-10 一般采用多段线,一次即可绘制完成一个断面图,绘制的方法在前文已经介绍,这里省略。

6.2.2   竖井段工程图的实例

竖井段的结构比较复杂,该段的工程图如图 6-11、图 6-12 所示。

可以看出:①从 0+448.494～0+480.494 需要下挖一个深 3 m 的基坑,作为竖井部分的基础;②顶部有两端椭圆曲线,断面规范将不断变化;③在竖井中间更有一个分水中墩;④横断面顶部由圆曲线变为方形断面。即便是开挖断面图,也需要多个断面图表示。

这些图的绘制只要按照 1:1 的比例,采用 AutoCAD 中的绘图命令即可绘出。需要考虑的是输出的图纸上,是否能够看清其中的标注文字。

6.2.3   堵头段工程图的绘制实例

所谓堵头段,是指在大坝截流后,要封堵起来的一段导流洞。导流洞堵头段以后的部分,要作为水电站水轮机回水的通路。

该段的结构是为保证以后堵死该段,不出现渗水而设计的。

纵断面图的绘制比较简单,仍然采用展绘批量坐标点的方法,具体如下:

(1)将各变坡点的桩号、顶部高程、底板高程输入 Excel 表格,如图 6-13 所示。

(2)在 D2 单元格输入 D2＝CONCATENETE(A2,",",B2),并通过拉伸该列,使该列都使用该公式得到"和"值。复制 D 列的所有数据。

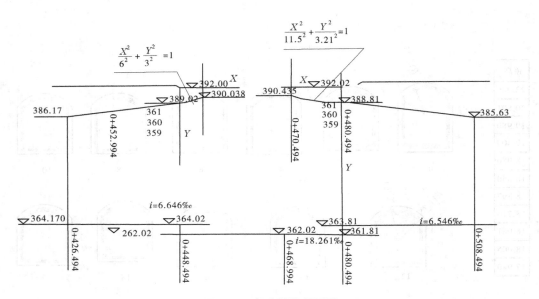

图 6-11　竖井段纵断面图

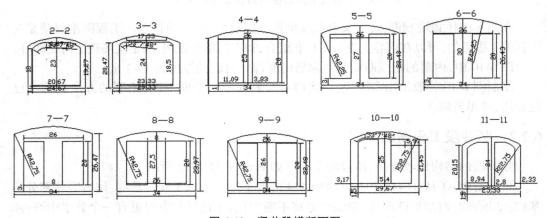

图 6-12　竖井段横断面图

	D2		▼	f_x	=CONCATENATE(A2,",",B2)	
	A	B	C	D	E	
1	桩号	洞顶高程	底板高程			
2	603	362.99	385.04	603,362.99	603,385.04	
3	608	359.96	387.96	608,359.96	608,387.96	
4	633	362.29	385.29	633,362.29	633,385.29	
5	638	362.26	385.26	638,362.26	638,385.26	
6	643	359.73	387.73	643,359.73	643,387.73	
7	668	362.56	384.56	668,362.56	668,384.56	
8						

图 6-13　堵头段各桩号顶部和底板高程

（3）将 AutoCAD 的当前视口设置为"正视"视口,准备绘制顶板线。

（4）在命令行输入 Line 命令,提示:Line 指定第一点 :(粘贴复制的数据),此时 CAD

绘制出顶板线。

（5）在 Excel 中用相同的方法处理 E 列数据，并在 AutoCAD 中采用相同的方法，即可绘制出底板线。

（6）连接各点，结果如图 6-14 所示。

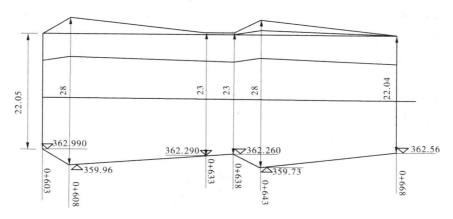

图 6-14 堵头段纵断面及高程图

（7）尺寸标注：尺寸用工程字进行标注，字体高度和标注线条、箭头通过改变标注格式的参数进行多次修正，达到图 6-14 的效果。

6.2.4 堵头段三视图

对于比较规矩的建筑结构，三视图是较为合适的表示方法，图 6-15 是堵头段的标准三视图，其中的左视图是多个断面图重叠的结果。在实际绘图时，可以将断面图和三视图合并表示堵头段。本例中的断面图在前面已经绘制，这里省略。

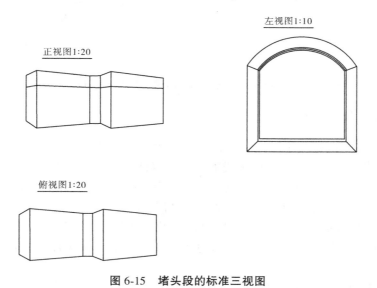

图 6-15 堵头段的标准三视图

6.3 平面图

平面图是表示工程节点平面形状和位置(坐标)的基本图纸,是工程放样的重要依据。近年来,随着 AutoCAD、CASS 等软件的推广应用,出现了以平面图为基础,包括纵断面图、横断面图的整体工程图。该图一般都以 1:1 的比例绘制,多项设计内容均包含在此图中。此图一般输出在一幅较大的图纸上(0#),可以从整体上看到各个分部工程的大部分设计细部。

平面总图的内容需要不断地更新和补充,但其基本功能是表示工程结构的平面位置和形状,具有平面坐标 X、Y 和高程 Z,如图 6-16 所示。

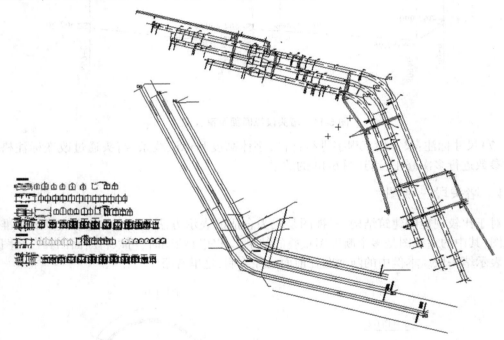

图 6-16 某水电站 6 条导流洞平面图与各导流洞细部结构图

6.3.1 平面综合图的内容

图 6-16 是某水电站导流洞工程的平面综合图,它包含如下信息:

(1)左右岸 6 条导流洞的平面中线坐标参数信息,包括:中线的起点、转点、终点及特征点的平面坐标、路线转角和桩号信息。依据这些信息可以计算出各导流洞任一桩号点的平面坐标。因此,该图可以作为施工放样基础信息库。

(2)各导流洞分部工程(进口段、堵头段、竖井段及其他各段)的纵横断面结构图,利用这些信息,可以绘制导流洞细部工程结构图,直接控制各分部工程开挖的结构尺寸和施工质量。

(3)为方便施工所设计的临时工程,例如中间的通风洞、出渣洞的位置,以便在施工时整体规划施工计划和进度。

（4）本图对各分项工程都用不同的图层表示，可以通过打开、关闭不同的图层形成各局部工程的细部图。

（5）本图可以方便地修改为工程进度图、工程质量控制图等，用于施工组织设计、汇报和介绍的专门图纸。

平面综合图是综合大量的设计图信息进行规整和分类后绘制的，它显然比设计图简洁实用。

6.3.2　平面综合图的绘制

对照6条导流洞的设计图发现，尽管设计位置各有不同，但其中的进口段、堵头段和竖井段结构相似，可以将其归总在一起绘制。因此，图6-16的左下角部分为以上各段的正视图和各横断面图。其他部分为平面结构部分，采用计算各点坐标绘制平面图的方法绘制。

（1）平面图部分。选择以 m 为基本单位，按设计图纸给出的各导流洞数据设计坐标参数，进行各桩号坐标计算，最终按第5.2节介绍的工程坐标系的 X、Y 坐标绘制方法绘制平面图，这里省略。

（2）左下角纵断面和横断面部分。左下角包括进口段、堵头段和竖井段的纵断面图和横断面图。纵断面图按照设计图中的正视图进行绘制，横断面图按照设计图给出的纵断面图进行绘制。具体绘制方法已经在前节讲过，这里省略。

（3）本图虽然包含有平面、纵断面和横断面，但只要安排的位置合适，就可以从一幅图中得到导流洞的基本信息，是施工单位必备的工程图纸之一。

第7章 函数的绘图

在分析数学模型时需要研究函数的图形,撰写测验成果报告、论文时,需要插入函数的图形,在理工科各个专业课程中,描述工程过程都会应用大量的函数。函数体现了工程中某些过程的规律,而函数的图形则是这些规律的直观几何形象。因此,理工科学生需要掌握函数图形绘制的基本方法。本书将介绍在 Excel、AutoCAD 和专用的 GRAPH 软件及 CASIO9860 计算器上绘制函数图形的方法。

绘制函数图形的一般计算机编程步骤是:①根据实际需要确定函数的取值范围,并选定合适的步长。在计算机语言中,就是确定函数的起始值、终值和步长。②从起始值开始,按照一定的步长,确定各个自变量的值,并计算出相应的函数值。③根据自变量起、终值与函数值的最大值、最小值,确定 x、y 的变化区间。④依照给定的显示屏平面的区间范围,计算 x、y 在显示屏上的各自显示比例和 x、y 起点(左下角)的坐标。⑤编写绘图命令程序开始绘图。

当前流行的绘图软件分为两种,一种是上述过程的某些步骤实现了自动化,而还有部分步骤需要手工配合进行操作,在绘图部分实现自动绘图,例如 Excel、AutoCAD 软件和 CASIO9860 计算器绘图。另外一种是大部分过程都完全实现了自动化,只需要确定自变量的取值范围及步长即可自动绘图,例如 GRAPH 软件。

GRAPH 软件和 CASIO9860 计算器除绘图外,还具有计算函数的微积分,函数图形的曲线长度,求解方程的根、极大值、极小值等功能,可以作为学习数学的辅助工具。

7.1 AutoCAD 绘制函数的图形

AutoCAD 软件是通用的设计绘图软件,它的特点是绘图精确。AutoCAD 绘制函数图需要借助 Excel 计算出自变量和对应函数值,利用 AutoCAD 中的简单绘图命令,即可绘制出函数图。

7.1.1 AutoCAD 制作函数图的步骤

(1)利用 Excel 软件计算直角坐标系或参数方程坐标系中的 X、Y 值,这个过程与上文介绍的 Excel 表格绘图相同。

(2)使用 CONCATENATE 命令将 X、Y 列的数据合并为一列数据。例如,在 C 列保存的是 X 值,D 列保存的是 Y 值,可以将其合并为 E 列数据,具体命令为选中 E1 单元格,输入公式:" = CONCATENATE (C1,",",D1)",按回车键后,选中 E1 单元格,变成一个带黑色边框的矩形,再用鼠标指向黑色矩形的右下角的小方块"■",当光标变成"+"后,按住鼠标拖动光标到适当的位置,就完成了 E 列数据的处理。

(3)选中 E 列数据,复制该数据,然后打开 AutoCAD 软件,点击直线命令:在命令行显示："命令 Line 点击第一点："（选中），单击右键，点击"粘贴"，就会在原点附近绘制函数的图形。

（4）坐标轴的制作。

以上步骤制作的函数图，其原点就位于显示屏的原点，可以通过缩放命令在坐标原点附近找到它。这时可在原点绘制坐标轴，并对坐标轴进行分划。

7.1.2　AutoCAD 绘制函数图的实例

例1：手工绘制渐开线参数方程的图形。

一条直线紧绕在一个半径为 r 的圆上，这条直线逐渐撒开，使撒开部分成为圆的切线，那么这条直线上任意固定点的轨迹叫圆的渐开线。

$$x = r(\cos\theta + \theta\sin\theta)$$
$$y = r(\sin\theta - \theta\cos\theta) \quad (r = 3)$$

（1）利用 Excel 表格计算从 $0 \sim 2\pi$ 的 x、y 值，具体如下：

其中：B 列：= PI( ) * A1/36

C 列：= 3(cos（B1）+B1 * sin（B1））

D 列：= 3(sin（B1）−B1 * cos（B1））

计算后通过拉伸，分别得到 B、C、D 列所有数据。

E 列：如图 7-1 所示，从 $0\sim2\pi$，每相隔 $\pi/36$ 为一点（5°），点计算得很稠密。

E1		f_x	=CONCATENATE(C1,",",D1)				
A	B	C	D	E	F	G	H
0	0	3	0	3,0			
1	0.087266	3.011401	0.000664	3.01140141436975, 0.000664066153797035			
2	0.174533	3.045345	0.0053	3.0453452322479, 0.00530039932388696			
3	0.261799	3.101053	0.017821	3.10105348154301, 0.0178207653619653			
4	0.349066	3.177241	0.042017	3.17724051890827, 0.0420166186124897			
5	0.436332	3.272129	0.081501	3.27212937209223, 0.081500666203114			
6	0.523599	3.383474	0.13965	3.38347437475076, 0.139650476824336			
7	0.610865	3.50859	0.219555	3.50858985211603, 0.21955478308818			

图 7-1　E 列数据

（2）复制 E 列的数据备用。

（3）打开 AutoCAD 软件，点击直线命令：在命令行显示："命令 Line 点击第一点："（选中），单击右键，点击"粘贴"，就会在原点附件绘制函数的图形。

（4）将图形在布局中整理、标注，得到图 7-2。

（5）这样得出的曲线实际上是折线，但由于选点比较密，看不出是折线。如果需要精确的曲线图，可以先画出各个坐标点，用样条曲线连接。

练习题：试用上面的方法绘制摆线的图形。

一个半径为 r 的圆，沿一条直线滚动时，这个圆上的任意一个固定点 P 运动的轨迹叫作摆线，它的方程为：

$$x = r(\theta - \sin\theta)$$
$$y = r(1 - \cos\theta)$$

操作与上例相同,得到的摆线如图 7-3 所示。

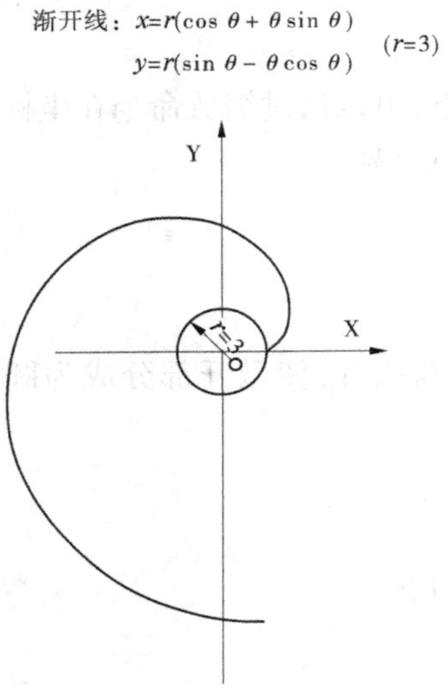

渐开线: $x = r(\cos\theta + \theta\sin\theta)$
$\qquad\quad y = r(\sin\theta - \theta\cos\theta)$ $\quad(r=3)$

图 7-2

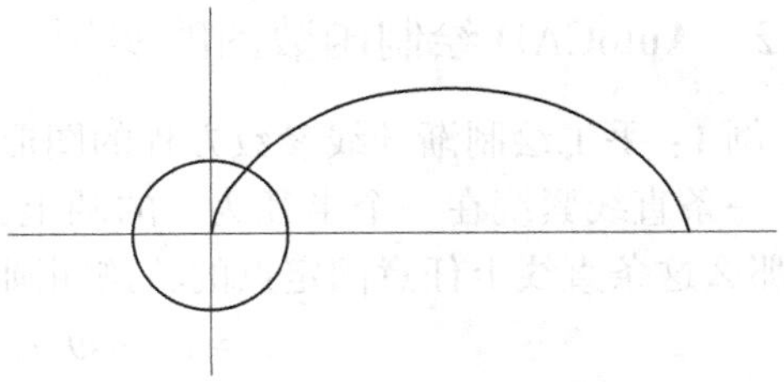

图 7-3

利用 Excel 表格计算数据,用 AutoCAD 画图是一种实用的方法,应当予以掌握。

7.2　Excel 绘制函数图

借助 Excel 的图表功能,能使你画出标准的函数曲线图。以下用两个例题进行说明:

例题 1:绘制 $y = |\lg(6+x^3)|$ 的曲线。

其方法如下:在某张空白的工作表中,先输入函数的自变量:在 A 列的 A1 格输入"X =",表明这是自变量,再在 A 列的 A2 及以后的格内逐次从小到大输入自变量的各个值;实际输入的时候,通常应用等差数列输入法,先输入前 2 个值,定出自变量中数与数之间的步长,然后选中 A2 和 A3 两个单元格,使这两项变成一个带黑色边框的矩形,再用鼠标指向这黑色矩形的右下角的小方块"■",当光标变成"+"后,按住鼠标拖动光标到适当的位置,就完成自变量的输入。

输入函数式:在 B 列的 B1 格输入函数式的一般书面表达形式,$y = |\lg(6+x^3)|$;在 B2 格输入" = ABS(LOG10(6 + A2^3))",B2 格内马上得出了计算的结果。这时,再选中 B2 格,让光标指向 B2 矩形右下角的"■",当光标变成"+"时按住光标沿 B 列拖动到适当的位置即完成函数值的计算。

绘制曲线:点击工具栏上的"图表向导"按钮,选择"X,Y 散点图",如图 7-4 所示。然后在出现的"X,Y 散点图"类型中选择"无数据点平滑线散点图";此时可察看即将绘制的函数图像,发现并不是我们所要的函数曲线,单击"下一步"按钮,选中"数据产生在列"项,给出数据区域,这时曲线就在我们面前了,具体见图 7-4。

需要注意的是:如何确定自变量的初始值,数据点之间的步长是多少,这要根据函数

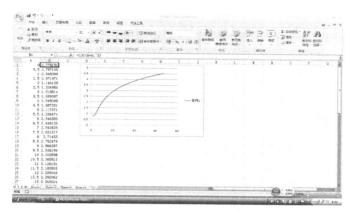

图 7-4

的具体特点来判断,这也是对使用者能力的检验。如果想很快查到函数的极值或看出其发展趋势,给出的数据点也不一定非得是等差的,可以根据需要任意给定。

Excel 的优势是其强大计算功能,从简单的三角函数到复杂的对数、指数函数,都可以用 Excel 画出曲线。还可以利用 Excel 来完成行列式、矩阵的各种计算,进行简单的积分运算,利用迭代求函数值(如 $x^2 = x^7 + 4$,可用迭代方法求 x 值),也可以进行数组、矩阵的计算等。

例题 2:绘制 x 以(°)为单位的函数 $\sin x$ 的图形。

(1)计算函数值:Excel 中三角函数的自变量 θ 是以弧度为单位的,而我们在工程中用三角函数的自变量 x 以(°)为单位,它们之间的转换关系为 $\theta = \pi x/180$。

这在 Excel 中转换是很简单的,只要增加一列 B 作为 θ 计算值即可,实际计算时表格见图 7-5。

	B3	f_x	=PI()*A3/180	
	A	B	C	D	E
1	角度 x	弧度 θ	sin(x)		
2	0	0	0		
3	5	0.087266	0.087156	(=sin B3)	
4	10	0.174533	0.173648		
5	15	0.261799	0.258819		
6	20	0.349066	0.34202		
7	25	0.436332	0.422618		
8		....	..		
9	30	0.523599	0.5		
63	300	5.235988	-0.86603		
64	305	5.323254	-0.81915		
65	310	5.410521	-0.76604		
66	315	5.497787	-0.70711		
67	320	5.585054	-0.64279		
68	325	5.67232	-0.57358		
69	330	5.759587	-0.5		
70	335	5.846853	-0.42262		
71	340	5.934119	-0.34202		
72	345	6.021386	-0.25882		
73	350	6.108652	-0.17365		
74	355	6.195919	-0.08716		
75	360	6.283185	-2.5E-16		
76	365				

图 7-5

(2)点击:"插入→散点图→圆滑曲线"命令,结果见图 7-6。

由于图 7-6 中表格有 3 列,在绘图时,Excel 把弧度值作为另一个函数也绘制出来,因

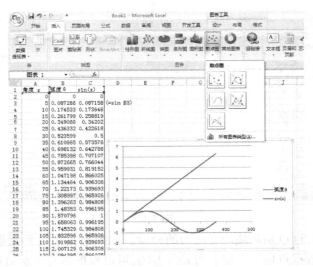

图 7-6

此出现包含弧度值和 sin(x) 两个图形。

(3)图形的整理:图 7-6 中的弧度 θ 没有必要绘制,但 Excel 是自动绘图,不能分辨 θ 不需要绘制。解决这个问题比较简单,只要选中 B 列进行隐藏,图上的 θ 直线就会自动消失。最终得到的图形见图 7-7。

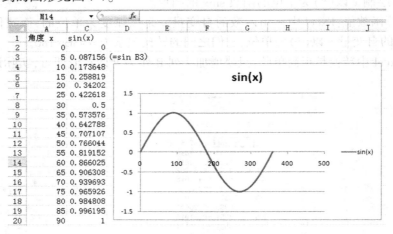

图 7-7

Excel 的绘图功能操作简单,得到的图形能够直观反映函数的变化,并能显示图名,得到的图形中坐标 x、y 一般为不同比例,且不能对坐标轴进行合适的分划。

这主要是适应显示的需要。如果需要 1:1 比例的标准图,可以在 AutoCAD 中绘制。

本例是制作直角坐标函数图形,此外,还可以制作参数方程的函数,具体方法是,先在 Excel 表格中利用变量 T 计算出 x、y 的值,然后进行绘图。具体例子参阅 7.3 节的例 2。

7.3 Graph 软件绘图

这里再介绍一个专用数学函数绘图工具:Graph 软件,比起 Excel 和 AutoCAD 绘图,不仅具有简单方便等优点,且可进行微积分(绘制曲线的切线与坐标轴包围的面积)计算曲线的长度等功能。这个软件可以免费从网上下载(网址:http://www.padowan.dk/graph/)。Graph 很小,安装包才 3M 多一点,安装好也才 10M 左右,是绿色软件,把它复制到 U 盘里,在没安装过的电脑上,照样运行良好。

新安装的 Graph 软件第一次打开时,是英文界面,具体见图 7-8,可以用简单命令化为中文界面。具体操作如下:顺序点击命令:Edit(编辑)—Options(工具)—Language(语言)—Chinese(中文) —ok(确定),即可将英文界面转换为简体中文界面(具体见图 7-9)。

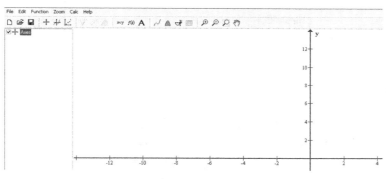

图 7-8　Graph 的初始英文界面

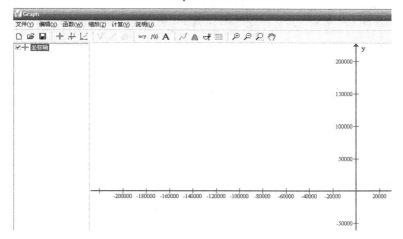

图 7-9　Graph 的中文界面

7.3.1　一般函数(直角坐标)Graph 的绘图

用 Graph 画图非常简单,比如要画一个数学公式:$f(x) = x\sin x$ 的函数图,可以进行如下操作:

菜单→函数→插入函数,或者直接按 Ins 键,打开函数编辑窗口,输入公式 $x\sin x$ 确定,具体操作见图 7-10 和图 7-11。

注意:在公式中 $\pi = pi$,$\sqrt{x} = \mathrm{sqrt}x$ 等。

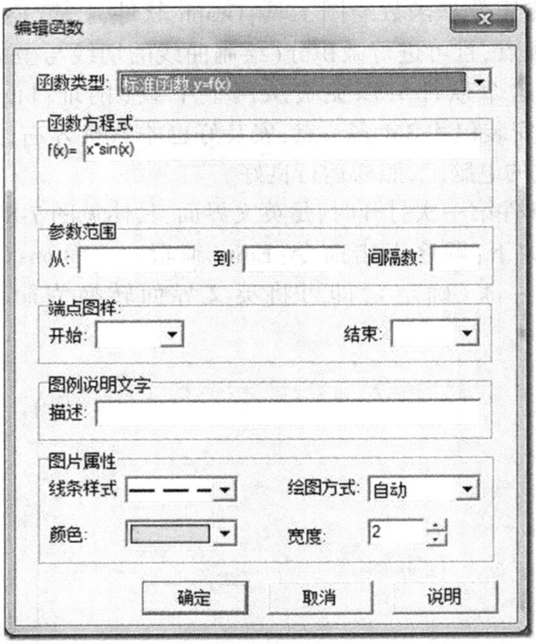

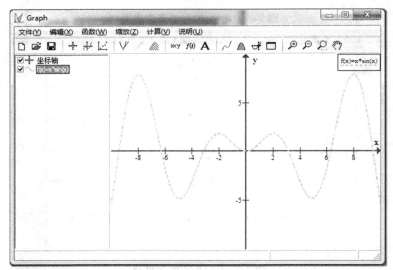

图 7-10　标准函数的绘图

图 7-11　函数 $f(x) = x\sin x$ 的图形

制作图 7-11 是非常简单的,但对于三角函数,一般 x 坐标都是以 π 为单位显示的,但本例也很简单,双击左侧的"坐标轴",选上"显示为 pi 的倍数"就可以了,效果见图 7-12。

如果对坐标轴有什么要求,比如 x 的范围是 2~100,y 显示 0 到 20 之类的要求,都可

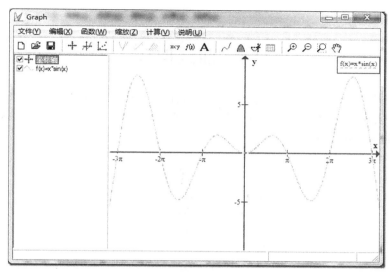

图 7-12　横坐标 x 以 π 为单位的图形

以在"坐标轴"里面设置。

Graph 内置了很多的函数,如 sin、cos 之类的三角函数,sqrt 开方,N 次方则直接是 x^n,超级方便,还有随机函数 rand,其范围是 0~1,具体可以参阅相关文档。

7.3.2　自定义函数绘图

Graph 有一个很强大的功能是自定义函数和常量,具体用法是:函数→自定义函数,然后在里面写上自定义的函数或常数就可以了。定义好以后,就可以直接使用函数或常数了。比如定义了一个函数 $abc(x)$,那么在使用的时候,直接写 $abc(x)$ 就可以了,和系统自定义的函数一样。如果定义了常数 $a=1$,$b=2$,$c=3$,也可以直接使用,比如画函数图像:ax^2+bx+c。

自定义常数另一个强大的功能,即动画演示。比如若想知道 $f(x)=a\sin x$,当 a 从 1~10 变化时,函数图像会怎么变,这个要怎么实现呢?画 10 个函数图像?当然这也是一种办法,但是 Graph 给我们提供了更方便也更直观的方法,就是"绘制动画",它会把 a 的变化情况,直观地以动画的形式呈现出来。以 $a\sin x$ 为例(前提是已经定义好了常数 a),添加好函数图像后,点击"计算""绘制动画",结果见图 7-13。

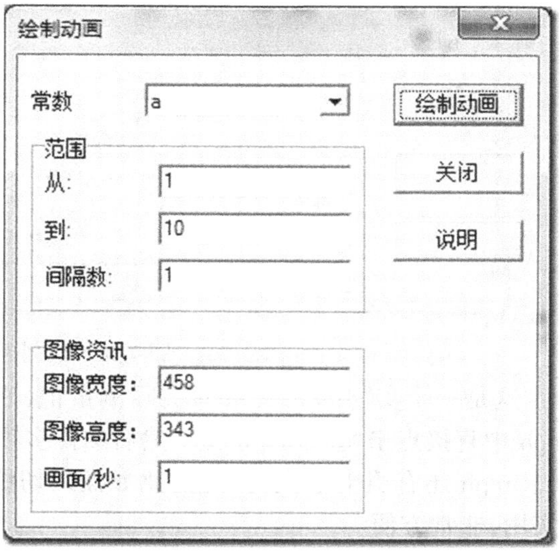

点击"绘制动画"后,稍等片刻,会出来一个播放窗口,点击绿色的三角按钮,就可以看到函数的变化情况了,非常

图 7-13　"绘制动画"对话框

直观。

7.4　曲线拟合

Graph 的另一个强大的功能是曲线拟合,或者叫"添加趋势线",当然这个在 Excel 里面也有,也很强大,不过在 Graph 里面,更好用一些,画出来的图像,也更像是函数图。
比如有如下一组数据:

0.395 72	0
0.781 17	284.688
1.205 66	476.24
1.591 56	560.608
2.016 05	574.312
2.401 95	529.24
2.787 85	438.992

画出的图像见图 7-14。

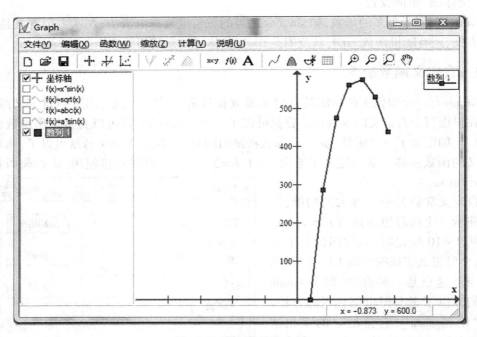

图 7-14　数列表绘散点图

这是一个实物的某关系的实际测量值,它对应的数学模型是一元三次多项式,在 Graph 中直接点击"添加趋势线",然后选择多项式,项数选择 3 次,结果见图 7-15。

Graph 还有很多强大的功能,比如插入切线、法线,计算图形面积,插入反函数等,非常实用,非常方便。

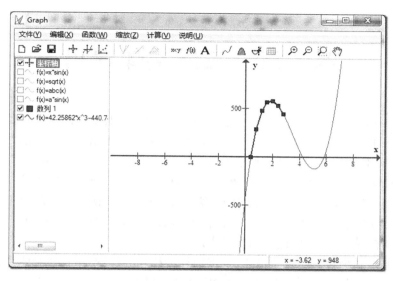

图 7-15　由散点图拟合函数图

7.5　应用 Graph 的技巧

7.5.1　关于程序的汉化

Graph 本身就自带了中文简体,直接在菜单的 Edit→Options→Language,选择 Chinese(Simple)就变成中文了。

7.5.2　插入坐标点数列的快速方法

插入坐标点数列时可以直接从 Excel 里面复制过来,直接选择两列后,在 x 那里,粘贴即可,也可以一列一列地复制,即使是普通的文本 Graph 也可以直接帮助分析并自动分成为两列。

如果数据是在 CSV 文件或 TXT 文件里面,也可以通过"文件"→"导入"功能,直接从文件导入,很适合生成电脑启示录下来的大量数据点。

7.5.3　精确知道函数图像上的点的值

画了函数图,就需要去分析图像,这时候,最需要知道的就是,X 和 Y 在某个点上的值当然是不够精确。方法有二,一是直接把鼠标放在函数图上,这时在状态栏上,会显示此时的 X 和 Y 的值,不过大家都知道,由于屏幕的分辨率有限,不可能去点击零点几个像素,所以此时的 X 总是整数;方法二就是通过计算功能,菜单,点击计算→求解,就会在程序的左下方,出来一个计算窗口,此时在函数图像窗口是随意点击,或者按住鼠标拖动,会发现出现一条交叉的虚线,其交点总是在函数图像上(对应的函数图像是左侧选中的函数),左下角会详细地显示出当前 X 是多少,$f(x)$ 是多少,甚至求导后其 $f(x)'$ 的值都有显示,非常的好用。

第8章 三维实体建模

AutoCAD 2007 以后的版本,三维建模技术有了明显的提高,增加了很多新的建模命令。强大的三维建模功能可以基本实现工程设计图的三维模型绘制。目前在大型工程设计和建设中,有部分业主要求设计和施工单位按照三维模型进行设计或工程图绘制。

在 AutoCAD 上可以建立三种三维模型:实体模型、线型模型和网格模型。

实体模型是将实体和曲面用作实体模型的基本模块,组成各种复杂的建筑结构。实体对象可以方便地显示实体的体积。实体模型的信息最为完整,歧义最少,且绘制过程比线型模型和网格模型简单,因此应用也最为广泛。

线型模型是三维对象的骨架描绘,依据边界特征点的位置,用直线和曲线连接。实际是将二维的平面对象放在三维空间中构建实体的边界形象。因构成线框的每个对象都必须单独绘制和定位,制作较为繁杂。

网格建模比线型建模还要复杂,它不仅定义三维对象的边而且定义面。网格建模使用多边形网格定义镶嵌面。由于网格面是平面的,因此网格只能是近似曲面。

8.1 设置三维建模环境

设置三维环境的目的是为创建三维实体模型提供相应的工作空间和建模工具,以便在一个直观的立体视觉环境中方便、快捷地创建三维模型。

8.1.1 设置"三维建模"选项

选择"工具"/"选项"命令,打开"选项"对话框,切换至"三维建模"选项卡,如图 8-1 所示。

(1)"三维十字光标"选项区的选项用于控制三维操作中的十字光标指针的显示样式。

单独选中"在十字光标中显示 Z 轴"复选框后光标显示: $*$;单独选中"在标准十字光标中加入轴标签";复选框:光标显示: $\times$;上述两项同时选中时,光标显示: $\times$ 。

(2)"显示 UCS 图标"选项区选项可以控制 UCS 图标的显示。

(3)"动态输入":选项组中的复选框用于控制在使用指针输入时是否显示 Z 字段。

(4)"三维对象":控制三维实体和曲面的显示设置。

(5)"三维导航":用于设置漫游、飞行和动画选项以显示三维模型。单击"漫游和飞行设置"或"动画设置"按钮,则可以打开对应的对话框。选中"反旋转鼠标滚轮缩放"复

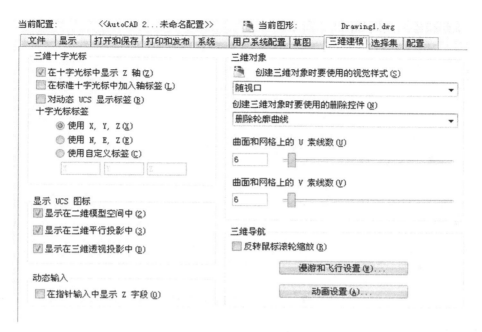

图 8-1　"三维建模"选项卡

选框后,可以通过鼠标滚轮反转缩放方向。

三维建模选项卡具体选项见图 8-1。

8.1.2　使用"三维建模"工作空间

AutoCAD 2007 以后的版本,都定义了基于任务的工作空间:"三维建模"和"AutoCAD 经典"。在创建三维模型时,可以在"工作空间"工具栏,此时默认的图形样板文件是 "acadiso3d.dwt"(公制)。

三维建模工作空间的显示界面如图 8-2 所示。

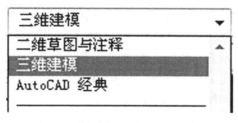

图 8-2　选择"三维建模"工作空间

三维建模工作空间还包括右侧的用于"三维制作"的"面板"已经与之相关的 3 个工具选项板。三维建模工作空间中的绘图区域可以显示渐变背景色、地平面或工作平面(UCS 的 XY 平面)以及矩形栅格,这将增强三维效果和三维模型的构造。

在系统提供的"三维建模"空间中,可以根据自己的需要及绘图习惯,调整并合理布置工具栏、工具选项板、三维制作面板等,原则是力求获得最大的绘图空间,提供简便的工作环境。

三维建模绘图空间如图 8-3 所示。

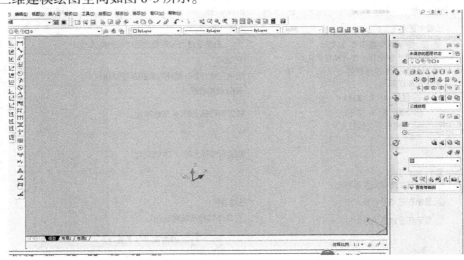

图 8-3　三维建模绘图空间

8.1.3　面板

"面板"是三维建模的基本操作工具平台,它将三维建模的工具选项板和空间集成在一起,使得三维建模、三维观察和渲染等三维操作更为方便快捷。

初次打开"三维建模"空间会自动打开"面板"窗口。在面板窗口消失时,可以通过下面的操作打开"面板":

在命令行输入:dashboard 命令

依次选择"工具"→"选项板"→"面板"命令,即可打开。

"面板"窗口中有一系列控制台,如图 8-4 所示。一般"面板"上有"三维制作""二维绘图""三维导航""视觉样式""光源""材质"和"渲染"7 个控制台。每个控制台均包含相关工具的控件,它们类似于工具栏中的工具和控件。例如"三维制作"控制台中包含了创建和修改三维实体的命令;"三维导航"控制台则包含了用于浏览三维模型的命令和控件。

在绘制三维实体时,主要使用"面板"上的命令,可以对"面板"的控制台进行增添或减少。具体操作如下:

(1)在"面板"上右键单击鼠标,在"面板"上会出现如图 8-4 所示的画面。

(2)将鼠标移至"控制台"附近,会显示控制台的

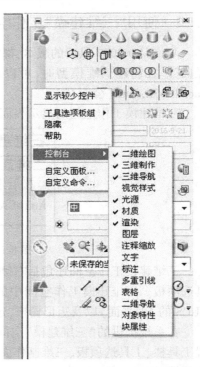

图 8-4　增添或减少"面板"上的控制台

各个选项,其中打钩的是"面板"上已经显示的控制台选项,没有打钩的是备选的控制台。

（3）点击没有打钩的控制台,可以将其选入"面板"。

（4）点击已经到打钩的控制台,则此选项就退出"面板"。

8.2 三维导航中的各种视图

打开三维导航后,会显示如图8-5的各个视图。

其中视图的含义如图8-6所示。

俯视、主视（前视）、左视、仰视、后视、右视等6个标准视图,同立体几何,这里省略。西南等轴测、东南等轴测、西北等轴测、东北等轴测如图8-6(a)所在的位置观测得到的三维立体图。

以上都是标准的平面和立体标准图,是绘制三维立体图的表现实体的基本视图。

轴测视图观察的模型是平行投影,平行投影视图效果不真实,而透视图非常类似人类视觉。三维模型看上去向远方后退,产生深度和空间感,对大部分3D电脑图像而言,这才是用户在屏幕上或页面上看到的最终输出所使用的视图。

图8-5 三维建模中经常遇到的各种视图

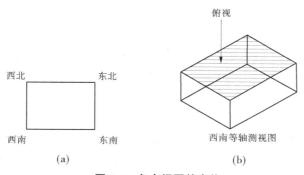

(a)   (b)

图8-6 各个视图的方位

8.3 用视觉模式显示三维模型

8.3.1 视觉模式

AutoCAD 2008设置了一组视觉模式,用来控制视口中三维模型着色的显示效果。系统提供了5种默认视觉样式的样例图像,如图8-7所示。

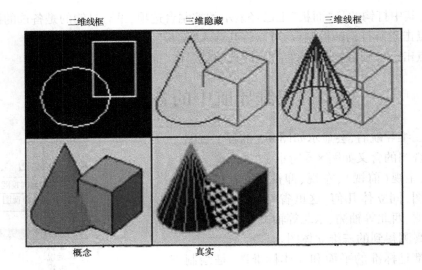

图 8-7　视觉模式图例

（1）二维线框：显示用直线和曲线表示实体边界的对象，光栅和 OLE 对象、线型、线宽的二维线框显示效果均可见。

（2）三维隐藏：显示用三维线框表示的对象并将表示后向面的直线隐藏起来。

（3）三维线框：显示用直线和曲线表示边界的对象。

（4）概念：着色多边形平面间的对象，并使对象的边平滑化。着色使用古代币面样式，即在冷色和暖色之间的过渡，而不是从深色到浅色的过渡的着色样式，这种显色效果缺乏真实感，但是可以更为方便地查看模型的细节。

（5）真实：着色多边形平面间的对象，并使对象的边平滑化。可以显示已附着到对象的材质、效果比较真实。

在三维建模的过程中，选三维线框方式建模，然后选择"真实"或"概念"视觉样式观察建模效果。

8.3.2　视口

三维建模一般在绘图区进行，实际绘图区就是一个视口。一个视口只能表现要绘制的实体的一种视觉样式。对于较为复杂的实体，需要从不同的方向观测所绘制的实体，以避免绘制中发生的失误，故在绘图时将绘图区设置为多个视口。例如，设置为 3 个视口，第一个视口为绘制实体的俯视图，第二个视口设置为实体的正视图，第三个视口设置为西南等轴测（立体图），就可以在绘图的过程中随时看到该实体的俯视图、正视图和西南等轴测立体图。

设置多个视口的过程如下：

（1）点击菜单"视图"→视口→三个视口，按回车键，在屏幕上出现三个视口。

（2）将左上角的视口设置为俯视图区，点击该区域，选中该视口为活动视口，并在"面板"上的"三维导航"中选择"俯视"，点击即可。

（3）将左下角的视口设置为正视图区，点击该区域，该视口为活动视口，并在"三维导航"中选择"主视",点击即可将该区域设置为主视图区。

（4）将第三个视口（右边的大视口）设置为西南等轴测立体图区的操作与前相似,见图8-8、图8-9,这里省略。

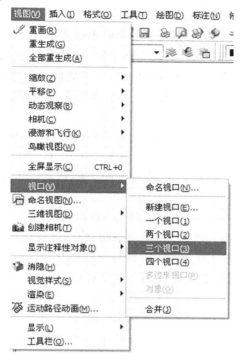

图 8-8　在绘图区设置三个视口

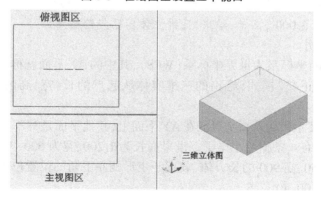

图 8-9　将绘图区设置为三个视口

一般绘制三维图时,经常使用单个视口,在绘图结束进行检查时,采用多个视口,可以从不同的视角观察绘制的立体图是否有遗漏和失误。

8.4　用户坐标系

AutoCAD 提供两套坐标系:世界坐标系(WCS)和用户坐标系(UCS)。WCS 是 Auto-

CAD 的初始设置,它是固定不变的;UCS 是用户根据自己建模需要进行设置的坐标系,它是千变万化的。

8.4.1　构造面的概念与应用

AutoCAD 在建立三维模型时,总是基于当前坐标系的 XY 平面创建二维对象,然后使用一些特定的方法生成三维对象。当前坐标系的 XY 平面,是绘制三维立体图的基础,故又称为构造面。例如创建圆柱、圆锥等实体时,实体底面总是建立在 XY 平面上。如果实体底面位于一个斜面上。那么就必须改变 UCS 坐标系,使得新的 UCS 坐标系的 XY 平面坐标面与实体的斜面重合。

又例如在实体模型上标注尺寸和文字,也必须改变 UCS,使得新的 XY 平面重合于标注平面。总之,在创建三维对象的过程中,由于必须在 XY 平面上创建二维对象,经常需要通过移动原点或重新指定 X、Y、Z 轴的方向来创建新的 UCS,以便顺利地完成建模工作。

例 1:画出一个长为 8 000、宽为 180、高为 3 000 的墙。

按前面几节所讲的步骤,建立三维建模空间,绘图区只设一个视口,将"视觉样式"设置为"三维线框",并将视图设置为西南等轴测。

在面板-三维制作中选定长方体点击。命令行显示:

命令 :box

指定第一个角点:水平(H)/ 垂直(V)/上(A):选一点作为第一个角点

指定其他角点:立方体(O)/ 长度(L):输入"L",回车

指定长度:输入 8 000,回车

指定宽度:输入 180,回车;此时在 XY 平面上显示一个矩形

指定高度:输入 3 000 ,回车,结束,三维立体图已经绘制结束

关于本例的说明:

(1)本例采用的坐标系为世界坐标系(WCS),其中的 XY 平面就称为"构造面"。

(2)如果选择"正交"模式,绘出的三维实体从起点的长、宽、高的方向即为 X、Y、Z 方向。

(3)此时标注尺寸和插入文字只能在 XY 平面上,其他平面是写不上的。

例 2:绘制 1 个有 4 条腿的小桌子。设桌面长为 1 200、宽为 600、厚度为 40;4 条腿的规格为长 60、宽为 50、高 900 的长方体,其桌子矩形腿左下角的位置位于以桌面左下角为 UCS 原点的@ 100,100,40 位置。

绘图过程如下:

(1)小桌子由一个桌面和 4 条规格相同的桌腿组成,用命令 box(长方体)即可完成绘制。

(2)以下的问题是如何装配成一个小桌:

①为了保证在操作过程中的桌面与桌腿之间的垂足关系,应当选择在"正交"模式下操作。

②按照桌子的装配习惯,应当四脚朝天的进行安装。那么首先应当确定左下角(第

一个桌腿的安放位置),如果选择桌腿与桌面的连接面为 UCS 的构造面,可以通过新建 UCS 的方式,将该面设置为 XY 面。此时第一个桌腿的左下角的 X、Y 坐标应为(100,100),可以通过绘制点的命令 point:………(100,100)在 XY 平面上绘制出该点。

③利用 box 命令绘制出第一个桌腿后,可以通过"镜像"命令绘制出右上角桌腿;再通过一次"镜像"命令绘制出右上角、右下角的桌腿。绘制工作即可完成。

在操作前,选择"正交"和"对象捕捉"模式,具体操作如下:

(1)绘制桌面。在面板上点击长方体命令:

命令 :box

指定第一个角点:水平(H)/ 垂直(V)/ 上(A):选一点作为第一个角点

指定其他角点:立方体(O)/ 长度(L):输入"L",回车

指定长度:输入 1 200,回车

指定宽度:输入 600,回车;此时在 XY 平面上显示一个矩形

指定高度:输入 40 回车,桌面绘制结束

(2)绘制左下角桌腿,操作如下:

以桌面的左下角为新的 UCS 坐标系原点选择"点样式"为"十字",输入 point 命令,输入 100,100,0,则在桌面上显示该点。点击面板的长方体命令,指定显示点为第一个角点,按长 60、宽 50、高 900 绘制第一个桌腿。点击"镜像"命令,按命令行中的镜像命令进行操作,绘制出左上角桌腿。第二次点击"镜像"命令,可以一次绘制出右上角、右下角的两个桌腿。

(3)绘制后的检查,可以将绘图区设置为三个视口,分别设置为俯视、正视和西南等轴测投影查看结果是否有误,具体见图 8-10。

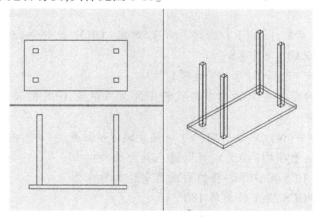

图 8-10　桌子三维立体图

以上两个简单的例子只是说明绘制三维立体图并不复杂。例 2 中用到了新建的 UCS,绘制立体图的关键是合适的新建 UCS。

8.4.2　创建用户坐标系的方法

创建新 UCS 的目的就是要使 XY 坐标面成为三维建模的基础工作面,以便在 XY 平面

上创建二维轮廓。熟练地创建 UCS,对于顺利完成三维建模至关重要。经常使用的是 UCS 工具栏中的命令。UCS 工具栏具体见图 8-11。

图 8-11 UCS 工具栏

8.4.2.1 指定一点创建 UCS

命令:UCS

指定 UCS 的原点或［面(F)/命名(NA)/对象(OB)/上一个(P)/视图(V)/世界(W)/X/Y/Z/Z 轴(ZA)］<世界>:

1.指定一点创建 UCS

UCS 命令的首选项是"指定 UCS 的原点"。点击选中的点,按回车键,则当前坐标系的原点就会从原来的原点转移至点击点,而原来的 X、Y、Z 轴的方向不变。

2.指定两点改变 UCS 的方向

如果指定第一点后,接着指定第二点,UCS 将绕先前指定的原点旋转,以便使 UCS 的 X 轴正向通过该点。

3.指定三点改变 UCS

如果在输入 UCS 命令后连续指定三点,则这三个点确定了 XOY 坐标面。UCS 将绕 X 轴点旋转,以便 UCS 的 XOY 平面的 Y 轴正半轴包含该点。

8.4.2.2 指定面创建 UCS

通过在三维实体上指定一个面,使 UCS 与之对齐,从而获得新的 UCS。

命令:UCS

指定 UCS 的原点或［面(F)/命名(NA)/对象(OB)/上一个(P)/视图(V)/世界(W)/X/Y/Z/Z 轴(ZA)］<世界>:

f↙(输入 f,回车:选择了"面/F"选项)

选择实体对象的面:(在 P 面内单击),选中的面将亮显,UCS 的 X 轴将与找到的第一个面上最近的边对齐

输入选项［下一个(N)/X 轴反向(Y)］<接受>:(p 面亮显,单击右键接受)

如果不选择默认选项的(接受),可以输入其他选项:

输入选项 N,将 UCS 定位于邻接的面或选定边的后向面

输入选项 X:将 UCS 绕 X 轴旋转 180°

输入选项 Y:将 UCS 绕 Y 轴旋转 180°

8.4.2.3 通过旋转坐标轴创建 UCS

绕当前 UCS 任一坐标轴旋转当前 UCS 可以创建新的 UCS,旋转的默认正方向遵守右手定则,将右手拇指指向轴的方向,拳曲其余四指,这四指所指示的方向就是旋转的正方向。例如为了在三维模型上正确标注尺寸,必须移动和旋转 UCS,使 XY 坐标面与标注面重合,并指定 X、Y 轴的方向以保证尺寸文本的正确方位。

例:在图 8-10 上标注长 80、宽 45、高 40 的长方体的尺寸。

分析:只要点击"长方体(box)"命令,即可绘制出长 80、宽 45、高 40 的长方体。但在模型空间标注该长方体的尺寸,就需要新建 UCS。因为绘制该实体时虽然是在世界坐标系(WCS)之下,但其标注面不一定在 XY 平面上,可能就标注不上。因此,可以点击 UCS 的原点,移动原点至要标注的底面左下角。

实际操作如下:点击 UCS 标题栏的"原点" ⌐ 命令,再点击长方体的左下角,UCS 的原点就移至长方体的左下角。然后点击"标注"工具栏的"线性" ⊢⊣ 命令,对长方体的底面长宽进行标注。

图 8-12 为有误的标注,出现错误的位置是宽度 45 标注的方向,正确的标注方法纠正 Y 坐标轴的方向。

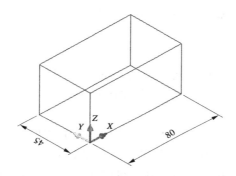

图 8-12　有误的标注

具体操作为:将 UCS 绕 Z 轴顺时针旋转 90°,在"标注"工具栏旋转"线性"命令标注尺寸,如图 8-13 所示。

实际操作为:标注高度尺寸 40,将图 8-14 中的 XY 面旋转到与前端面的重合。方法是先绕 Z 轴旋转 90°,再绕 X 轴旋转 90°,即可正确标注高度尺寸 40,如图 8-14 所示。

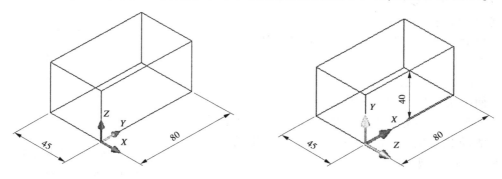

图 8-13　正确的长、宽标注　　　　　　　**图 8-14　标注高度尺寸**

8.4.2.4　通过选定对象创建 UCS

在 UCS 命令中选择"对象(OB)"选项,可以根据选定的三维对象定义新的 UCS。新建的 UCS 的拉伸方向(Z 轴的正方向)与选定对象的拉伸方向相同。

对于大多数对象,新 UCS 的原点位于选定对象最近的顶点处,并且 X 轴与一条边对齐或相切。对于平面对象,将重新定位原点,但是轴的当前方向保持不变。

8.4.2.5　根据当前视图选择创建 UCS

在 UCS 命令中选择"视图(V)"选项,即以当前视图创建 UCS,新的 UCS 以垂直于观察方向(平行于屏幕)的平面为 XY 平面,UCS 的原点保持不变。本选项常用于在视图上插入文字。

8.4.2.6　返回到上一个 UCS

在 UCS 选项中选择"上一个(P)"选项,可以恢复上一个 UCS。程序会保留在图纸空间创建的最后 10 个 UCS 坐标系;

在 UCS 命令中选择"世界(W)"选项,可以将当前用户坐标系设置为世界坐标系。WCS 是所有用户坐标系的基准,不能被重新定义。

8.4.3　使用动态 UCS

动态 UCS 是 AutoCAD 2007 版新增加的功能,在创建三维对象的过程中,将光标移动到面的上方时,光标临时更改为三维坐标,并将 UCS 平面与选定的平面对齐。

使用动态 UCS 的操作方法如下:

(1)状态栏上单击 DUCS 按钮,打开动态 UCS。在 DUCS 按钮上单击右键,然后在快捷键菜单上选择"显示十字光标标签",可以使光标上显示 X、Y、Z 标签。

(2)激活"绘图"命令,例如本例是在三维制作面板上单击"长方体"按钮。

(3)将指针移动到实体模型操作面(本例中 R 斜面)的边界上,该 R 斜平面变为虚线,说明已经选中该面为新 UCS 的 XY 平面,光标上的 XYZ 标记消失,为显示动态 UCS 的轴的方向。

(4)按"绘图"命令提示操作,一旦指定一个点后,动态 UCS 将以该点作为原点显示动态 UCS 轴的方向,且 XY 坐标面与操作面重合。

(5)结束"绘图"命令后,UCS 将恢复到上一个位置和方向。

绘图的效果见图 8-15。

使用动态 UCS 的说明如下:

动态 UCS 不适于进行尺寸标注,仅当建模命令处于活动状态时,动态 UCS 才可用。可使用动态 UCS 命令的类型包括:

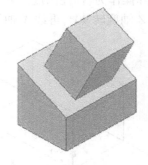

图 8-15　用动态 UCS 在长方体的斜面上绘制长方体

(1)简单的几何图形——直线、多段线、矩形、圆弧、圆。

(2)文字——文字、多行文字、表格。

(3)参照——插入、外部参照。

(4)实体——原型和 POLYSOLID。

(5)编辑——旋转、镜像、对齐。

（6）其他——UCS、区域、夹点工具操作。

8.5 创建三维实体图元

通过创建三维实体来展示设计意图更符合设计者的思维习惯,可以使用多种方法创建三维实体和曲面。经常使用的方法如下:

（1）创建基本的三维实体图元,三维实体图元包括长方体、圆锥体、圆柱体、楔体、棱锥体、球体和圆环体。

（2）使用布尔运算的方法对这些图元进行合并,找出它们的合集、差集或交集（重叠）部分,从而生成更为复杂的的实体。

（3）通过拉伸、旋转对象、沿一条路径扫掠对象;对一组曲线进行放样、剖切实体、将具有厚度的平面对象转换为实体和曲面,从现有对象创建三维实体和曲面等方法创建实体。

（4）利用实测结果或数学计算绘制曲线,再利用“放样”命令,绘制地形的三维图形等工程三维图。三维建模的工具栏见图8-16。

图 8-16 三维建模工具栏

绘制三维实体作业环境和命令如下:

在创建实体图元之前,应首先设置:

（1）视图方向:在从“三维制作”控制台中的视图列表中选择标准视图,例如选择“东南等轴测视图”。

（2）视觉样式:从“视觉样式”控制台中选择一个视觉样式,例如“三维线框”视觉样式。

绘制三维实体图元的命令如下:

长方体、圆锥体、圆柱体、球体、圆环体、楔体和棱锥体是构成复杂三维实体的基本实体,称为实体图元,可以通过以下途径激活相关命令直接创建这些实体图元。

打开“面板”→“三维制作”控制台的命令或打开“建模”工具栏上的命令,亦可在下拉菜单“绘图”→“建模”选择相应的实体图元命令。

直接在命令行输入相关的命令:box（长方体）、sphere（球体）、cylinder（圆柱体）、cone（圆锥体）、wedge（楔体）、torus（圆环体）、pyramid（棱锥体）。

8.5.1 创建长方体

使用“长方体（box）”命令可以创建长方体或立方体。

命令:box

指定第一个角点或中心（C）:（指定一个点例如 A 作为长方体底面的一个角点;若输入 C,则指定的是立方体的内部中心,而不是长方体的某个表面中心）

指定其他角点或[立方体(C)/长度(L)]：输入 L,则要求输入长、宽、高(如果输入 C,将绘出长、宽、高相等的一个立方体)

指定长度<0.00>:80↙(输入长度值)

指定宽度<0.00>:50↙(输入宽度值)

指定高度或[两点(2p)]<0.00>:50↙（输入高度值,如果输入 2p ,可以指定两点确定高度。

输入正值将沿 Z 轴正方向,输入负值,将沿 Z 轴负方向绘制高度。具体见图 8-17。

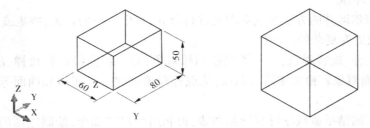

图 8-17　用 box 命令绘制长方体和立方体

8.5.2　绘制楔体

使用"楔体"命令可以绘制底面为长方形或长、宽、高相等的楔体,如图 8-18 所示。

在"三维制作"控制台中单击"楔体"按钮,按命令行提示操作。

命令:wedge

指定一个角点或[中心(c)]:(指定一点,例如 A 作为长方体底面的一个角点;如果输入 C,则指定楔体的中心,如图中的 C 的位置)

指定其他角点或[立方体(c)/长度(L)]:L↙,(输入长度选项,如果输入 C,将画出等边楔体)

指定长度<0.00>:90↙(输入长度值)

指定宽度<0.00>:70↙(输入宽度值)

指定高度或[两点(2p)]<0.00>:50↙（输入高度值,如果输入 2p,可以指定两点确定高度。

输入正值将沿 Z 轴正方向,输入负值,将沿 Z 轴负方向绘制高度,具体见图 8-18。

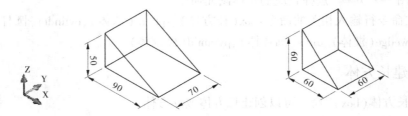

图 8-18　利用 wedge 命令绘制楔体和等边楔体

8.5.3 创建圆锥体

使用"圆锥体(cone)"命令可以绘制圆锥体、圆台或椭圆椎体,还可以选择"轴端点"选项指定圆锥体的高度和方向。

在"三维制作"控制台中单击"圆锥体",按命令提示操作如下:

命令:cone

指定底面中心点或[三点(3P)/两点(2P)/相切、相切、半径(T)/椭圆(E)]:(在屏幕上指定一点作为圆锥体底面的圆心。或输入 3P、2P、T、E 选项,绘制底面圆或椭圆。输入 E 选项,绘制椭圆锥)

指定底面半径[直接(D)]:40 ✓,(输入半径值40)

指定高度或[两点(2P)/轴端点(A)/顶面半径(T)]:80 ✓(输入高度值 80,则画出高 80 的圆锥体;或输入其他选项。

输入 2P,指定两点确定高度。

输入 T(顶面半径),创建圆台。

输入 A(轴端点),指定圆锥体轴的位置、轴端点时圆锥的顶点、或圆台的顶面中心点。轴端点可以在三维空间的任何位置。轴端点定义了圆锥体的长度和方向,具体见图 8-19。

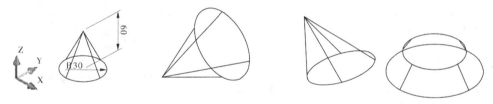

图 8-19 圆锥体的绘制

8.5.4 创建圆柱体

使用"圆柱体(cylinder)"命令可以创建以圆或椭圆为底面的实体圆柱体,还可以选择"轴端点"选项指定圆锥体的高度和方向,如图 8-20 所示。

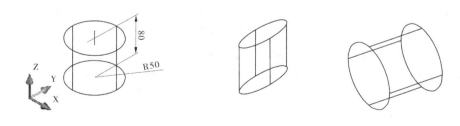

图 8-20 圆柱体的绘制

在"三维制作"控制台中点击"圆柱体"按钮,按命令行提示操作如下:

命令:cylinder

指定底面中心点或[三点(3P/两点(2P)/相切、相切、半径(T)/椭圆(E)]:(在屏幕上指定一点作为圆柱体底面的圆心。或输入3P、2P、T、E选项,绘制底面圆或椭圆)

指定底面半径或[直径(D)]<40>:50↙(输入底面半径值)

指定高度或[两点(2P)/轴端点(A)]:80↙输入高度值,画出圆柱体;或输入2P指定两点为圆柱体的高度;或输入A选项,指定轴端点的位置。

8.5.5　创建球体

使用"球体(sphere)"命令可以创建球体,在"三维制作"控制台中单击"球体"按钮,按命令行提示操作如下:

命令:sphene

指定中心点或[三点(3P)/两点(2P)/相切、相切、半径(T)]:(在屏幕上指定一点作为球体的中心。或输入3P、2P、T选项定义球体的圆周,指定中心后,将放置球体以使其中心轴与当前坐标系(UCS)的Z轴平行,纬线与XY平面平行)

指定半径或[直径(D)]<30.00>:50↙(输入半径值50,画出球体)。

具体见图8-21。

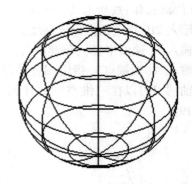

图8-21　球体的绘制

8.5.6　创建棱锥体

使用"棱锥体(pyramid)"命令可以创建棱锥体。棱锥体的侧面数可以是3~32个,默认值是4。棱锥体的底面是内接或外切于圆的正多边形。

在"三维制作"控制台上点击"棱锥体"按钮,按命令行提示操作如下:

命令:pyramid

4个侧面,外切

指定底面的中心点或[边(E)/侧面(S)]:S↙(选择侧面选项)

输入侧面数<5>:6↙(指定侧面数为6,默认值为4)

指定底面的中心点或[边(E)/侧面(S)]:(在屏幕上指定一点,或输入E、S选项)

(注意:当输入e选项时,指定边的第2点位置将确定底面的方位)

指定底面半径或[内径(L)]<58.34>:42↙(输入半径值,或输入选项L)

指定高度或[两点(2P)/轴端点(A)/顶面半径(T)]<35.56>:90↙(输入高度值,画出六棱锥体,或输入2P指定两点为棱锥体的高度,或输入A选项指定轴端点的位置,或输入T绘制截头棱锥体。

具体见图8-22。

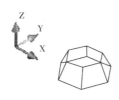 

图 8-22　棱锥体

8.5.7　创建圆环体

使用"圆环体(torus)"命令可以创建与轮胎内胎相似的环形实体。圆环体有两个半径值定义,一个是圆管的半径,另一个是从圆环体到圆管中心的距离。将圆环体绘制与当前 UCS 的 XY 平面平行。且被该平面平分(如果使用"圆环体"命令的"三点"选项,此结果可能不正确)。圆环可能是自交的。自交的圆环没有中心孔。因为圆管的半径比圆环的半径大。

在"三维制作"控制台中单击"圆环体"按钮,按命令行操作。

命令:torus

指定中心点或[三点(3P)/两点(2P)/相切,相切、半径(T)]:(在屏幕上指定一点为圆环中心,或输入 3P、2P、T 选项定义圆环体的圆周)

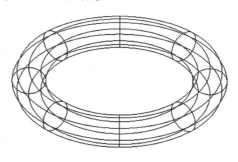

指定半径或[直径(D)]:<24.52>:50 ↙(输入圆环体半径值,或输入 D 选项)

指定圆管半径或[两点(2P)/直径(D)]<10>:15 ↙(输入圆管半径值,画出圆环(见图 8-23),或输入 2P、D 选项)

图 8-23　圆环体

8.6　创建多段体

"多段体(polysolid)"命令是 AutoCAD 2007 新增加的三维建模命令。多段体可以包含曲线线段,但是在默认情况下轮廓始终为矩形。使用该命令还可以将现有的直线、二维多段线、圆弧和圆转换为具有矩形轮廓的实体。

多段体是扫掠实体(使用指定轮廓沿指定路径绘制的实体),在"特性"选项板中显示为扫掠实体。下面就练习使用多段体绘制直线和曲线墙壁。

使用多段体先在平面上绘制多段线 ABCDE,操作如下:

(1)在三维建模面板上单击"多段体"命令。

(2)命令行提示:"指定起点或[对象(O)/高度(H)/宽度(W)/对正(J)]<对象>:,捕捉并点击 A、B、C、D 点。

（3）单击 E 点，按回车键结束多段体的操作。这时因没有预先点击高度（H）、宽度（W），得到的多段体的高度和宽度是系统预先默认的。

不预先绘制多段线，直接用创建多段体命令，结果如下：

在三维建模面板上单击"多段体"命令。

命令行提示：

"指定起点或［对象（O）/高度（H）/宽度（W）/对正（J）］<对象>：,H↙

"指定高度<50.000>:100↙（输入多段体的高度为 100,0）

"指定起点或［对象（O）/高度（H）/宽度（W）/对正（J）］<对象>：,w↙

指定宽度<4.000>: 20↙（输入多段体的宽度为 20）

"指定起点或［对象（O）/高度（H）/宽度（W）/对正（J）］<对象>：,j↙

"输入对正方式［左对正（L）/居中（C）/右对正（R）］居中：↙（回车，居中；输入 L，左对正；输入 R，右对正）

"指定起点或［对象（O）/高度（H）/宽度（W）/对正（J）］<对象>:选择"正交"模式，在多段体起点处点击（指定起点）

指定下一点［圆弧（A）/放弃（U）］:100↙（沿 X 轴方向，前 100 处点击）

指定下一点［圆弧（A）/放弃（U）］:100↙（沿 Y 轴方向，前 100 处点击）

指定下一点［圆弧（A）/放弃（U）］:100↙（又沿 X 轴方向，前 100 处点击）

指定下一点［圆弧（A）/放弃（U）］:A.↙（在此点开始画圆弧）

指定圆弧的端点或（圆弧（A）/闭合（C）/放弃（U））:点击圆弧的下一点……直至结束。

结果见图 8-24。

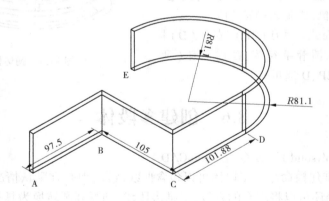

图 8-24　多段体的绘制

8.7　创建螺旋线

螺旋线可以绘制二维螺旋线与三维螺旋线。

在"面板"上选择"螺旋"，激活"螺旋"命令，在命令行提示如下：

Helix

圈数 = 3.000   扭曲 = CCW(默认设置)

指定底面中心点:(在屏幕上指定一点为底面中心)

指定底面半径或[直径(D)]<1.0000>:30✓,(输入底面半径值)

指定顶面半径或[直径(D)]<30.000>:15✓,(输入顶面半径值)

指定螺旋高度或[轴端点(A)/圈数(T)/圈高(H)/扭曲(W)]<5.000>h✓(选择圈数项)

指定圈间距<3.000>6✓(输入圈高值6,画出螺旋线)。

如果圈高值输入0,则画出二维螺旋线,见图8-25。

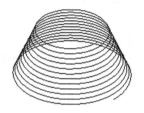

图 8-25   螺旋线的绘制

命令行的提示选项的功能如下:

(1)轴端点:指定轴端点的位置。轴端点可以位于三维空间的任意位置。轴端点定义了螺旋线的长度和方向。

(2)圈数:指定螺旋线的圈(旋转)数。螺旋的圈数不能大于500,最初的圈数默认值为3,绘制图形时,圈数的默认值始终是先前输入的圈数值。

(3)圈高:指定螺旋内一个完整圈的高度。当指定圈高值时,螺旋中的圈数将相应地自动更新。如果已经指定螺旋的圈数,则不能输入圈高的值。

(4)扭曲:指定以顺时针(CW)方向,还是逆时针(CCW)绘制螺旋。螺旋旋转方向的默认值为逆时针。

8.8　通过二维图形创建三维实体

在视图中创建的二维实体、圆弧、圆、直线、多段线(包括样条曲线拟合多段线、矩形、正多边形、边界和圆环)、多行文字(SHX 字体)、宽线和点等二维图形,使用"拉伸""旋转""扫掠""放样"命令,一般都可以创建实体和曲面。需要记住的是,二维图形一定要在当前 UCS 的 *XY* 平面上绘制。

8.8.1　拉伸 EXTRUDE 二维图形创建三维模型

功能:运用拉伸的方法建立实体,该方法首先要画一个封闭的二维图(含面域、3DFACE 平面),但不能用 Iine 生成的二维封闭图形。运用该法可以生成任意截面的且可以带锥状的台状体。

应用菜单：

命令行：EXTRUDE

选择对象：选择所要拉伸的截面

指定拉伸的高度或［方向（D）／ 路径（P）／倾斜角（T）］＜1000＞，输入拉伸路径或拉伸含义

选项含义及操作要点如下：

（1）n "指定的高度"——该项为缺省设置，只要给定一个长度即可拉伸选择的物体为此高度的实体，拉伸方向为当前坐标系的 Z 轴方向。

（2）方向（D）——指定两点进行拉伸，长度和方向与两点相同。

（3）路径（p）——选定拉伸的路径（直线、圆、圆弧、椭圆、椭圆弧、多段线、样条曲线等），截面将沿路径并垂直于路径上每个点的切线方向生成一个拉伸实体。

（4）倾斜角（T）——输入拉伸锥度角，锥度必须是介于 $-90°\sim+90°$ 的角度值，正值将使拉伸后的顶面小于基面，负值则相反。系统缺省设置为 0，即平行于物体坐标系的 Z 轴进行拉伸。如果输入了一个不被系统所接受的角度，屏幕上将显示提示信息。

拉伸命令的实体起点是基面，而不是方向点或路径的起点。

说明：

（1）被拉伸的物体可以是多段线、多边形、圆、椭圆、封闭样条曲线等封闭实体，但是不可以选择块或者自我相交的多段线。所选择的多段线至少有 3 个节点，但不得多于500 个节点。如果选择了有宽度的多段线，将忽略其宽度，仅拉伸中心线。对于有厚度的物体，将忽略其厚度。

（2）由于拉伸建立的是一个实体，因此路径线不应与三维物体的轮廓线处于同一水平面上，曲折程度也应当控制在拉伸后的三维物体所支持的范围内，例如路径线为圆弧，所选物体是圆，若圆的半径大于圆弧的半径就不能构成实心体，因为沿路径拉伸后体自交是不允许的。

（3）一旦选好路径线，该路径线将移动至轮廓线的中心。如果路径线是样条线，则应当垂直于路径线一个端点处的轮廓线平面。如果样条线的一个端点位于轮廓线的平面上，则系统将绕该点旋转轮廓线。样条线路径也将移至轮廓线中心，并且绕该中心点旋转来满足拉伸的需要。如果路径包括非正切线段，那么拉伸将沿每段线进行。

（4）正角度表示从基准对象逐渐变细的拉伸，而负角度则表示从基准对象逐渐变粗的拉伸。默认角度 0 表示在与二维对象所在平面垂直的方向上进行拉伸。所有选定对象和环都将倾斜相同的角度。

"拉伸"命令只需一个断面，且路径和方向不需要与轮廓线相连，可自动寻找轮廓线中心执行此命令完成实体的制作。只有在路径过于弯曲及路径和轮廓线在同一平面内时，才不执行。

用拉伸命令绘制棱台的实例：将一个长 1 000、宽 500、圆角半径为 150 的矩形，拉伸为倾斜角 15°高 300 的棱台。

在二维绘图工具栏点击"矩形命令"：

命令 rectang

指定第一个角点或[倒角(C)/标高(E)/圆角(F)/厚度(T)/宽度(W)]:f

指定圆角半径 <0.000>:150

指定第一个角点或[倒角(C)/标高(E)/圆角(F)/厚度(T)/宽度(W)]:点击一点

指定另一个角点或[面积(A)/尺寸(D)/旋转(R)]:@1 000,600↙,带有圆角的矩形绘制完成,具体见图 8-26(a)。

以下用拉伸命令绘制棱台:

在面板上点击"拉伸"命令,命令行提示:

选择要拉伸的对象:点击有圆角的矩形,右键单击,选中

指定拉伸高度或[方向(D)/路径(P)/倾斜角(T)]:t

指定拉伸的倾斜角度< 30.0000>:15

指定拉伸高度或[方向(D)/路径(P)/倾斜角(T)]:300

棱台绘制结束,结果见图 8-26(b)。

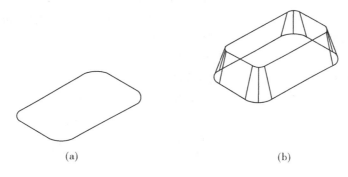

(a)   (b)

图 8-26　拉伸矩形创建四棱台

8.8.2　旋转创建实体

功能:先画出一个二维图,通过轴线旋转生成一个旋转实体。但二维图不能用 line 命令生成,一般用"多段线"生成。

操作:

"绘图"—"建模"—"旋转"或命令行:REVOLVE

选择要旋转的对象:(选择旋转实心体的母线,然后回车)

选择要旋转的对象:(可以继续旋转母线,直到选择结束)

指定轴起点或根据以下之一定义轴[对象(o)/X/Y/Z]<对象>:(选择或定义旋转轴)

选项含义及操作如下:

(1)指定旋转轴的起点—缺省选择项。通过指定两个端点的方法来定义旋转轴线,如图 8-27 所示。

指定轴端点:输入下一个端点坐标。

指定旋转角度<360°>:输入旋转角,缺省旋转角为360°。

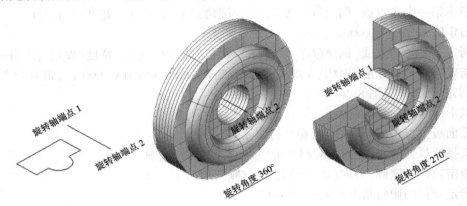

图 8-27　使用两端点旋转的实例

说明:旋转的对象是直线和曲线组成的,不一定为多段线或面域。

(2)对象(o)——指定一个当前图形中的物体作为旋转轴线。轴线可以是直线或多段线,选择轴线后要求输入旋转角度,其操作同上。

(3)X——使用当前 UCS 的 X 轴为旋转轴。

(4)Y——使用当前 UCS 的 Y 轴为旋转轴。

(5)Z——使用当前 UCS 的 Z 轴为旋转轴,具体见图 8-28。

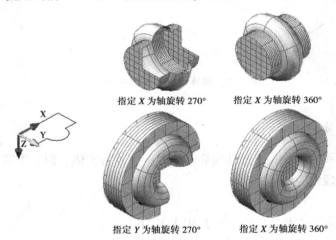

指定 X 为轴旋转 270°　　　指定 X 为轴旋转 360°

指定 Y 为轴旋转 270°　　　指定 X 为轴旋转 360°

图 8-28　分别指定当前 UCS 中 X 轴、Y 轴旋转建立的实体

8.8.3　扫掠创建实体

功能:使用 sweep 命令,可以通过沿开放或封闭的二维或三维路径扫掠开放或闭合的平面曲线(轮廓)创建实体或曲面。sweep 沿指定的路径以指定轮廓的形状绘制实体或曲面。

命令:扫掠(sweep)

选择要扫掠的对象：(选择扫掠对象)回车

选择要扫掠对象：(可以连续选择，直到选择结束)

选择扫掠路径或 ［对齐(A)］／基点(B)／比例(S)／扭曲(T)］(选择或定义扫掠路径)

选项含义及操作如下：

(1)对齐(A)——指定是否对齐轮廓，以便作为扫描路径切线方向的法线。默认情况下，轮廓是对齐的。

(2)基点(B)——指定要扫描对象的基点，如果指定的点不在选定对象所在的平面上，则该点将被投影到该平面上。

(3)比例(S)——指定比例因子进行扫掠操作，从扫掠路径的开始到结束，比例因子将统一应用到扫掠的对象。

(4)扭曲(T)——设置正被扫掠对象的扭曲角度。扭曲角度指定沿扫掠路径全部长度的选择量。

"扫掠"命令，可以制作比较复杂的实体，且只要绘制出路径线，都能绘制出其实体。

扫掠命令制图的实例：

制作三角形管道见图 8-29。

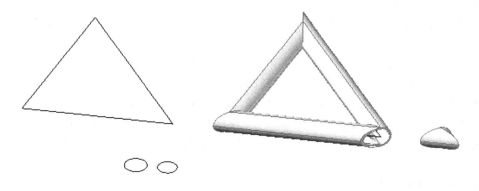

图 8-29　制作三角形管道

(1)在西南等轴测 UCS 下，使用多段线绘制三角形中心线，并在相同位置复制另一个重合的三角形，绘制管子的内、外半径的两个圆。

(2)"扫掠"命令，先绘制外径实体，后绘制内径实体。

(3)用"布尔减"命令，外实体减去内实体，便得到三角形管子。为看清管子，一个角去掉得到图 8-29。

例 2：图 8-30 为圆沿路径螺旋线扫掠的例子，分别用"默认""对齐""基点"选项得到的结果。

"基点"选项，可以保证扫掠对象按照选择的"基点"沿路径线扫掠，这在实际中很有用处。

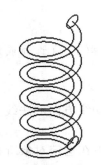  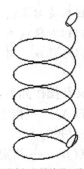

(a) 仅选择扫掠路径的结果　　(b) 选择"对齐"后结果　　(c) 选择"基点"后的结果

选择"对齐"与默认都是扫掠对象中心点沿路径；选择"基点"后，变为基点沿路径。

图 8-30　不同选项的扫掠各自效果图

8.8.4　放样创建实体

功能：指定一系列横断面来创建实体或曲面。横断面用于定义实体在固定位置的形状，"导向"可保证制作的实体各个边界沿几个"导向线"形成实体，"路径"指定放样实例或曲面沿单一路径形成实体。

"放样"命令是一个非常有用的命令，可以生成复杂且实用的实体。应反复练习，才能掌握。

操作：点击"放样"或 LOFT：

按放样次序选择横截面：(选择放样断面)

按放样次序选择横断面：(可以继续选择，直到选择全部断面结束)

进入选项：[导向(G)]／[路径(p)]／[仅横断面(C)]＜仅横断面＞：

选"仅横断面"后，显示选项框。可选"直纹""平滑拟合""法线指向""拔模斜度"选项，见图 8-31。

8.8.4.1　仅横断面选项实例

如图 8-32 所示：左图的大圆、小圆、正方形为三个横断面，且同一个面上，采用"仅横断面"选择"直纹""平滑拟合""法线指向"后会得到不同的效果，在个别情况下，还会出现"无效图元"，命令不执行的情况，应当根据实际来确定采用何种选项，得到符合实际的结果。

"放样"中仅横断面选项最易得到结果，其结果可以保证实体在原横断面处的横截面与原断面一致，但实体会出现明显的误差。这时可选较多的横断面以达到较小的误差；可是选较多的横断面，可能会出现意想不到的结果，这时可以适当减少某些横断面，以保证实体符合设计图。

8.8.4.2　"导向"(g)选项得到的结果

(1)导向：指定控制放样实体或曲面形状的导向曲线，无论直线或曲线，可通过将其线框信息加至对象来进一步定义实体或曲面的形状。使用导向曲线可以来控制点如何匹配相应的横断面，以防止出现不希望看到的效果。

(2)可以作为导向曲线的对象有直线、圆弧、椭圆弧、二维样条曲线、三维多段线。

图 8-31 仅横断面下的选项

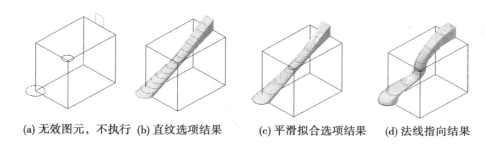

(a) 无效图元，不执行　(b) 直纹选项结果　(c) 平滑拟合选项结果　(d) 法线指向结果

图 8-32 仅横断面选项的分选项结果

（3）可以选择任意数量的导向曲线,必须保证每条导向曲线满足 3 个条件:①导向曲线必须与每个横断面相交;②导向曲线必须从第一个截面开始、到最后一个横截面结束,每一条导向曲线必须同时具备上面的条件,不能缺少任何一个;③选择断面时也不能在点击横断面时前后顺序颠倒。如果达不到条件,程序就不执行放样命令。

说明:"导向曲线"选项在很多情况下都不易成功,一般在各个断面大小形状基本近似下易成功。

图 8-33 是在 1/4 椭圆的两端有两个相同圆弧下,椭圆作为导向曲线的实例。

8.8.4.3　路径(P)选项(指定放样实体或曲面的单一路径)

使用"路径(P)"选项可以沿路径生成曲面实体,但路径曲线必须与横截面的所有平面相交(正交)。可以作为路径的对象有直线、圆弧、椭圆弧、样条曲线、螺旋、圆、椭圆、二维多段线、三维多段线。

绘制的方法是先绘制横截面和路径曲线,然后放样,操作如下:

（1）设置视图方向为"西南等轴测",视觉样式是"三维线框"。

（2）绘制导向曲线和横断面 1。

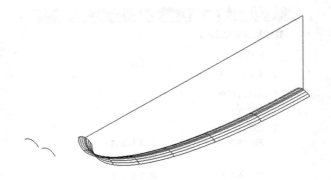

图 8-33　"导向曲线"椭圆进行"放样"的实例

①旋转 UCS,使 *XY* 处于垂直,绘制圆弧(路径曲线),并找出圆心位置,在路径上选择 5 个点位置与圆心连线,作为在各点绘制横截面的 *X* 轴。

②在 UCS 命令中,选世界坐标系,绘制第一个横截面。

③在路径上各点设置 *Z* 轴坐标系,并绘制各个横截面。

④绘制结束后,返回世界坐标系,西南等轴测体系,开始"放样"。

⑤依次选择各个横截面,结束后输入 P,再选择路径,按回车键即得到图 8-34 的结果。

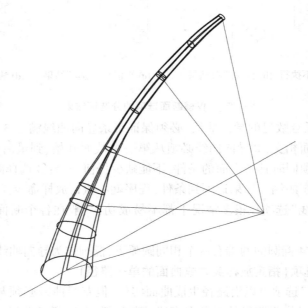

图 8-34　选择路径选项,进行放样的实例

8.8.5　按住并拖动

在"面板"的"三维制作"栏,点击"按住并拖动"激活该命令,可以显示单击有边界的区域后,通过移动光标将此区域动态更改并创建一个新的三维实体。有边界的区域必须是有共面直线或边围成的区域,这些直线必须在一个平面上。

例:"按住并拖动"命令绘制图 8-35(b)的图形。

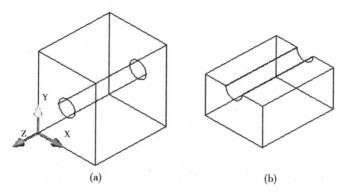

(a)   (b)

图 8-35 "按住并拖动"命令向实体内部拖动的效果

(1)在三维建模面板中单击"长方体"命令,绘制一个长方体。

(2)点击 UCS 按钮,将长方体的左侧面设置为当前 UCS 的 XY 平面。

(3)单击"绘图"圆命令,命令行显示:

命令 Circle 指定圆的圆心或[三点(3P)/两点(2P)/切点、切点、半径(T)]:

双击 Shift+右键,选择"两点之间的中点:点击左侧面左上角点和右下角点",则选中这两点之间连线的中点为圆心:

输入圆半径:20↙,(画出半径为 20 的圆)

(4)在面板上点击"按住并拖动"命令。

(5)选择圆(变虚线),向右方拖动,松开,则对长方体挖了一个圆孔形状。

(6)在面板上点击长方体的顶面,并向下拖动至圆心,则左边的长方体变为图 8-35(b)。

(7)建立新的 UCS ,选择半圆的"前面",向上拖动,就得到图 8-36 的结果。

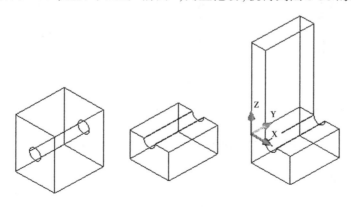

图 8-36 "按住与拖动"命令向实体外拖动的结果

第9章 三维实体的组合

第8章已经介绍了创建三维实体的基本命令,利用这些命令就可以绘制常见的单独三维实体。但在工程中多数实体都是由单个实体组合而成的。本章的主要内容包括:

(1)通过布尔运算创建组合体。

(2)使用干涉检查创建剖切轴测图。

(3)三维实体的操作:阵列、镜像、旋转和对齐实体。

9.1 布尔操作:相加、相减、相交和干涉检查命令

英国学者布尔在数学上发现了一种操作,后来被广泛应用于图像处理。布尔操作包括相加、相减、相交。应用布尔操作不仅可以组合已经绘制的实体,形成较为复杂的实体,也可以理解数学上布尔逻辑运算的含义。

布尔操作的相加图标为 ◐、相减图标为 ◐、相交的命令图标为 ◑。

在三维操作面板上,干涉检查命令的图标为 ◗

9.1.1 布尔加(并集)

相加操作之前,假定视图已经有相互重叠交叉的两个以上的实体,可以对此进行相加操作。

相加操作步骤为:①点击相加命令图标 ◐;②选择要加到一起的实体,依次点击直至结束;③按回车键,相加完毕。相加操作点击各个实体不分先后顺序,如图9-1所示。

(a)3个实体相加前　　　　(b)相加后成一体　　　　(c)实体真实图

图9-1　平台、圆柱、球体相加后形成单个实体

9.1.2 布尔减(差集)

相减的操作步骤:①点击相减命令图标 ◐;②选择被减的实体;③按回车键结束选择;④选择要减的实体,依次点击;⑤按鼠标或右键结束选择,相减完毕。

实例:用布尔减命令绘制图 9-2 中的三维实体——方框(图中的 5 图)

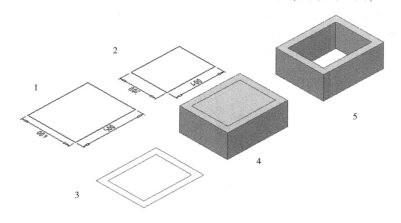

图 9-2 绘制图中的 5 图

实际操作如下:

选择在 WCS 坐标系统,西南等轴测视图,正交模式。

(1)绘制长度为 500,宽度为 400 的矩形,点击绘制矩形命令,在屏幕上点击一点;在命令行输入:@500,400,按回车键即可。

(2)用相同的方法,绘制长度为 400、宽度为 300 的矩形 2。

(3)将大矩形规则地套住小矩形。

①点击"移动"命令,选中矩形 2 作为移动对象,命令行显示:"选择基点:",按 Shift+右键,显示即时捕捉工具栏。点击(两点之间的中点)选项,分别点击矩形 2 的两个对角点,选中小矩形对角线的中点为基点。

②重新按 Shift+右键,显示即时捕捉工具栏。点击(两点之间的中点)选项,分别点击矩形 1 的两个对角点,选中大矩形对角线的中点为移动的目标点,按回车键即可得到图形 3。

(4)用拉伸命令绘制实体 4。

点击"拉伸"命令,按命令行提示,分别点击矩形 1 和矩形 2,按回车键,选择拉伸对象。再按命令行提示,输入拉伸高度:200,按回车键,便得到图形 4。

(5)利用"布尔减(差集)"命令绘制方框。

①点击"布尔减(差集)"命令 ◍,命令行提示:选择要从中减去的实体或面域……点击大方块 1,按回车键,选中大方块。

②命令行提示:选择要减去的实体或面域……点击方块 2,选中小方块,按回车键,便得到图 5 方框的结果。

9.1.3 布尔相交(交集)

实体交集运算是将两个或多个实体重叠部分保留下来,删除其他的部分。

如图 9-3 所示,有 3 个重叠相交的圆柱体,利用"交集"命令可以绘制 3 个圆柱相重叠的部分。

实际操作如下:在三维建模面板中单击"交集"按钮⚬⚬,

命令行提示:选择对象:选择 3 个圆柱体,按回车键,此时 3 个圆柱体的相交部分被保留下来,其他未相交部分被删除,如图 9-3 所示。

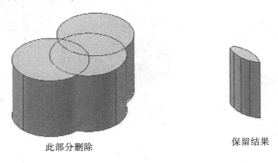

此部分删除　　　　　　　　　　　　　　保留结果

图 9-3　交集的结果

9.1.4　三维实体的干涉检查

AutoCAD 提供了"干涉检查"和"交集"两个命令,它们都可以得到三维实体相交或重叠的区域模型,区别在于,交集命令是将实体相交或重叠的公共部分保留下来,删除其他的部分。干涉检查命令没有改变并保留了原来的实体模型,而将其公共部分创建为一个新的实体模型,新创建实体仍在原来的位置。

当多个实体组合在一起时,可以使用"干涉检查"命令从两个或多个实体的公共区域临时的三维实体,并以"真实"视觉样式显示实体相交或重叠的区域,从而能够清楚地观察实体之间的干涉情况。如果定义了一组对象,"干涉检查"将对比检查集合中的全部实体。如果定义两个选择集(两组对象),则对比检查第一个选择集中的实体与第二个选择集中的实体,通过观测干涉情况,如果能满足设计要求,则可继续布尔运算,将其合并。

以图 9-4 为例说明"检查干涉"命令的操作步骤。

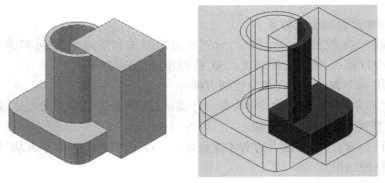

图 9-4　检查实体模型之间的干涉情况

图 9-4 中的模型由 3 个实体组成,底座、圆筒、长方体,要求检查这 3 个实体的干涉情况。

（1）在三维制作面板上点击"检查干涉"命令按钮 🔲 或在命令行输入"interfere"命令，即可激活该命令。命令行提示：

选择第一组对象或［嵌套选择(N)/设置(S)］：单击长方体(找到1个)
选择第一组对象或［嵌套选择(N)/设置(S)］：单击圆筒体(找到2个)
选择第一组对象或［嵌套选择(N)/设置(S)］：单击地台(找到3个)
选择第一组对象或［嵌套选择(N)/设置(S)］：✓(结束选择)
选择第二组对象或［嵌套选择(N)/检查第一组(K)］：<检查>：✓(开始检查)

这时屏幕上以真实视觉显示3个实体相交的区域，同时弹出"干涉检查"对话框，见图9-5。

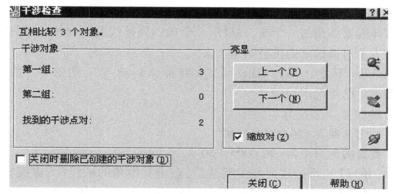

图9-5　"干涉检查"对话框

（2）在"干涉检查"对话框可以进行如下操作：

若建立了多组对象，可以在对话框中单击"下一个"按钮和"上一个"按钮，在干涉对象之间循环。

若不希望在关闭"干涉检查"对话框时删除干涉对象，则取消选中"关闭时删除已创建的干涉对象(D)"复选框。

单击"关闭"按钮，退出对话框。

提示：也可以移出对象中的实体，进行动态观察。

（3）更改干涉检查显示的步骤。

①在"三维干涉"控制台面板上点击"干涉检查"按钮。

②输入S，按回车键。

③在"干涉设置"对话框内，更改任意设置。

④单击"确定"按钮即可。

9.2　实体的倒角与圆角

三维实体倒角、圆角与二维倒角、圆角使用相同的命令，倒角为 🔲，圆角为 🔲。

倒角、圆角命令还可对实体的倒角与圆角处理，一次可对实体的一个边至一个面的所有边处理。操作过程是先点击实体一个边，一个面的边框变为虚线，表示已选中该面，如果复选(N),边棱的另一面变为虚线,改选中了实体的一个面。按回车键确认,再次选中某条棱,输入倒角距离,按回车键即可得到结果。可在一个命令中多次选择面的其他边,进行倒角或圆角,结束时按回车键。

9.2.1　倒角(CHAMFER)

例1,对长方体的某一边进行倒角。

命令:"倒角"或 CHAMFER

("修剪"模式) 当前倒角距离 1 = 10.0000,距离 2 = 10.0000

选择第一条直线或[放弃(U)/多段线(P)/距离(D)/角度(A)/修剪(T)/方式(E)/多个(M)]:

点击长方体需要倒角的一个棱,则显示一个面四周连线变为虚线,表示该面被选中,如果按回车键表示对该面的边进行倒角。

输入曲面选项[下一个(N)/当前(ok)]<当前 ok>:输入 N,边的另一面边界变为虚线。按回车键表示已经选中该面。

在命令行显示:

指定基面的倒角距离<20.000>:　40

指定其他曲面的倒角距离<20.000>　80

选择边或(环)(L),面的边界变为实线后,点击要倒角的棱线(变虚线),按回车键,即可得倒角后结果,再点击下方线(变虚线),就得到图 9-6 的结果。

(按 L,回车键,就会得到选中面四周全部倒角后的效果。)

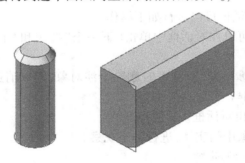

图 9-6　实体倒角的例子

其他选项含义:

(1)多段线(P):选择 2D 的命令时,对多段线进行倒角处理;

(2)距离(D):设定剪切边两相邻平面上距该剪切边的距离;

(3)角度(A):设定剪切的夹角;

(4)修剪(T):决定处理后是否立即进行修剪处理,选 T 按回车键,缺省为自动截切;

(5)方式(E)输入修剪方法,选择采用 DISTANCE 还是 Angle 来进行倒角处理;

(6)多个(M)可以同时对多个边进行处理。

9.2.2　圆角(filiet)

功能:该功能和倒角实心体相似,可以处理实心体的一个边或一个面的所有边。

操作:在命令行输入:filiet

命令行显示:当前模式=修剪,半径=10.000

选择第一个对象或[放弃(U)/多段线(P)/半径(R)/修剪(T)/多个(M)]:选择实体的边

缺省选项是"选择第一个对象",当选取一条边后,系统提示:

输入圆角半径<10.000>:30 修改后圆角过渡半径值

选择边或[链(C)/半径(R)/]:选择圆角处理的边或输入 R(表示半径)或输入 C(表示链)

选择边或[链(C)/半径(R)/]:用户可继续选择

其他选项的意义:

(1)多段线(P):选择 2D 的命令时,对多段线进行圆角处理。

(2)半径(R):设定平滑处理后的半径值。

(3)修剪(T):决定处理后是否立即进行修剪处理,选 T 按回车键,缺省为自动截切。

(4)多个(M):可以同时对多个边进行处理。

图 9-7 即为实体圆角的实例。

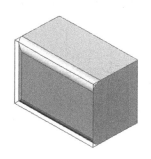

图 9-7　圆角的实例

9.2.3　倒角、圆角的例题

绘制图 9-8 中的左图,并通过圆角、倒角命令将其改为图 9-8 中右图的形象。

操作步骤如下:

(1)左图的绘制。

①在 WCS 下,将视图定位"西南等轴测",三维线框视图。

②在面板上点击"长方体"命令,在屏幕上点击任一点作为起点,按命令行提示输入:@ 500,500,200,按回车键,边绘制出底座平台。

③点击"圆柱体"命令,命令行显示:

指定底面中心点[三点(3P)/;两点(2P)/相切、相切、半径(T)/椭圆(E)]:

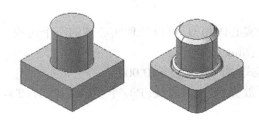

图 9-8 倒角圆角的实例

按 Shift +右键,显示"临时对象捕捉菜单",选[两点之间的中点(i)]项点击,分别点击底座平台顶面的对角点,则选定圆柱体的底面中心。

指定底面半径或[直径(D)/……]<25.0000>:150✓(输入半径为150),图 9-9(a)绘制完毕。

(2)右图的绘制。

①对底座平台进行"圆角"操作。

②对圆柱顶面进行"倒角"处理。

③在底座顶面绘制圆环。

④用布尔加,将底座平台、圆柱和圆环组成一个实体,便得到图 9-9(b)的结果。

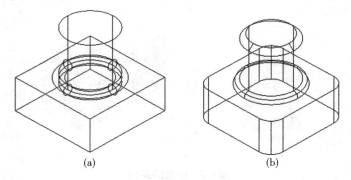

(a)   (b)

图 9-9 实体的布尔运算

9.3 三维实体的镜像、阵列、对齐和剖切

9.3.1 三维实体的镜像

MIRROR3D 命令,可以通过指定镜像平面来镜像对象(见图 9-10)。镜像平面可以是平面对象所在的平面,通过指定点且与当前 UCS 的 *XY*、*YZ* 或 *XZ* 平面平行的平面,由 3 个指定点(2、3 和 4)定义的平面。

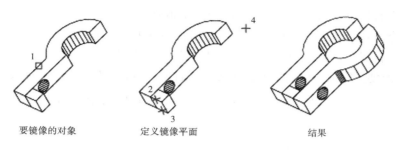

要镜像的对象　　　　　定义镜像平面　　　　　结果

图9-10　三维实体的镜像

9.3.2　三维实体的阵列

在"修改"→"阵列"命令下,通过矩形阵列可以复制二维图形。三维实体也可使用"阵列"命令,在一个平面上创建矩形或环形阵列。在"修改"菜单上,还提供了用于三维空间多种编辑操作的"三维阵列"子命令。

9.3.2.1　三维矩形阵列

修改菜单下的阵列命令只是在 X 轴和 Y 轴方向上创建对象的复制品。三维阵列可以在 X 轴、Y 轴和 Z 轴三个方向上创建对象的复制品。

1.二维矩形阵列的操作步骤

点击"修改"工具栏的矩形阵列图标▦→选择要阵列的物体→按鼠标右键,结束选择→键入 R 按回车键,表明矩形阵列→键入行数按回车键→键入列数按回车键→键入行距按回车键→键入列距按回车键。矩形阵列完毕。具体见图9-11。

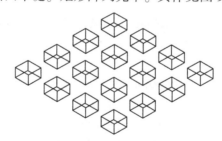

图9-11　二维阵列命令对单个方块进行矩形阵列图

二维阵列三维实体的说明:从图中可以看出,只是在 X 轴和 Y 轴方向上创建对象的复制品。

2.三维矩形阵列的操作步骤

(1)绘制@500,100,500 的长方体(长、宽、高)。

(2)依次单击菜单浏览器→修改→三维阵列,单击长方体,按回车键。

(3)命令行提示:输入阵列类型[矩形(R)/黄线(P)]<矩形>:按回车键。

(4)命令行提示:输入行数(---)<1>:输入 3,按回车键,即 Y 轴方向复制 3 行。

(5)命令行提示:输入列数(|||)<1>:输入 4,按回车键,即 X 轴方向复制 4 列。

(6)命令行提示:输入层数(…)<1>:输入 2,按回车键,即 Z 轴方向复制 2 层。

(7)命令行提示:指定行间距(---):输入 2 000 按回车键。

(8)命令行提示:指定列间距(│││):输入 800,按回车键。

(9)命令行提示:指定层间距(…):输入 800,按回车键。

矩形阵列创建完成,从俯视图、正视图、左视图和三维立体图观测阵列,如图 9-12。

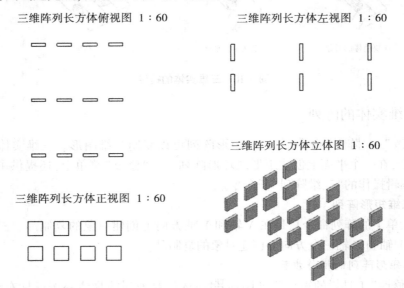

图 9-12　矩形三维阵列的三视图与立体图

9.3.2.2　创建三维环形阵列

三维环形阵列是对象围绕在一条指定的轴进行环形阵列复制,而二维环形阵列是围绕着指定一点进行阵列复制,这就是两者的区别。

1.实例 1 创建三维环形阵列

(1)创建一个长方体:规格为 400×60×600,操作步骤省略。

(2)依次单击修改→三维操作→三维阵列,按回车键。

(3)命令行提示:选择对象,单击长方体,按回车键。

(4)命令行提示:输入阵列类型[矩形(R)/环形(P)]<矩形>:输入"P",按回车键,选环形。

(5)命令行提示:输入阵列中的项目数目:输入 8,按回车键。

(6)命令行提示:指定要填充的角度(+为顺时针,-为逆时针)<360>:按回车键。

(7)命令行提示:旋转阵列对象?[是(Y)/否(N)]<Y>:按回车键。

说明:输入 Y,表示每个阵列元素都会围绕轴旋转,使每个元素都朝向旋转轴。

(8)"指定阵列中心点:"在俯视图中,在过长方体的中心绘制垂直线长 1 000,以终点为旋转轴的第一点。

(9)"指定旋转轴的第二点:"输入@0,0,400,按回车键,阵列中心点与旋转轴上第二点之间的连线就是旋转轴,长方体围绕旋转轴进行阵列复制效果如图 9-13 所示。

提示:在指定旋转轴的两点时,可以输入点的坐标值,也可用捕捉的方法,捕捉视图中

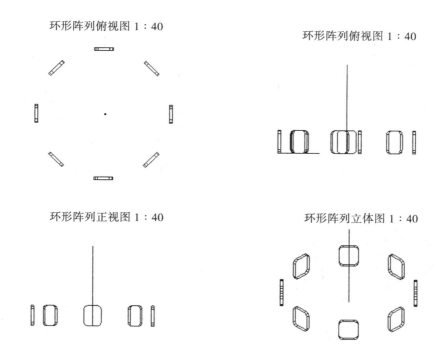

环形阵列俯视图 1:40

环形阵列俯视图 1:40

环形阵列正视图 1:40

环形阵列立体图 1:40

图 9-13　三维环形阵列的实例图

对象表面上的点,作为参照假设旋转轴。

如果旋转轴的方向比较特殊,为了准确捕捉旋转轴的点,可以先绘制一条直线作为旋转轴,在执行阵列操作时,可以启用对象捕捉,准确捕捉直线上的点。

2.实例 2:创建如图 9-14 的实体

绘制的过程如下:

(1)绘制半径为 300、高为 60 的大圆盘,并在同一

图 9-14　带孔的圆盘

个轴心上绘制半径为 24、高为 20 的中圆盘,以距圆心 160 处为圆心绘制半径为 50、高 60 的小圆柱,如图 9-15(a)所示。

(2)点击三维阵列,选择矩形整列,以中圆盘为复制对象,选择 1 行、1 列、2 层,层高为 40,复制出第 2 个中圆盘,其距 0 平面高度为 40,如图 9-15(b)所示。

(3)点击三维阵列,选择环形阵列,以小圆柱为复制对象,选择环形阵列项目数目为 6,复制出 6 个小圆柱,其中心均距大圆盘中心为 160,具体如图 9-15(c)所示。

(4)用布尔减命令,其中被减的实体选择大圆盘,选择 2 个中圆盘和 6 个小圆柱为被减实体,得到如图 9-15(d)的实体。

9.3.3　使用三维移动命令

在三维制作面板上,三维移动命令按钮为 ⊕。

例:沿指定轴移动对象,使图中长方体的顶面沿 Z 轴正方向抬高 192 个单位。

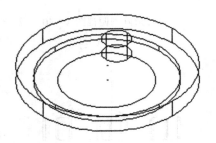
(a)绘制大圆盘、中圆盘、小圆柱

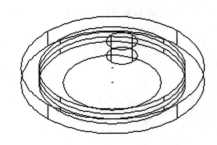
(b)用矩形(2层)阵列复制中圆盘

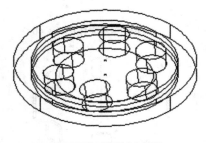
(c)用环形阵列复制小圆柱

(d)利用布尔减，得到最终实体

图 9-15　带孔圆盘的绘制

操作步骤如下：

（1）绘制一个长、宽、高分别为 200、150、200 的长方体。

（2）点击三维制作面板上的"三维移动"命令，命令行提示：

选择对象：点击长方体，命令行提示，找到 1 个（此时选择的对象只是长方体，而不是长方体的一个面。如果按回车键，相当于使用了"移动"命令，只能移动长方体的位置，并不能改变长方体的形状），必须接着进行如下操作。

①按住 Ctrl 键，在长方体的顶面点击，结果出现选中的一条边，接着点击第 2 条边、第 3 条边、第 4 条边，按回车键，结束选择。显示夹点工具。

②指定基点或［位移（D）］<位移>：捕捉角点。

③将光标悬停在夹点工具的 Z 轴上，指定 Z 轴变色，并显示矢量（直线）。

④指定第二点，（使用第一个点作为位移，并显示范围：192.0447）：输入 150，按回车键，原长方体即变为图 9-16（b），其高度增加了 150，具体见图 9-16。

9.3.4　使用"三维旋转"命令

二维旋转只是将选择的对象根据指定的一个基点在平面上进行旋转，而三维旋转命令可以根据两点、对象、X 轴、Y 轴、Z 轴，或者按其实体的 Z 方向确定一条旋转轴，使指定的对象绕这根轴线旋转一定的角度。三维旋转命令使对象的选择范围从一个平面扩展到整个三维空间，更具自由度。

三维旋转命令操作过程实例——旋转长方体操作如下：

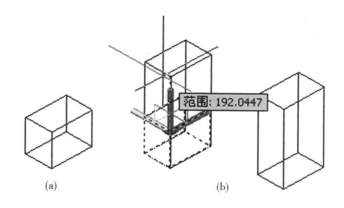

(a)　　　　　　　　　　　(b)

图 9-16　利用三维移动,改变长方体的高度

(1)创建一个长方体,作为三维旋转的对象,操作过程同前所述,这里省略。

(2)点击三维制作面板中的"三维旋转"命令按钮⊕,命令行提示及操作如下:

①"选择对象",单击长方体,按回车键。

②"指定基点",此时视图中显示了附着在光标上的旋转夹点工具。

③捕捉并点击长方体的左下角点旋转的基点,旋转夹点工具也随之移至基点位置。

④"拾取旋转轴:"将光标停留在旋转夹点工具控制柄上,直到旋转 X 轴变为黄色,此时会显示一条红色的矢量线,单击黄色的旋转圈为旋转圆圈。

⑤"指定角的起点或键入角度",输入 90,按回车键,旋转效果如图 9-17(c)所示。

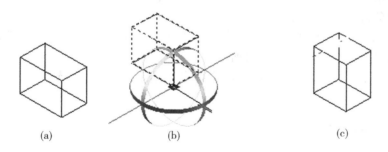

(a)　　　　　　　(b)　　　　　　　(c)

图 9-17　三维旋转长方形的效果图

9.3.5　在三维空间中对齐对象(对齐和三维对齐命令)

对齐命令可以通过移动、旋转或倾斜对象与另一个对象对齐。使用对齐命令的目的就是将某个对象上的多点与目标对象的多点对齐,这样可以迅速地将其移至指定的位置,而不必考虑移动多少距离以及旋转的方向、角度等。

(1)创建长方体和一个楔体。

(2)依次单击"修改/三维操作/对齐",激活"对齐"命令。命令行提示:

①旋转对象:点击楔体,按回车键。

②指定第一个源点:捕捉并单击楔体上的 D 点。

③指定第一个目标点:捕捉并单击长方体上的 A 点。

④指定第二个源点:捕捉并单击楔体上的 E 点。

⑤指定第二个目标点:捕捉并单击长方体上的 B 点。

⑥指定第三个源点或<继续>:这里有两种选择:点击第三个源点或按回车键。

点击楔体上第三个源点 F,命令行提示:指定第三个目标点:点击第三个目标点,则得到如图 9-18(a)的结果。

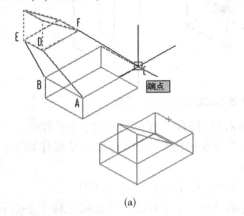
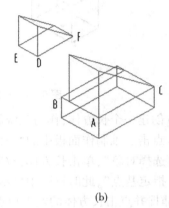

(a)   (b)

图 9-18   对齐命令结果

按回车键,选择"继续"。

命令行提示:"是否基于对齐点缩放对象? [是(Y)/否(N)],<否>:选择按回车键,选择不缩放对象,得到的结果同上;

如果输入"Y",则表示 DF 边要与目标 AC 边对齐,有相等的长度。楔体的体积增大,体积等比例的平方缩放,如图 9-18(b)所示。

系统还提供了"三维对齐"命令,这两个命令的结果类似,只是选择源点和目标点的顺序不同。

9.3.6   剖切(slice)命令

功能:通过剖切选定的实体来创建新的实体。可以通过多种方式定义剪切平面,包括指定点或者选择曲面或平面对象。

使用 slice 命令剖切实体时,可以保留剖切实体的一半或全部。剖切实体不保留创建它们的原始形式的历史记录。剖切实体保留原实体的图层和颜色特性。

剖切实体的默认方法是:指定两个点并定义垂直于当前 UCS 的剪切平面,然后选择要保留的部分。也可以通过指定三个点,使用曲面、其他对象、当前视图、Z 轴,或 XY 平面、YZ 平面或 ZX 平面来定义剪切平面。以下对象可用作剪切平面:

曲面、圆、椭圆、圆弧或椭圆弧、二维样条曲线、二维多段线线段。

以下以图 9-19 为例,结束"剖切"命令的应用步骤。

(1)创建被剖切的实体,如图 9-19(a)所示。

(2)在三维制作平台上激活"剖切"命令,命令行显示:

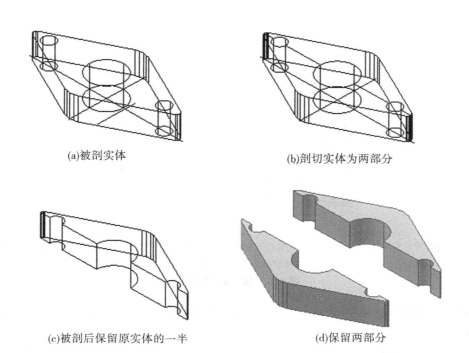

(a)被剖实体   (b)剖切实体为两部分

(c)被剖后保留原实体的一半   (d)保留两部分

图 9-19　剖切实体

命令：slice

选择要剖切的对象：(选择图 9-19(a)中的实体。按回车键，选择结束)

指定切面的起点或［平面对象(O)/曲面(S)/Z 轴(Z)/视图(V)/XY/YZ/ZX/三点(3)]<三点>；ZX(指定 ZX 平面为剖切面)

指定 ZX 面上的点<0,0,0>：(指定图中的大圆柱顶面圆心,点击)

在所需的侧面上指定点或［保留两个侧面(B)]<保留两个侧面>：

在上侧面点击,保留上侧面视图,如图 9-19(c)所示,直接按回车键的结果如图 9-19(b)所示。

将下侧面移开,得到的结果如图 9-19(d)所示。

9.4　创建三维实体的实例

9.4.1　仪器连接螺丝的绘制

目前,大型工程控制网点和高等级 GPS 网点均采用强制对中墩台。强制墩台上一般都装备有仪器连接螺母。各测绘单位在使用这些控制点时都带有如图 9-20 的仪器连接螺丝,首先将连接螺丝的下半部分拧进强制墩台的螺母,再将测绘仪器底座转动,将仪器与强制墩台连接。拧紧测绘仪器,整平后进行观测。经多次使用检测,强制墩台进行对中的误差最大为 0.5 mm。强制对中连接螺丝是工程测绘单位必备的工具,故介绍它的立体图绘制方法。

说明:连接螺丝的外圈半径为 6.8 mm,内圈半径为 5.5 mm,其牙齿为等边三角形,高为 1.3 mm,底边为 2 mm,单圈高度为 2.5 mm,其总长度视强制墩台的结构不同也各不相同。本图中是其中的一种。

图 9-20　通用连接螺旋图

绘制连接螺丝必须使用"螺旋线"和"扫掠"命令,并进行倒角及修饰。连接螺丝的绘制过程如下。

9.4.1.1　绘制圆柱体和螺旋体

(1)点击"三维制作面板"上的"圆柱线"命令,在屏幕上任意点单击,输入底面半径 5.5、顶面半径 5.5、高度 34,绘出圆柱体。

(2)点击"三维制作面板上"的"螺旋线"命令,找到圆柱体的底面圆心作为螺旋线的中心单击,输入:底面半径 5.5、顶面半径 5.5;输入"h",命令行提示;输入圈高:2.5,按回车键,提示输入高度:34,按回车键,即可绘出螺旋线。

(3)以下应该绘制螺丝的牙齿。

①在屏幕上分别在 X 方向绘制长 2.8,Y 方向绘制长 2.2 的两条线段,然后将两条直线的中点对准,形成一个矩形的两条对角线,用多段线连接矩形的 3 个角点,再按 C 保证闭合。

按"三维旋转"命令,将四边形旋转 90° 成竖起来。

②点击"圆心 UCS",点击圆柱体底面中心,并点击"x"按钮，建立新的 UCS。移动竖起来的四边形,以中心为基点,移至螺旋线的起点。

③点击"扫掠"按钮，选四边形为对象,路径选螺旋线,就得到如图 9-21 的图形。

由图 9-21 可以看出,绘制的螺丝存在着如下问题:

(1)由正视图可以清楚地看出,扫掠的图形在路径上的断面一直保持其形状,由此产生螺丝的高度超过原来的长度。

(2)圆柱没有倒角,与实际不符。

(3)螺丝牙齿总保持原状不变,这不符合实用的要求,严格按照该图设计制作的螺丝,在转动时很不好用,甚至无法拧进。

图 9-21 的螺丝需要进行必要的修饰。

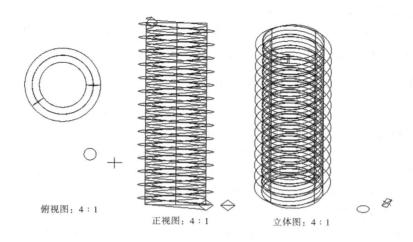

俯视图：4:1   正视图：4:1   立体图：4:1

图 9-21   采用"扫掠"命令后绘制的螺丝

9.4.1.2   螺丝的修饰

（1）制作修饰体见图 9-22（c）。

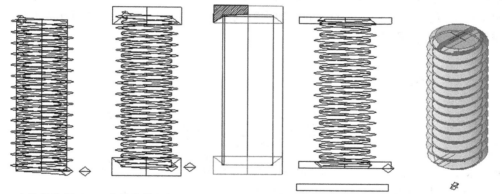

(a)未修饰的螺丝   (b)将修饰体与螺丝连接   (c)制作修饰体   (d)螺丝两端加沟槽   (e)制作完成的螺丝

图 9-22   连接螺丝的绘制过程

①在正视图下首先绘制@ 11,34 的矩形,炸开后利用"偏移"命令绘制多条间距 0.5
的平行线,最终用多段线绘制出图 9-22（c）中的阴影边界线,并闭合。

②点击"影像"命令,以水平中线为中线,影像出底部的修饰体边界。

③点击三维制作面板上的"旋转"命令,分别选择上、下两个多段线边界,旋转 360°,
得到两个修饰体。

（2）将修饰体移至螺丝的顶板和底板,再利用"布尔减"命令。便得到图 9-22（d）的
主体螺丝部分。

（3）制作螺丝顶部和底部沟槽。

①点击"长方体"命令,输入@ 15,1.2,1.5,制作长方体条。

②将长方体复制并移至上下顶面位置,具体见图9-22(d)。

③利用"布尔减"命令,被减实体选择螺丝主体,被减实体选择上、下两个长方体条,按回车键,便得到最终绘制好的连接螺丝,具体见图9-22(e)。

9.4.2 地下隧道首级控制——洞壁控制点

在大型水电工程设计中有大量大规格的地下隧道工程,例如道路隧道、导流洞及地下厂房等。这些隧道的断面面积一般在$10×10(m^2)$至$20×30(m^2)$。这样的隧道由于施工时出渣量大,大型汽车来来往往,无法在底面进行控制点布设,在顶部布设又太高,也不便布设与应用。为此有些单位想出了在地下隧道的洞壁上布设控制点的方法,并在工程中得到了广泛的使用,效果良好。其基本设计图如下。

9.4.2.1 洞壁控制点简介

(1)洞壁控制点由直径为180 mm、厚度为10 mm的强制不锈钢对中盘及连接螺丝,4根长600 mm的圆钢筋组成。

(2)布设时,先在需要布设控制点的隧道位置,在距底面1 250 mm高的洞壁上,用凿岩机打出2个相距120 mm、深320 mm的水平孔洞,向小孔内灌入稀水泥浆,分别打入1根钢筋,钢筋进入孔洞距离为240~300 mm。调整两根钢筋基本水平且间距相等。布设的洞壁控制点,应保证观测者能够顺畅地观察到前、后视点和巷道的绝大部分掌子面。洞壁控制点的布设位置见图9-23。

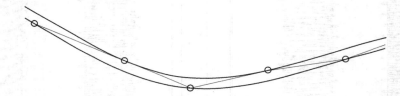

说明:1.本图为隧道首级控制点布设位置示意图,考虑到透视问题,导线点要左、右间隔布设。

2.因隧道内透视条件不好,导线点间距不宜大于300 m,一般在200 m左右为宜。

图9-23 洞壁控制点分别在隧道的左、右洞壁布设图

(3)用剩下的2根钢筋,根据现场情况进行比对,寻找斜钢筋在洞壁上的打孔位置,基本保持与水平倾斜30°即可,用钻机在洞壁上打斜孔。深度200 mm即可。并将斜钢筋插入洞壁小孔。

(4)按照设计图焊接对中盘与4根连接钢筋。

(5)向洞壁斜孔注入稀水泥浆,并进行适当位置调整,控制点布设完毕。

洞壁控制点结构见图9-24。

9.4.2.2 连接螺丝的结构

连接螺丝是各种强制墩台对中盘连接测绘仪器的通用螺丝。

连接螺丝包括连接仪和连接对中平台圆盘两部分。洞壁控制点直接将连接螺丝安装在对中圆盘上。连接螺丝总长24 mm(对中盘以上部分长度15 mm,嵌入对中盘部分9 mm),且两部分的螺丝参数均不相同。

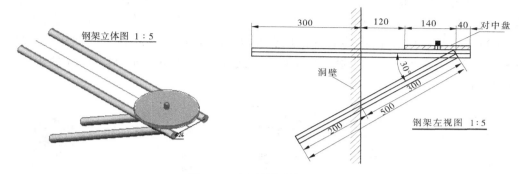

图 9-24　洞壁控制点结构图

（1）对中盘以上，连接测绘仪器部分螺丝的基本参数高度 15 mm，螺丝内径 11 mm，齿高 1.4 mm，底宽为 2 mm 的等腰三角形，外齿直径 13.8 mm，螺距 2.5 mm 内圈直径 11 mm。上下顶面都带有倒角，距离大圆盘顶面，有 1 mm 的空隙。

（2）嵌入大圆盘部分，高度为 9 mm。因圆盘部分不易按连接螺丝的螺距进行车床加工，宜使用标准套丝进行加工，故螺丝圈高为 1.5 mm，齿高 1 mm，底宽为 1.2 mm 的等腰三角形。

9.4.2.3　对中盘的结构

如图 9-25 所示，强制对中盘的构造比较简单，它就是在 1 cm 厚、直径 180 的圆心焊接一个仪器连接螺丝。绘制过程包括仪器连接螺丝、圆盘的绘制及与连接螺丝的连接。

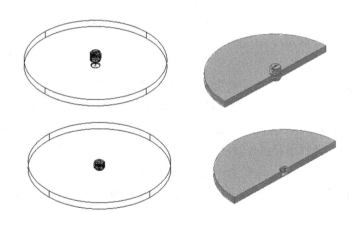

图 9-25　对中盘的构造图

9.4.2.4　连接螺丝的绘制

1. 露出部分的绘制（高出圆盘 15 mm 部分）

设置"世界坐标系"的西南等轴测坐标系，"正交""对象捕捉"状态。

（1）点击面板上的"圆柱体"，在屏幕上任意点单击，输入半径 5.5、高度 15，按回车键，圆柱绘制结束。

（2）点击面板上的"螺旋线"，输入底面半径 5.5、顶面半径 5.5，输入 h，命令行显示，输入圈高：输入 2.5，按回车键；提示：指定螺旋长度：输入 15，按回车键，螺旋线绘制完毕。

（3）建立新的 UCS 坐标，将 UCS 的原点设定为圆柱底面中心，旋转 X 轴 90°，为新的 UCS。设置为主视图。此时绘制的圆柱和螺旋线，在图上显示为长 11、高 15 的矩形，见图 9-26（a）。

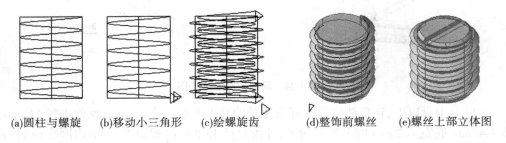

(a)圆柱与螺旋　　　(b)移动小三角形　　　(c)绘螺旋齿　　　(d)整饰前螺丝　　　(e)螺丝上部立体图

图 9-26　上部螺旋的绘制过程

（4）为下一步绘图需要，点击"视图"/"视口"/"三个视口"命令，将屏幕分为三个视口，左上角视口设置为"俯视"，左下角视口设置为"正视"，右边大视口设置为"西南等轴测"视图。在主视图上，绘制底边长度为 2，高度为 1.4 的等腰三角形，具体见图 9-26（c）的右下角 △。

（5）将小三角形准确复制到螺旋线起点位置，在该点，小三角形与螺旋线是正交的。然后才能用面板上的"扫掠"命令绘制螺旋的牙齿。

点击"扫掠"命令，选择小三角为对象、螺旋线为路径，按回车键即可绘制出图 9-26（c）的螺旋线牙齿，如图 9-26（c）、（d）（立体图）所示。

说明：

a."扫掠"命令，对于圆等对称性对象，不必保证扫掠对象与路径曲线正交，但对于像三角形这样的对象，必须预先移动到与扫掠路径正交的位置，才能进行操作。

b.从正视图上可以看出，绘制出的螺丝显然不符合设计要求，必须进行修饰。

（6）修饰的方法：绘制半径为 8、高度为 3 的小圆柱，采用"掐头去尾"的布尔减，使螺旋高度为 13。绘制半径为 5.5、高度为 1 的小圆柱，进行倒角为 0.6，加在螺旋的顶部，底部也复制此小圆柱，将底部加长 1；并用布尔减的方法在螺丝顶部加小沟槽。修饰后的螺丝上部见图 9-26（e）。

2.嵌入圆盘部分螺丝的绘制

（1）绘制半径为 5.5、高度为 9 的圆柱。

（2）绘制底面、顶面半径均为 5.5、圈高为 1.5、高为 9 的螺旋线。

（3）建立新的 UCS 坐标系，在螺旋线起点垂直方向上绘制高为 1.4、底边长 1.2 的小三角形。用"扫掠"命令绘制螺丝牙齿，并用布尔加将圆柱与螺旋牙齿合并为一个实体。

（4）绘制半径为 8、高为 1 的圆柱，复制对准顶面中心，用布尔减除去顶面上的多余螺旋牙齿。

（5）复制小圆柱两次，一次使小圆柱顶面中心对准螺丝底面中心，一次使小圆柱底面对准螺旋底面中心，采用布尔减得到的螺丝如图9-27（a）所示。

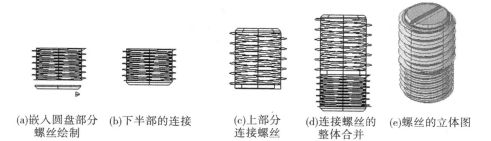

(a)嵌入圆盘部分　(b)下半部的连接　(c)上部分　(d)连接螺丝的　(e)螺丝的立体图
螺丝绘制　　　　　　　　　　　　连接螺丝　　整体合并

图9-27　嵌入圆盘的下半部分螺丝的制作与整体螺丝的绘制

（6）此时螺旋只有8 mm，比设计少了1 mm，先对小圆柱进行底面倒角0.6 mm，接着将倒角后的小圆柱顶面对准螺丝底面中心，使用"布尔加"命令，最终得到的嵌入圆盘部分的螺丝如图9-27（b）所示。

3.组合连接

将圆盘以上的螺丝部分（见图9-27（c）），与嵌入圆盘部分的螺丝对接，采用"布尔加"命令进行连接，得到的合并图如图9-27（d）所示，其立体图如图9-27（e）所示。

9.4.2.5　对中盘的绘制

（1）点击三维制作"面板"上的"圆柱体"命令，在屏幕上任一点单击，确定圆盘底面中心位置，指定底面半径：输入90；指定高度：输入10，绘出大圆盘。

（2）点击"圆柱体"命令，以圆盘顶面圆心为小圆柱中心，指定底面半径：输入5.5；然后将鼠标垂直下拉，在指定高度：输入9，按回车键绘出小圆柱。

（3）用"布尔减"命令，大圆盘减去小圆柱。

（4）复制图9-27（b）所示的嵌入圆盘螺丝，使其底面中心与大圆盘小孔底部中心重合，使用"布尔减"命令，使大圆盘减去螺丝部分，便得到大圆盘加工后的完工图。

9.4.2.6　对中盘与连接螺丝的连接

对中盘在套丝后，再将连接仪器螺丝对准中间的螺丝孔拧紧即可，为了便于拧紧，在连接螺丝的顶面刻有1.2 mm深的小槽，便于使用螺丝刀拧紧。

这里需要说明的是，强制对中盘设计的直径为180 mm，这是由于该盘要焊接在4根钢筋上，若对中盘太小，不易于钢筋与圆盘之间的焊接。

实际的对中盘一般直径为120～150 mm，在不同的环境情况下，应依据当时、当地的实际情况灵活选择。

对中盘的整体图，见图9-28。

本例多次使用"扫掠"命令沿螺旋线绘制螺丝的牙齿，多采用绘制与螺旋线正交的平面绘制三角形，再使用"扫掠"命令的方法。实际证明，本方法可行。

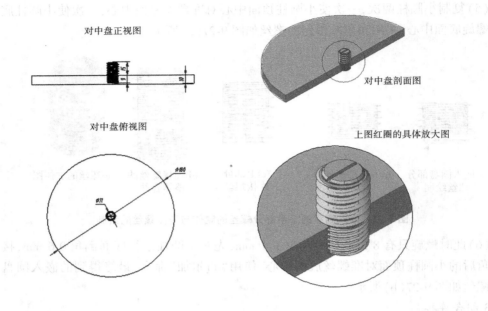

对中盘正视图

对中盘剖面图

对中盘俯视图

上图红圈的具体放大图

图 9-28　对中盘的结构与剖面图

9.5　作业:圆柱型强制对中观测墩三维图的绘制

9.5.1　圆柱型强制对中观测墩简介

强制对中观测墩台一般采用四棱台式,近几年来因圆柱型强制对中观测墩具有建造速度快、施工简单而逐步流行。目前该结构的圆柱型强制对中墩,已经成为大型工程控制网、尺长鉴定场,地震监测网、GPS 控制网点的首选墩台。至于圆柱体的直径,根据现场情况一般在 200~300 选择,圆柱的材料一般选用 PVC 管或钢管。经试验该墩台的对中误差约 0.2 mm。

建造强制观测墩,规范有明确的规定:位于地面平台以上的高度为 1.25 m,墩台地下基础的深度最浅应不小于该地冬季冻土层以下 0.5 m。对于地震监测控制点,在地面平台上应加设一个高等级水准点标记。

观测时,观测者应带有专用的连接螺丝,直接拧上与仪器连接。

早期的墩台没有保护机构,容易在螺丝孔中落入杂物,本次设计中增加了防护螺丝,开启时应带有专用的钳子。

9.5.2　圆柱型强制对中墩台的设计图

本次所选为郑州黄河南裹头设计的基线鉴定场设计图,图中的单位一律为 mm(毫米)。

9.5.2.1 圆柱型观测墩的外观结构设计图

圆柱型观测墩的外观结构设计见图 9-29、圆柱型强制对中墩台结构见图 9-30。

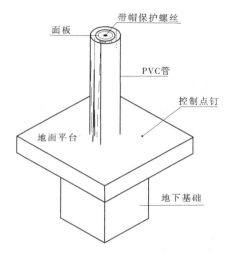

图 9-29 圆柱型观测墩的外观结构设计图

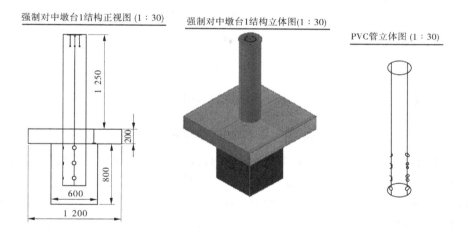

图 9-30 圆柱型强制对中墩台结构图

提示:

(1)绘制图 9-30 时视图设置为"三维线框",绘制完成后再设置为"三维隐藏"。

(2)图 9-30 中在文字标注前,应先在 UCS 工具栏中单击"视图"按钮,激活"视图" UCS,再进行文字标注。

(3)在尺寸标注时,尽可能在主视图和俯视图中标注,因为在立体图中标注需要经常变换 UCS。

(4)图中的 PVC 管,本例为直径 300,高度为 2 000,下部的孔为穿横钢筋之用,这些钢筋是为了保证与 PVC 管内的钢筋连接,使整个墩台成为一个整体。

9.5.2.2 强制对中基座部分结构(见图 9-31)

强制对中墩的核心部分就是强制对中基座,它包含对中盘、对中螺丝连接结构、圆盘与混凝土基座连接结构。

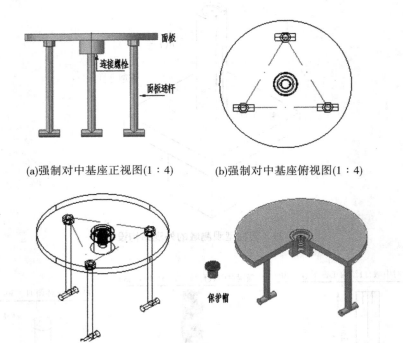

(a)强制对中基座正视图(1∶4)　　(b)强制对中基座俯视图(1∶4)

(c)强制对中基座三维线框立体图(1∶4) (d)强制对中基座三维立体剖面图(1∶4)

图 9-31　强制对中基座结构

(1)对中盘:直径 180,厚度为 10 的不锈钢圆盘,仪器基座在观测时就放置在圆盘上。

(2)对中螺丝连接结构是最复杂的结构,具体见图 9-32。

(3)3 根连接立柱,立柱有带螺丝的 ϕ10 钢筋,顶部带有螺丝帽,底部横向焊接有短钢筋,是对中平台钢结构与墩台混凝土连接的结构。顶部的螺丝帽用来焊接不锈钢圆盘,保证焊接牢靠。

(4)仪器与平台连接螺母必须与大圆盘焊接牢固,具体见图 9-32。为保护螺丝孔不掉入杂物,不用时用尖嘴钳将保护帽旋入,使用时用尖嘴钳开启,具体见图 9-31。

9.5.2.3 强制对中螺母细部结构图

对中连接螺母细部结构见图 9-32。

9.5.2.4 保护帽螺丝结构图

保护帽螺丝结构见图 9-33。

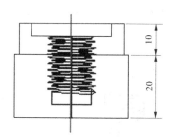

(a)连接螺栓正视投影图(1∶1)

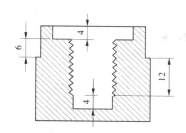

(b)连接螺栓正剖面图(1∶1)

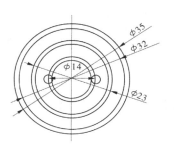

(c)连接螺栓俯视图(1∶1)

(d)连接螺栓立体图(1∶1)

图 9-32　对中连接螺母细部结构

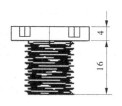

(a)保护帽正视图(1∶1)

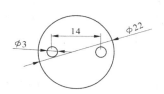

(b)保护帽俯视图(1∶1)

(c)保护帽正交剖面图(1∶1)

(d)保护帽立体图(1∶1)

图 9-33　保护帽螺丝结构

提示：图 9-32、图 9-33 在绘制时请参阅 9.4 节例题中绘制螺丝的方法。

9.5.2.5　测绘仪器与墩台连接螺丝

测绘仪器与墩台连接螺丝见图 9-34。

图 9-34　测绘仪器与墩台连接螺丝

提示：测绘仪器与墩台连接螺丝的规格是统一的，每个测量组都应当配备。有了此连接螺丝，才能使用观测墩台进行观测。

9.5.2.6　尖嘴钳子

图 9-35 所示的尖嘴钳子是开启观测墩台保护盖的专用工具。该工具在五金商店有售。

绘制提示：

（1）尖嘴钳子在绘制前，应先对其进行分解测量。其结构为左右对称的两部分，只有绘制出其中一部分，即可用"镜像"命令绘制出另一部分。

（2）对称部分可分为钳子把、转动部分和钳子三部分，对这 3 部分分别进行测量。

①钳子把的轮廓绘制：在桌子上放一张白纸，并将钳子放置在上面，用铅笔沿钳子把进行移动，素描钳子把，得到如图 9-35 所示的线条；接着沿钳子的外沿，将整个钳子的外边沿都描出来。

②钳子把特征点的坐标测量：在白纸上选择直角坐标系，选择钳子把上的特征点，丈量出各特征点的坐标和厚度，记下来。

③丈量出钳子把末端的内外圆形（转动部分）圆心坐标、直径及厚度。

④在图上丈量出钳子前端部分的断面尺寸及断面位置坐标，尤其是弯曲部分的位置坐标。

（3）钳子的绘制。

①在 AutoCAD 界面屏幕上绘制各坐标点位置，并区别各点的属性（哪些点是钳子把点，哪个点是圆心、哪个点是前端断面点）。

②绘制钳子把。用"样条曲线"连接钳子把上两侧点，并用直线连接顶部和尾部，从外观上形成闭合。点击"面域"命令，使之成为一个面，再用"拉伸"命令，绘制出钳子把实体。

③绘制出中间的圆心部分，依据圆心点坐标和半径绘制圆，拉伸厚度的为圆柱。

④在各断面位置，新建 UCS，绘制出断面，用"放样"命令绘制出前端的部分，具体见图 9-35。

⑤单面绘制后,利用"镜像"命令绘制出另一半。最后经过组合、修饰得到如图 9-36 所示的弯头尖嘴钳子。

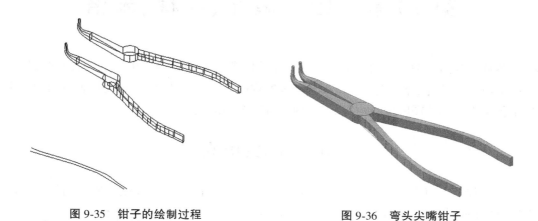

图 9-35　钳子的绘制过程　　　　　　　　图 9-36　弯头尖嘴钳子

第 10 章　图案填充、注释、表格

各种设计图纸和工程图纸都应该有标准的格式。在 AutoCAD 中,图纸的标准化是通过图案填充、文字注释及表格等工具命令来实现的。文字注释、图案填充和表格的恰当应用不仅可以节约绘图时间,也可以方便地实现图纸标准化。

10.1　图案填充

在工程图中填充图案,是用来区分构件或区域不同的表面纹理或材质。例如在剖面图中,区分不同材质和土层,就可以将不同区域填充不同的图案或颜色。有时还可以用渐变色体现光照在平面上产生的过渡颜色效果。通常用于在二维图中表示三维实体。例如图 10-1 中的饮用水水源保护区标准图案,是饮水区的标志牌,必须按照标准的格式进行制作。

图案填充就是在对象包围的平面上用规定的图案填充,这些图案样式应当符合工程图例的要求。

创建填充边界可以避免填充到不需要填充的图形区域。图案填充边界可以是圆、矩形等单个封闭对象,也可以是由直线、多段线、圆弧等对象首尾相连而形成的封闭区域。

图案填充的操作过程为:①选择填充边界、填充区域或填充对象;②选择填充图案;③绘制填充图案的初始图,检查是否符合要求;④若不符合要求,需重新进行操作,修改图案的"比例",使图案符合规范规定和习惯;⑤对图案进行修饰或填充范围进行修剪,以满足图纸的整体需要。

图 10-1　饮用水水源保护区标志牌

10.1.1　创建图案填充

为了满足各行各业的需要,AutoCAD 设置了多种填充图案,用户可以根据自己的需要选择创建图案,并可进行编辑。

点击"绘图"/"图案填充" 命令按钮,在屏幕上显示对话框如图 10-2 所示。

对话框中有以下选项:类型和图案、角度和比例、图案填充原点、边界和选项,其作用如下。

10.1.1.1　创建填充图案

(1)在"类型"下拉列表中,选择"预定义"选项,则采用"预定义"的填充图案填充;选

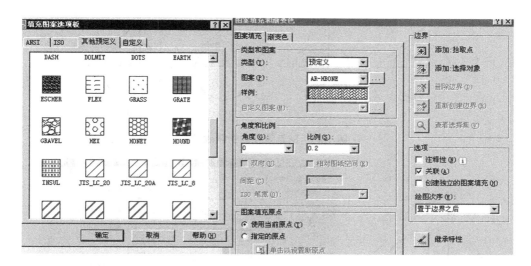

图 10-2 "图案填充和渐变色"对话框

择"用户的定义",用户可以使用图形的当前线型创建图案,一般选用"预定义"图案。

（2）"图案"：点击下拉列表后的 ... ，打开"填充图案选项板"对话框,在该对话框中有 4 个选项卡供用户选择。设置完成后单击"确定"按钮,返回到"图案填充和渐变色"对话框。

（3）在"角度"下拉列表框中选择图案的倾斜角度。

（4）在"比例"下拉列表框中确定填充图案的填充比例,该比例根据用户绘图的大小而定,若当前绘图的比例角较大,则可设置较大图案填充比例。

说明：在"预览"后,若发现图案密实程度不合适,可以通过调整比例来调整。比例越大,则图案线条之间的间距越大。

（5）单击"边界"栏中的"添加：拾取点"按钮,对话框消失,显示 CAD 绘图区,选择并点击填充区域中一点,按回车键,返回对话框中。

（6）"预览"：单击预览按钮,返回绘图区中预览填充图案后效果,如果效果不满意,可以修改对话框中相应参数。

（7）通过修改填充图案参数得到满意的填充效果,单击"确定"按钮即可完成填充。

10.1.1.2 例题

试对图 10-3(a)的直角三角形和圆周相交的图形,在各个区域填充到图 10-3(d)的图案。

10.1.1.3 边界中"添加拾取点"与"添加边界对象"的区别

（1）"添加：拾取点"是点击某点时,在包围该点的各种线条中形成一个新的边界。例如,点击图 10-4 中圆与三角形相交部分中间一点,则新的边界就是圆和三角形相交部分形成的新边界。

（2）"添加：选择对象"是点击某个对象时,以该对象的边界为新的边界,例如单击图 10-3中圆的边界,则选中的边界就是圆的边界。

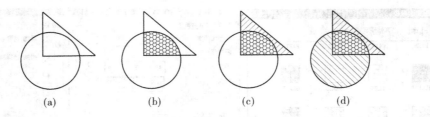

图 10-3　图案填充的例题效果

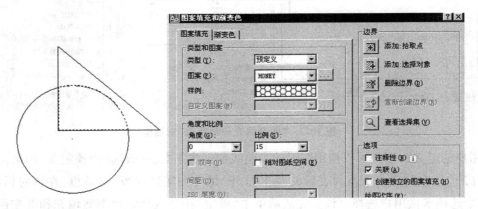

图 10-4　图案填充的过程图

（3）本例中组成三角形的边是直线，而不是多段线，因此点击三角形的某一边，并不能形成新的对象边界。

绘制图 10-3（b）操作过程如下：

（1）点击"图案填充"命令按钮　。

（2）图上显示图案填充对话框，在"类型"选项中选中"预定义"在"图案"列表中选中"HONEY"，默认角度设置为 0，比例为 1。

（3）在"边界"上点击"添加:拾取点"选项，在 AutoCAD 绘图区显示原图，点击圆与三角形重合的部分，则重合区边界变为虚线，如图 10-4 左图所示，按回车键后返回"图案填充"对话框，按"预览"按钮，就在图上得到按此设置填充的图形。因比例设置默认为 1，太小，重合部分变为一片黑，显然不是要求的结果。

（4）在命令行输入"U"，按回车键，屏幕回到原来的状态，此时点击"图案填充"命令，在对话框内将"比例"由 1 改为 15，其他操作照旧，按"确定"后，便得到图 10-3（b）的效果。

（5）绘制图 10-3（c）中的斜线填充的过程与前述基本相同，只是选择的"类型"和比例不同。

（6）绘图图 10-3（d）中圆内其他部分的斜线填充，过程与（5）基本相同，只是选择的角度为 120°。

10.1.2　编辑图案填充

10.1.2.1　分解图案

填充图案是一个特殊图块,无论形状多么复杂,它都是一个单独的对象。可以用"分解"命令(EXPLODE)来分解一个已经存在的关联图案。图案被分解后,它将不再是一个单一的对象而是一组组成图案的线条。

10.1.2.2　设置填充图案的可见性

在绘制较大的图形时,往往需要长时间地等待图形中的填充图案的形成,此时可以关闭"填充"模式,从而提高显示速度。执行 FILL 命令可以控制填充图形的可见性,但执行该命令后需要重生成视图才可将填充的图案关闭,其命令提示行及操作如下:

命令:FILL　　　　　　　　　　　　//执行 FILL 命令
输入模式[开(ON)关(OFF)]<开>:OFF　//选择"关"选项,即不显示填充图案
regen　　　　　　　　　　　　　　//选择"视图/重生成"命令
正在重生模型　　　　　　　　　　//重生成模型

10.1.2.3　修剪填充的图案

在剖面图中,为了区别不同的材质或零件的不同部分,有时会在一幅图中填充多种图案,填充后会发现,有个别区域不需要填充,这时就需要对填充图进行修剪。修剪可使用"修剪"(trim)命令。不过在修剪前应当先将有关的图案分解炸开后,炸开后先将不与边界相交的小图案删除,只剩下与边界相交的小线头,再进行修剪命令。

例:如图 10-5(a)所示,需要将该填充图案修剪成图 10-5(c)所示的图形。

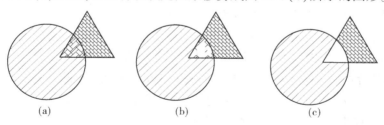

(a)　　　　　　　　　(b)　　　　　　　　　(c)

图 10-5　填充图案的修剪

操作过程如下:

(1)将图 10-5(a)、(b)两种填充图案都炸开(分解)。

(2)将圆与三角形相交区的小线头先进行删除。

(3)点击"修剪"命令,命令行提示:选择对象<全部选择>:按回车键,再将与边界相交的小线条全部修剪,如图 10-5(b)所示,最后得到图 10-5(c)的结果。

10.2　填充纯色和渐变色

在绘图过程中,有许多区域填充的不是图案,而是填充一种或两种颜色形成渐变色,

例如图 10-1 所示的我国饮用水水源保护区的标志牌,规范规定,必须按照图 10-1 的样式进行制作,其颜色也必须与图 10-1 相同。

由于图案填充渐变色时,能够体现光照在平面上产生的过渡色效果,由此在 AutoCAD 绘图时可以利用这一特性,在二维图上表现三维实体的效果。如图 10-6(a)所示,它是全部由直线和曲线绘制而成二维图,经填充颜色后便显出三维立体的效果(见图 10-6)。

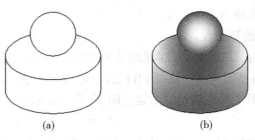

(a)   (b)

图 10-6　填充颜色后的二维图显示三维图的效果

创建具有渐变色彩的填充图案方法与前面结束的创建普通填充图案的方法基本相同,这里不再详细介绍。仅对"渐变色"选项卡中各选项的含义介绍如下。

(1)单色:可创建从较深色调到较浅色调平滑过渡的单色填充。

(2)双色:创建在两种颜色之间平滑过渡的双色渐变填充。

(3)渐变图案区域:该区域显示了渐变颜色的 9 种固定图案,包括线性扫掠状态和抛物面状图案等。单击某种图案的示例框,即可使用该图案填充。

(4)居中:选中该复选框,可以创建对称性的渐变配置;取消此复选框,则渐变填充将从右下方向左上方变化,创建出光源从对象右方照射图案的效果。

(5)角度下拉列表框:用于设置渐变填充时颜色的填充角度。

(6)添加选择对象按钮:在绘图区采用选择对象的方式选择需要填充的对象。

(7)删除边界按钮:若选择了多个填充区域,单击该按钮,可以删除某些填充区域边界。

(8)重新创建边界:可以取消已经创建的边界,重新创建边界。

(9)查看选择集:返回绘图区中查看填充边界。

(10)关联:控制边界是否与填充边界关联,即当改变填充边界时,填充图案是否也随之改变,一般保持选中状态。

(11)绘图次序:指定图案填充的绘图次序。图案填充可以放在所有对象之后、所有对象之前,图案填充边界之前或图案填充边界之后。

(12)继承特性:在绘图区中选择已经填充好的填充图案,在下次进行图案填充时,继承所选对象的参数设置。

注意:在进行颜色和图案填充时,若"视觉样式"选择"三维隐藏",则在屏幕上看不见填充效果,因此在创建图案和颜色填充时,不能将"视觉样式"选择为"三维隐藏"。

练习题 1:绘制如图 10-7 所示的填充图案。

提示:该图中的填充区域并不对称,因此不能使用"影像"复制,右边填充区的"角度"

设置为90°,即可。

作业题:以下是国家饮用水水源保护区标准图徽,原规范中带的尺寸标注的原图如图10-8所示,请绘制该标准图徽。

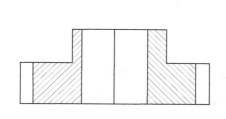

图10-7　图案填充习题

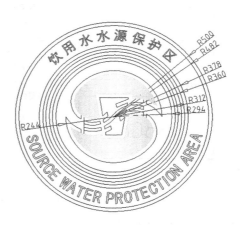

图10-8　饮用水水源保护区区徽尺寸图

10.3　文字注释

在工程图中,不仅需要绘制图形,还带有文字对图形的说明,包括注释、说明(含工艺要求、标题栏、明细栏信息、标签)等内容。AutoCAD 可以创建多种文字,如简短的单行文字、带有内部格式、较长的多行文字、带有引线的多行文字等。

10.3.1　创建文字样式

图形中的所有文字都具有与之相关联的文字样式。输入文字时,程序使用当前文字样式,该文字样式设置有字体、字号、倾斜角度、方向等属性。

10.3.1.1　常见的文字样式

(1)Standard:默认字体。

(2)True tepe:Windows 带的文字样式;含宋体、黑体、楷体等多种字体。

(3)Shx:AutoCAD 自带的绘图字体,常用的有如下两种:

①工程字:国标规定的标准绘图字体;

②尺寸:倾斜的工程字,多用于尺寸标注。

(4)CASS 软件自带的地形绘图字体。主要包含各种等线体,供地形图标注所用。

10.3.1.2　新建"工程字"文字样式

设置文字样式需要打开"文字样式"对话框,其操作如下:

打开"格式"/"文字样式"命令,如图10-9 所示。

说明:AutoCAD 本身带的 shx 字体是小字体,即西文,其中的"gbcbig.shx"是简体中文版。亚洲字母表也包含数千个非 ASCⅡ字符。为支持这种文字,程序提供了一种被称为

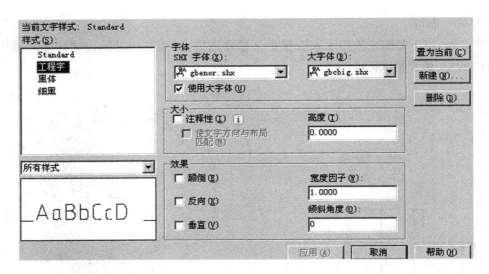

图 10-9 "工程字"文字样式的创建

大字体的类型。大字体是亚洲文字。

在工程制图中,常新建文字样式"工程字",具体选择如下:

(1)选用与国标大字体相关的文字 gbenor.shx

(2)再选中"使用大字体"复选框,在"字体样式"中选择 gbcbig.shx。

(3)默认"高度"为 0,一般在此不要将字高设置为其他数字,因为那样在其他格式设置时,文字的高度将保持设置高度,不能改变。

(4)单击"应用"按钮,保存"工程字"样式并置于当前。

国标大字体"工程字"可用于多种设计和工程图的文字注释。

10.3.1.3 新建样式名为"尺寸"

"尺寸"文字样式和"工程字"的创建只是在"字体"名中设置为 gbcbig.shx、gbenor.shx 即可,其他和工程字的设置相同。最后单击"应用",将"尺寸"文字样式保存在"样式名"列表框内。

"工程字"和"尺寸"两种文字样式符合我国国家制图标准,可以作为标准制图字体在工程图中进行注释和标注尺寸使用。

10.3.2 应用文字样式

10.3.2.1 应用某个文字样式

要应用某个文字样式,首先应将其设置为当前的文字样式,这里请参阅图 10-9,打开"格式"/"文字样式"对话框,在"样式名"列表框中,列出了几种已经设置完成样式名,选择要置为当前的文字样式,单击选中,并单击"置为当前"按钮,最后单击"关闭"按钮关闭对话框,即可应用该文字样式进行标注。

10.3.2.2 新设置文字样式

如果在文件名对话框内没有用户需要的文字样式名,说明该 AutoCAD 文件中没有设置该文字样式,可以通过两种途径设置新的文字格式。

（1）按 10.3.1 部分所介绍的步骤设置新的文字样式。

（2）在"设计中心"复制新的文字样式的步骤如下：

①点击"标准工具栏"/"设计中心"命令按钮  ,得到如图 10-10 所示的图形。

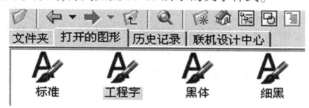

图 10-10 "设计中心"保存的多个文件设置的各种格式

②点击其中的文字样式,得到如图 10-11 所示的文字样式。

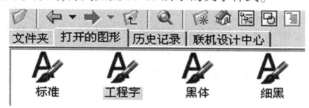

图 10-11 库存的文字样式

③点击"工程字"文字样式,选中并按住,就会显示一个带斜杠的小圆圈,拉动到绘图区域,小圆圈消失,就会将"工程字"样式复制到当前 CAD 图形中,如果再打开文字样式,就会发现,在文件名列表框中就已经有"工程字"了,可以立即设置为当前文字样式。

这里说明"设计中心"是一个重要命令,本节介绍的只是其中一个功能。在以后的章节中,会详细介绍本命令。

10.3.3 创建单行文字

单行文字的特点是每行文字都是一个独立的对象,可以单独进行定位和调整格式等编辑操作。

10.3.3.1 创建单行文字

（1）创建单行文字正常操作。

在文字工具栏选择"单行文字"按钮 A ,或在命令行输入 TEXT、DTEXT 或 DT 命令,即可在绘图区任意处创建单行文字。

以下以"溪洛渡水电站导流洞进口施工图"为例,以命令行提示及操作说明其用法。

命令:DTEXT

当前文字样式:"Standard"文字高度:2.500   //系统显示当前文字样式及文字高度

注释性:否

指定文字的起点或[对正(j)/样式(S)]:   //在绘图区适当当前位置单击鼠标
左键

指定高度<2.5000>:6   //输入文字高度值为:6

指定文字的旋转角度<0>:   //按回车键,确认旋转角度为 0

绘图区出现文字输入框,输入单行文字"溪洛渡水电站导流洞进口施工图"后,按回车键退出。

在绘图区的文字为:⌈溪洛渡水电站导流洞进口施工图⌉,按回车键确认后,文字外框消失。

（2）在输入时,输入参数修改文字样式的操作。

当命令行提示:"指定文字的起点或[对正(j)/样式(S)]:"时,若输入对正命令"j",系统会显示"输入选项[对齐(A)/调整(F)/中心(C)/中间(M)/右(R)/左上(TL)/中上(TC)/右上(TR)/正中(MC)/右中(MR)/左下(BL)/中下(BC)/右下(BR)]"提示,各含义如下:

①对齐(A):指定输入文本基线的起点和终点,使输入文本在起点与终点之间,重新按比例设置文本的字高并均匀地放置在两点之间。

②调整(F):指定输入文本基线的起点和终点,文本高度保持不变,输入文本在起点和终点之间均匀排列。

③中心(C):指定一个坐标点,确定文本的高度和文本的旋转角度,把输入文本放在指定的坐标点。

④中间(M):指定一坐标点,确定文本的高度和旋转角度,把输入的文本中心和高度中心放在指定的坐标点。

⑤右(R):将文本右对齐,起始点在文本的右侧。

⑥左上(TL):指定标注文本的左上角

⑦中上(TC):指定标注文本顶端中心点。

⑧右上(TR):指定标注文本的右侧中心点。

⑨左中(ML):指定标注文本的左端中心点。

⑩正中(MC):指定标注文本的中央中心点。

⑪右中(MR):指定标注文本的右侧中心点。

⑫左下(BL):指定标注文本的左下角点,确定与水平方向的夹角为文本旋转角,则过该点的直线就是标注文本中最低字符的基线。

⑬中下(BC):指定标注文本的底端中心点。

⑭右下(BR):指定标注文本的右下角点。

10.3.3.2 编辑单行文字的特性

在 AutoCAD 中,可以对单行文字的文字特性和文字的内容进行编辑。

（1）单行文字的修改。修改文字内容,可以直接双击文字,文字将变为可输入状态。

可以重新输入文字内容,修改后,按回车键即可。但这种方法只适合在输错、漏输和多输的状态下使用。它并不改变文字的特性。

(2)单行文字特性更改方法:选中对象,打开常用工具栏的"对象特性"按钮

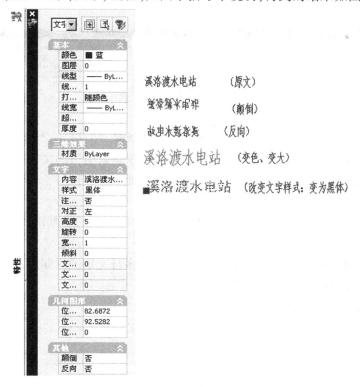

实例:将输入的"溪洛渡水电站"改为图 10-12 的其他 5 种形状。

选中"溪洛渡水电站"原文(工程字、字高 5,颜色:蓝色),复制成六个原文,分别选中 2、3、4、5、6 行,改变对象(文字)属性,如图中括号中说明,得到的结果如图 10-12 右所示。

图 10-12　打开"对象特性"选择框,改变文字属性

说明:

(1)利用"对象特性"命令,可以改变任意对象的属性,在绘图中常用此命令。

(2)单行文字一次激活后,可以连续创建多个属性相同的单行文字,较应用多行文字创建多个单行文字,节省时间。

10.3.4　输入多行文字

AutoCAD 中有多行文字,无论多少行都是一个整体。在输入多行文字之前,应指出文字边框和对角线。多行文字对象的长度取决于文字量,而不是边框的长度,可使用夹点移动或旋转等方法编辑多行文字对象。

选择"绘图"/"文字"/"多行文字"命令或在命令行输入 MTEXT,都可以创建多行文字。以下以创建多行文字"黄河流域图"为例,介绍其过程。

命令:MTEXT

指定第一个角点: //点击创建多行文字的起点

指定对角点或[高度(H)/对正(J)/行距(L)/旋转(R)/样式(S)/宽度(W)]:
//指定对角点

这时,在屏幕上显示如图 10-13 所示的"文字格式"对话框,这时可以选择文字字体、字高、颜色、在文字下画一横杠、倾斜角度等属性;一般只选择字体和字高即可,接着就可以在文本窗口(矩形区域)填写文字"黄河流域图"。

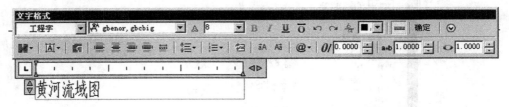

图 10-13 "文字格式"对话框

填写完毕后,点击"确定"即可,此时对话框消失,仅剩余填写的文字。

执行命令的过程中,要求指定文本窗口时的各选项含义如下:

高度(H):指定要创建文字的高度。

对正(J):显示对正菜单,并且有 9 个对齐选项可用,"左上"为默认状态。9 项选择在"单行文字"说明中已经介绍,这里省略。

行距(L):创建两行以上的多行文字时,可以设置多行文字的行间距。

旋转(R):设置多行文字的旋转角度。

样式(S):指定多行文字要采用的样式。

宽度(W):设置多行文字所能显示的单独一行的文字高度。

10.3.5　创建字符和符号

在文本中会有一些特殊字符和符号,但在渐变上没有对应的键。这时就需要输入控制代码或 unicode 字符串,或在文字编辑器中单击"符号"按键"@",选择特殊字符或符号,方法如下:

(1)在文字编辑器中单击符号"@"中的汉字,度数、正负、直径、角度等说明会直接得到图 10-14 所示的图形符号,供选择。

$$°\ \pm\ \phi\ \angle\ \approx\ \text{ℝℂ}\ \Im\ \Delta\ \Phi\ \equiv\ \text{𝔈}\ \equiv\ \text{𝕄}\ \neq\ \Omega\ \Omega\ _{2}\ ^{23}$$

图 10-14 点击汉字说明得到符号

(2)用键盘输入直接插入特殊字符%%c--ϕ,%%p--±,%%d--°。

（3）单击"其他"，可以在"字符映射表"中选择需要的符号，直接选中即可。

（4）在记事本中录入并保存的.txt 文件，可以直接输入到 AutoCAD 中。

①将某段文字"中国南沙群岛 abcd"直接输入到记事本中，并保存为例题 1.txt 文件。

②在记事本中重新打开例题 1.txt 文件，记事本上仍显示"中国南沙群岛 abcd"，复制该段文字。

③在 AutoCAD 中打开"多行文字命令"，选择字高，在单击确定文字窗口后，单击右键，粘贴，即得到"中国南沙群岛 abcd"的多行文字。

④如果需要可以编辑这些文字的内容和高度，但字体不会改变。

10.4 表 格

表格是在行和列中包含数据的对象。在工程图中表格的应用是经常的，例如每幅图纸的标题栏、材料明细表等。AutoCAD 中提供了表格，此表格只有部分功能与 Excel 表格相类似，自成系统。在 AutoCAD 插入表格时，不要用直线绘制表格，因为填写的文字不易对齐。最好使用自带的表格，便于符合设计图纸的要求。

10.4.1 表格样式

表格的外观由表格样式确定，在创建表格前，应首先创建表格样式，然后创建表格。对于一些常用的表格，例如图纸的标题栏，可以创建为"标题栏"表格样式，使用时可以立即调出。具体见图 10-15。

图名、图号			
设计		设计单位	黄河水文勘察测绘局
审核		比例	1：×××
批准		日期	2012.1.25

图 10-15 工程图标题栏

设置表格样式步骤如下：

（1）单击"格式"/"表格样式"对话框，单击"新建"按钮，"创建新的表格样式"对话框，输入新的表格样式名称"标题栏"，如图 10-16 所示。

（2）单击"继续"按钮，打开"新建表格样式：标题栏"对话框，如图 10-17 所示。表格的第 1 行为"标题"行，第 2 行为"表头"行，以后各行都是"数据行"。当选择一个单元格时，下面的"常规""文字"和"边框"选项卡均可以设置标题、表头或数据单元的外观。

（3）单元样式选择"数据"，单击边框选项卡，选择线宽为 0.30 单击底部边框、左边边框、右边边框按钮，则设置数据表格的 3 个边框尺寸为 0.30 mm。具体见图 10-17。

说明：

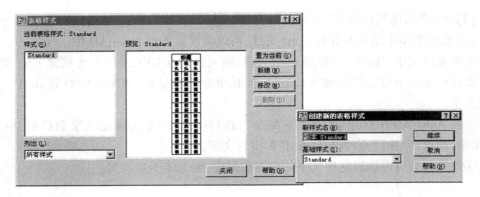

图 10-16　创建"标题栏"的表格新样式 1

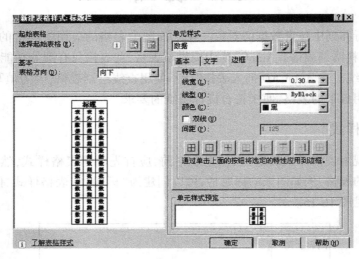

图 10-17　新建表格样式:标题栏

（1）边界按钮:控制单元边界的外观。边框特性包括栅格线的线宽和颜色。这些边框包含图 10-17 中所有边框 ⊞、外边框 ▢、内边框 ⊞、底边框 ⊟、左边框 ⊩、上边框 ⊤、右边框 ⊪ 和无边框 ⊞。

（2）双线:勾选该复选框,再单击某个边界的按钮,即可将该表格的指定边界显示为双线效果。

（3）间距:确定双线的间距,默认间距为 0.180 0。

（4）也可以不设置边框,在表格创建完成后,再在单元格特性对话框中设置。

（5）设置线宽为 0.20,单击内边框和上边框,即可将数据表格中的内部栅格和上边框的线宽设置为 0.2 mm。

（6）单击"文字"选项卡,设置文字高度为 4.5,选择工程字,单击文字右侧的"浏览"按钮,这是设置表格的"数据部分"单元格中的字体,如图 10-18 所示。

（7）选择"表头"部分的单元格,单击文字选项卡,设置字型为"工程字",字高为 7 及边框设置。

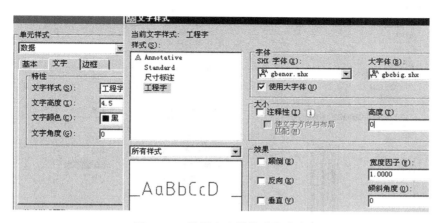

图 10-18　设置文字的格式和字高

（8）单元格样式选择"标题"，按前述步骤设置标题的边框和文字属性。

（9）单击"确定"按钮，此时"表格样式"对话框会显示新建的样式名称"标题栏"。右侧显示出表格效果，将新建的表格样式设置为当前样式，以后创建的新表格都会按照此样式创建。单击"关闭"按钮，完成表格样式的创建。

这里创建的样式并不含表格的行列个数，这些内容会在创建表格时要求输入。

10.4.2　创建表格的过程

AutoCAD 提供了"插入表格"对话框，选择表格样式后，再指定行和列的数目及大小即可设置表格的格式。在创建表格后，对表格进行编辑及文字说明。

（1）单击"绘图"/"表格"，打开"插入表格"对话框，列表中显示的是当前使用的表格样式"标题栏"（因前节设置了新的表格样式"标题栏"，并将其定为当前样式）。当然也可以从下拉列表中选择已经设置的另一种表格样式；或单击右侧"表格样式"按钮，创建新的表格样式。预览窗口中显示的只是当前的表格样式。

（2）选择"插入方式"为：指定插入点。即在视口中单击一点作为表格左上角的位置。如果选择"指定窗口"，可以视图中单击并移动鼠标，拖动出表格的大小和位置。

（3）指定列数为 5，列宽为 30，设置数据行数为 8，行高为 1，便显示如图 10-19 所示对话框。

说明：

"列宽"是指定单元格的宽度，"行高"是指定单元格内包含的文字行数（不含标题和表头）。

（4）单击"确定"按钮，在命令行中提示："指定插入点"。在视图中单击：创建出表格，并显示"多行文字"选项卡，单元格 A1 处于文字输入状态，如图 10-20 所示。

表格显示的样式和 Excel 表格基本相似，每个单元格都只有一个名称：例如 B2,C5 等。

（5）单元格的编辑。

在各单元格中填入数据，按回车键即可得到设计的表格。但表格单元格的格式不一定符合要求，可以选中需要修改格式的单元格进行编辑。例如，序号列的数字原单元格数

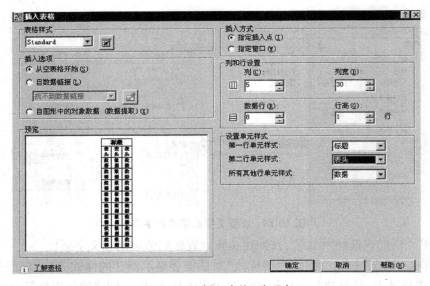

图 10-19 "插入表格"选项卡

图 10-20 插入表格

字的位置在右中,需要改为正中,可以选中 A2~A6(右下角圈选),点击图 10-21 的对中箭头,选择"正中",即可将序号数字改为正中位置。

编辑单元格选项卡:

①前 3 项插入行: **表格** ,分别为上面插入行、下面插入行、删除行。

②编辑列: ,分别为左边插入列、右边插入列、删除列。

③单元格: ,分别为合并单元格、取消合并单元格。

④边框 :单元格的边界显示状态选择。

⑤居中 选择:左上、中上、右上,左中、正中、右中,左下、中下、右下。

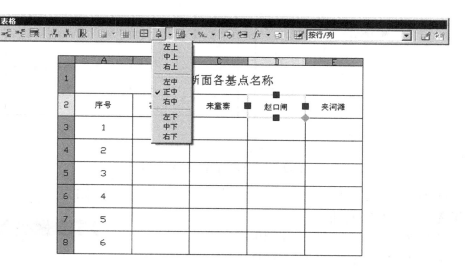

图 10-21　编辑单元格

⑥锁定 选择:解锁、内容锁定、格式锁定、内容和格式锁定。

⑦ %. ▾ 数据格式选择:百分比、常规、点、货币、角度、日期、十进制、文字、整数。

⑧插入块 :插入块、插入字段。

⑨插入公式 fx ▾ :求和、均值、计数、单元、方程式。

⑩管理单元 按行/列 :管理单元内容、匹配单元、单元样式(按行/列、标题、表头、数据……创建新单元格式,管理单元格式)。

⑪链接 :链接单元、从源文件下载更改。

利用上述的编辑命令,可以对表格中的单元格格式和内容进行设置与更改。可以将任一表格编辑为需要的表格。

10.4.3　修改表格实例

表格实例 1:将图 10-22 中的左表格改为右边的表格(标题栏)。

操作步骤:

选择要修改的表格,再点击需要修改的单元格,以便进行编辑,如图 10-22 所示。

(1)左表为 6 行、5 列,右表为 5 行(已经删掉标题和表头),且左表数据行宽、列宽都比右表小,因此将左表转换为右表,需要先将左表标题行、表头行及第一数据行删去;保证左表的行、列数与右表一致。

(2)适当加大行高和列宽,使之与右表一致。

(3)合并某些单元格。

(4)表格的编辑功能中,没有修改行高和列宽的命令。需要利用特性"对象特性"对

黄河断面各基点名称				
序号	花园口	米童寨	赵口间	夹河滩
1				
2				
3				
4				
5				
6				

图名、图号	对中盘2专用开启钳子和仪器连接螺栓 (DZP2-4/5)		
设计		设计单位	黄河水文勘察测绘局
审核		比例	1:1
批准		日期	2012.1.25

图 10-22　两个不同类型表格的转换

话框进行修改。修改的过程如下：

①选择需要修改的表格。

②点击"对象特性"对话框，如图 10-23 所示。

说明：在"对象特性"表格项中，有两个上下相邻的"表…"将鼠标靠近，就显示表格高度和表格宽度，修改其数据，就能调节表格的大小。

经过调节就能使左边的表格转换为右边的表格。

在 AutoCAD 中插入表格时，应当使用自身的表格，不宜使用 Excel 表格。Excel 表格的优点是计算能力较强，但它的规格是随文字的大小而自动变化的。设计图纸的规格经常变动，使用 AutoCAD 表格能够根据图纸的大小进行缩放，便于插入与图纸协调的表格，其字体也容易和图中的文字保持一致。

表格实例2：广东河流水文站控制点点之记。

本例中绘图采用的单位为 mm，但标注尺寸时为 m，此时使用了"工程-30"标注样式，与工程标注样式不同点见图 10-24。

图 10-23　修改表格高度和宽度

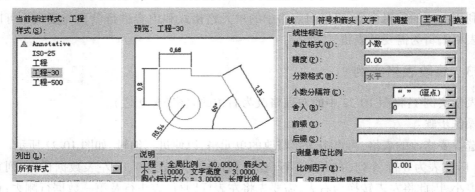

图 10-24　标注样式"工程-30"的设置

与"工程"标注的不同有如下几点：

（1）在"调整"/"全局比例"项，将全局比例设置为 40，即标注文字扩大了 40 倍。

（2）在"主单位"/"测量单位比例"项，设置的比例因子：0.001，就可以将以 mm 为绘图单位的图形标注为以 m 为单位。

（3）在同一幅图上使用了"工程-30""工程-500"等多种标注样式，其中外框线尺寸标注为"工程"，就以 mm 为单位标注，但绘制的图形就以 m 为单位标注，见图 10-25。

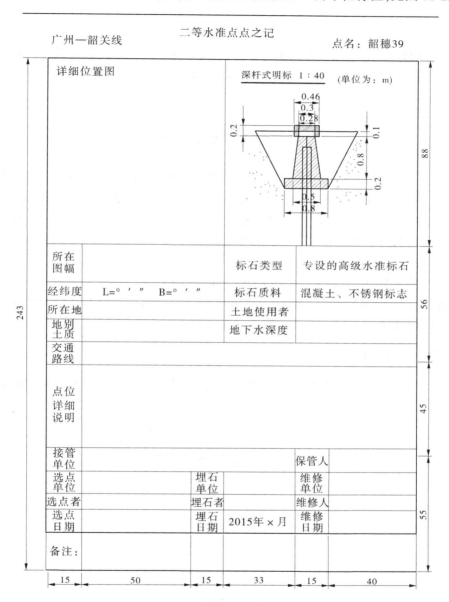

图 10-25　广东河流水文站控制点点之记

第 11 章　工程图形的尺寸标注

本章的内容包括：①创建和选择标注样式；②创建线性、半径/直径、角度、坐标、弧长标注和圆形标注；③创建、修改和删除检验标注，标注打断，折弯线性，倾斜标注；④立体图标注。

11.1　标注的基本概念

工程图纸作为施工依据，除了表示工程形体的图形，还有用来说明其形体大小的、精确完整的尺寸标注对象。尺寸标注不但表达了工程图形的大小，还要表达各部分的相对位置关系。标注是工程图的重要组成部分。在绘图中应当严格遵守各种工程制图规范或标准。不同类别的工程图纸对尺寸标注的规定有部分差异，在不同的工程中，应当按照不同的规范执行。

标注就是图形中添加测量的尺寸注释。AutoCAD 提供了快捷灵活的尺寸标注工具，可以对各种工程图纸进行尺寸标注。在 AutoCAD 标注时，标注必须在当前坐标系的 XY 平面上，并且是以绘图对象沿各个方向创建标注的。

11.1.1　标注的结构

标注由尺寸线、箭头、尺寸界线、标注文字尺寸延伸线元素构成，如图 11-1 所示。

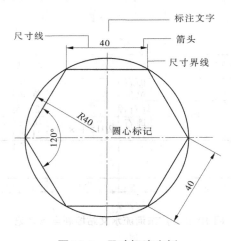

图 11-1　尺寸标注实例

(1)标注文字：用来指示测量值的字符串。文字还包括前缀、后缀和公差。

(2)尺寸线：用于指示标注的方向和范围。对于角度标注，尺寸线是一段圆弧。

（3）箭头：也称为终止符号，显示在尺寸线的两端。

（4）尺寸界线：从部件延伸到尺寸线，也称为延伸线。

（5）圆和圆弧绘制的圆心标记是标记圆或圆弧心的小"+"字，中心线是标记圆或圆弧圆心的虚线。

（6）尺寸延伸线，也称为投影线或正视线，从部件延伸到尺寸线。

11.1.2 标注类型

基本标注类型包括线性、半径和直径，角度、坐标、弧长。其中，线性标注可以是水平、垂直、对齐、旋转、基线或连线（链式）。

11.1.3 标注的关联性

标注可以是关联的、无关联的或分解的。AutoCAD 默认的标注是关联标注。

（1）关联标注：当与关联的几何对象被修改时，关联标注也自动调整其位置、方向和测量值。

（2）无关联标注：在其测量的几何对象被修改时不发生改变。

如果需要取消标注的关联性，应当依次单击"工具/选项"，打开"选项"对话框，单击"用户系统配置"选项卡，在"关联标注"项目下，取消"使新标注可关联"的勾选，单击"确定"按钮。此时，图形文件中新创建的标注对象都将是无关联的。但已经创建的标注仍然是具有关联的。如果重新创建一个新的图形文件，创建的标注是具有关联性的，因为这时是默认设置。单击"注释"选项卡，在"标注"面板上单击"重新关联"按钮，可以选定标注与几何对象相关联。

（3）已分解的标注，标注的不同元素之间没有关联，直线、圆弧、箭头和标注的文字均可作为不同的对象。单击"常用"选项卡，单击"修改"（炸开），单击有关联的标注，即可分解该标注。

11.2 创建标注样式

在 AutoCAD 中，一般会创建几个通用的标注模式，例如命名为"工程"的标注样式保存起来。在绘制不同图幅、不同比例的工程图时，对标准的工程标注样式进行修改，一般修改全局比例即可达到要求。当然也可以在标注后再修改这个标注样式。以下以创建"工程"标注样式为例，说明其创建方法。

11.2.1 "工程"标注样式的设计

（1）文字样式选用"工程字"或"尺寸"样式，原因是该两种文字是国标规定的绘图注记文字。

①工程字：gbenor.shx、gbcbig.shx（大字体）为适宜文本和尺寸标注；

②"尺寸"文字样式为斜体字,故一般仅适宜尺寸,尺寸文字样式为 gbenor.shx、gbcbig.shx。

(2)标注字体的大小。

在模型空间中,标注文字的字高,在图纸输出时,会随着绘图比例的不同而改变大小。因此,字高的设置应根据绘图比例的改变而设置。在"布局"空间中,标注文字的大小可以固定的设置,故对于 A4 图幅"工程"标注样式的字高一般设置如下:尺寸标注字高 3～4,文字注释字高 4～6,标题文字字高 7～10。对于 A3 图幅,文字字高可适当增大。

(3)箭头大小设置为3,其他设置一般都可以设置,也可以采用默认值2。

11.2.2 "工程"尺寸标注样式的创建步骤

(1)点击"格式"/"标注样式",打开"标注样式管理器"对话框,创建"工程"标注样式,如图 11-2 所示。

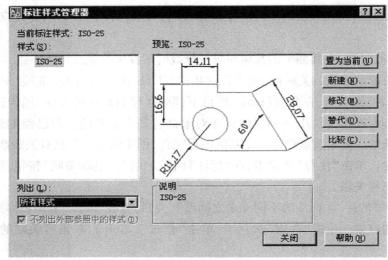

图 11-2 标注样式管理器

(2)图中已有系统默认的标注样式 ISO-25,要创建新的标注样式"工程"。点击"新建(N)",显示"创建新标注样式"对话框,如图 11-3 所示。

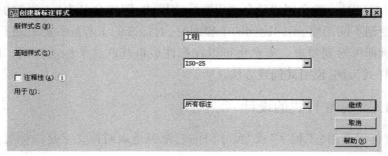

图 11-3 "创建新标注样式"对话框

"基础样式"：如果选择 ISO-25 样式，即以该样式作为样板，在此基础上设置新样式，仅修改那些与基础特性不同的特性。

"用于"：选择新建的样式应用在哪一种标注上，是应用在所有标准，还是只应用在选择的标注上。例如可以创建一个标注样式，只应用在直径标注。点击"继续"，打开"创建新标注样式"对话框，如图 11-3 所示。

（3）"新建标注样式：工程"对话框，如图 11-4 所示。

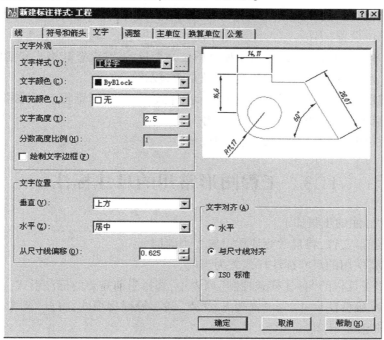

图 11-4 "新建标注样式：工程"对话框

该对话框有线、符号与箭头、文字、调整、主单位、换算单位和公差等菜单选项。每项菜单中又有多个选项，作用各不相同。介绍如下：

（1）"线"的提示。

超出尺寸线：是指定尺寸界线超出尺寸线处距离。

起点偏移值：是设置图形中定义标注的点到尺寸界线的偏移距离。

超出标记：是指当使用箭头倾斜、建筑标记、积分和无标记时尺寸线超过尺寸界线的距离。默认情况下标注的箭头为实心闭合样式，这种符号没有超出尺寸线，因此超出标记显示为灰色，表示不可操作状态。

（2）"符号与箭头"提示。

设置箭头、圆心标记、弧长符号和折弯半径的格式和位置。在箭头下拉列表中，有多重形式的箭头，可以供不同行业绘图的要求。

（3）"文字"说明。

设置标注文字的外观尺寸,放置和对齐参数等。

(4)"调整"说明。

设置文字、箭头、引线和尺寸线的位置。这里边有一个"全局比例",可以将以 mm 为单位标注为 m 为单位。设置为 0.001 即可。

(5)"主单位"说明。

设置标注单位的格式和精度,以及标注文字的前缀和后缀。例如设置距离单位为 0,标注的尺寸显示都是整数;这里还有一个角度单位设置,我们经常用到的是° ′ ″制,应当学会角度的单位设置。

(6)换算单位,设置标注测量值中换算单位是否显示,并设置其格式和精度。

(7)公差:标注文字中公差的格式,以及是否显示。

设置完成后,单击"确定"按钮,返回"标注样式管理器"对话框。标注格式名称显示在列表中,以后就可以直接选择该样式使用。

最后按"关闭"按钮,标注样式设置完成。

11.3　工程图形常用的尺寸标注

创建尺寸标注的步骤如下:

(1)打开图形文件,将尺寸标注层设置为当前层。

(2)将需要使用的尺寸标注样式置为当前。

在"标注"工具栏的"标注样式控制"列表中,选择当前需要的标注形式。

(3)为了准确标注尺寸,应设置端点、交点、圆心等捕捉模式,打开"对象捕捉""对象追踪"和"极轴追踪"工具。

(4)标注尺寸。

"标注"工具栏如图 11-5 所示,标注尺寸所需要的命令都包含其中。

图 11-5 "标注"工具栏

在"标注"工具栏中的命令依次如下:

线性、对齐、弧长、坐标、半径、折弯、直径、角度、快速标注、基线、连续、标注间隔、折断标注、公差、圆心标记、检验、折弯线性、编辑标注、编辑标注文字、标注更新、标注样式(可选择下拉菜单中的样式)。

11.3.1　线性型尺寸标注(线性、对齐、基线、连续)

线性型尺寸标注是最常用的尺寸标注,包括线性尺寸标注(水平和垂直)、对齐标注、基线标注和连续标注。

11.3.1.1　线性(水平和垂直)标注 ⊢

使用"线性标注"命令,标注水平或垂直方向的尺寸。例如,图 11-6 中直角三角形的垂直边。

在图 11-6 中,使用了"工程尺寸"标注样式,基本参数如下字体名:尺寸(国标斜 12°,高 4,主单位 0.000),线和字体均为蓝色,箭头大小为 4,根据本图的需求,将"调整项"/"全局比例"设置为 3。

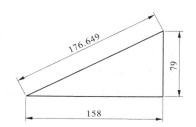

图 11-6　线性标注与对齐的实例

操作步骤如下:

(1)准备:打开要标注尺寸的图形,设置标注图层,标注样式设为工程尺寸、对象捕捉打开、开始标注。

(2)在"标注工具栏"点击"线性"标注命令。命令行显示:

指定第一条尺寸界线原点<选择对象>:

指定尺寸线位置或[多行文字(M)/文字(T)/水平(H)/垂直(V)/旋转(R)]:

选取直角三角形的水平边起点点击和终点点击,得到标注尺寸 158。

(3)重复执行线性(dimlinear)命令,标注三角形的垂足边尺寸为 79,按回车键。

(4)选择其他标注选项,可以修改文字内容,文字角度或尺寸线的角度。

提示:选<选择对象>的方式标注尺寸,可以保证尺寸标注与标注对象相关联。

(1)多行文字(M):打开"多行文字编辑器",在编辑框中显示测量值,可以在数值前、后加前缀、后缀,或删除测量值输入其他数值或字符串。

(2)文字(T):可以输入尺寸数值或字符串。

(3)角度(A):用于修改标注文字的角度。

(4)水平(H):强制创建水平标注尺寸。

(5)垂直(V):强制创建垂直尺寸的标注。

(6)旋转(R):可以使尺寸线旋转一定的角度,不再与标注对象的边平行。

11.3.1.2　对齐标注 ⟍

功能:"对齐标注"命令,可以使尺寸线平行于尺寸界线原点的连线,用于标注倾斜方向的尺寸,例如图 11-6 中直角三角形的斜边长标注为 176.649。

应用:在"标注工具栏"中点击"对齐标注"命令按钮,激活该命令,点击图 11-6 中直角三角形斜边的起点和终点,便得到斜边的标注尺寸值 176.649,因标注样式单位取值为 0.000,故斜边长的标注尺寸长为 176.649。

11.3.1.3　基线标注 ⊟

功能:"基线标注"命令可以从上一个标注或选定的基线处创建线性标注角度标注和坐标标注。在创建"基线标注"前,必须创建线性、对齐或角度标注。

例 1:对图 11-7 中的图形进行如图所示的尺寸标注。

基线标注的操作步骤如下：

（1）单击"线性"按钮，捕捉 DE 边的两个端点，得到实际的标注距离为 62。

（2）单击"线性"按钮，对 DC 边进行标注，得到实际标注距离为 177；再单击"基线标注"按钮，这时有如下两种情况：

①若在此之前刚刚使用过"线性标注"命令，则可以直接寻找点击 P 点，就会标注出 DP 的长度 317。

②如果早些时间标注过 DC 的长度，那么命令行显示："选择基准标注"，可以选择已经标注的数字 177 处点击，选中此标注作为基准标注，命令行提示："指定第二条尺寸界线原点或［放弃（U）/选择（S）］<选择>：（捕捉 D 点），按回车键，即可对 DB 之间的水平距离 DP 进行标注为 317。

11.3.1.4 连续尺寸标注

使用"连续标注"命令，可以从上一个标注或选定的第二条尺寸界线开始创建首尾相连的多个线性标注、角度标注或坐标标注。

例题 1：对图 11-8 中的方框距离进行连续标注。

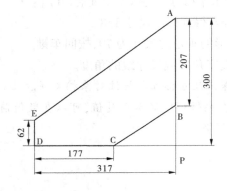

图 11-7 "基线标注"的实例 1

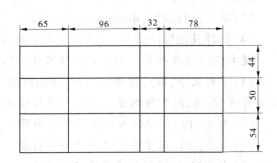

图 11-8 对本图的方框尺寸进行连续尺寸标注

操作步骤如下：

（1）点击"线性标注"按钮，对第一个单元格的宽度进行标注得到数字。

（2）激活"连续标注"命令按钮，依次点击第 2、第 3、第 4 单元格，即可得到连续的 96、32、78 等宽度标注。

（3）对于单元格的高度，亦可先采用"线性标注"命令，得到第 1 行的高度 44；然后激活"连续标注"命令，分别点击第 2 行、第 3 行下界，得到连续标注值 50、54。

例题 2：如图 11-9 中从水平开始逆时针进行连

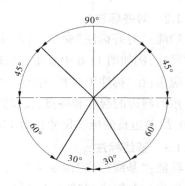

图 11-9 对角度进行连续标注

续性角度标注。

操作步骤如下：

①点击"角度标注"命令，对从 0°起的逆时针第 1 个角度进行标注，按照命令行提示，分别点击角度的起始边和终边，得到角度的标注值 45°。

②激活"连续标注"命令，依次点击第 2 个夹角的终边、第 3 个夹角的终边……可以得到连续的角度值：90°、45°、60°、30°、30°、60°，将全部夹角连续标注出来。

11.3.2 径向尺寸标注和圆心标记

径向尺寸标注包括圆弧的半径尺寸标注和圆的直径尺寸标注。标注时将 AutoCAD 自动在数字前面加半径代号 R 或直径代号ϕ。

11.3.2.1 创建半径标注

如图 11-10 所示，需要标注图中圆弧的半径：点击"标注/半径"命令，选择图中的大圆弧（在大圆弧上拾取一点），标注文字 = 60。

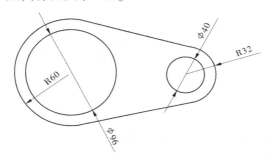

图 11-10 半径与直径的尺寸标注

标注尺寸线位置［多行文字（M）/文字（T）/角度（A）］：（将光标移到圆弧内，在适当位置单击左键，标注为 R60，如果将光标移到圆弧外，在适当位置单击左键，则标注文字会在圆弧外）

用同样的步骤标注小圆弧的半径。

提示：标注半径和直径时，在指定尺寸位置之前，也可输入 M 或 T 修改尺寸文字的内容，或输入 A，将文字选择一个角度。

11.3.2.2 创建直径标注

如图 11-10 所示，需要标注图中圆弧的半径：点击"标注/直径"命令，选择图中的大圆（在大圆上拾取一点）标注文字 = 96。

标注尺寸线位置［多行文字（M）/文字（T）/角度（A）］：（将光标移到大圆内，在适当位置单击左键，标注为ϕ96，如果将光标移到大圆外，在适当位置单击左键，则标注文字会在大圆外）

用同样的方法标注图 11-10 中的小圆直径为 40。

11.3.2.3 创建中心线和圆心标记 ⊕命令

使用"圆心标记"命令，改变标注样式可以对圆心进行两种样式的标注，具体如

图 11-11 所示。

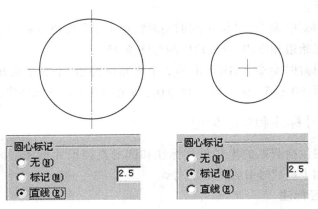

图 11-11　"圆心标注"的两种形式

（1）圆心标注：如果将当前标注样式的"圆心标记"设置为"直线"，则标注圆心和中心线。

（2）如果将当前标注样式中的"圆心标注"设置为"标记"，则该命令像右图只标注圆心。

实际使用时，可根据需要修改当前标注样式的"符号和箭头"选项的圆心标记为"直线"或"标记"来分别绘制同时标注圆心和中心线，或者只标注圆心。

11.3.3　角度型尺寸标注

"角度"（dimangular）命令可以标注圆弧或圆上一段弧的圆心角，也可以标注两条直线之间的夹角和指定 3 点标注角度。

激活"标注"/"角度"按钮△，即可进行标注。标注角度时，应当在设置当前标注样式时，先设置角度标注的"主单位"，具体见图 11-12。

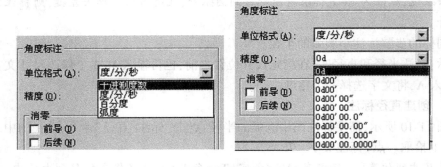

图 11-12　角度标注的单位格式和精度设置

因测量上一般采用°′″制，精度一般设置为秒（0°00′00″）。下面角度标注图上的设置均采用度/分/秒制，精度设置为 0°00′00″，具体见图 11-13。

11.3.3.1　标注圆弧的角度

如图 10-13（a）所示，有一段圆弧，现要求标注圆弧的圆心角，操作如下：

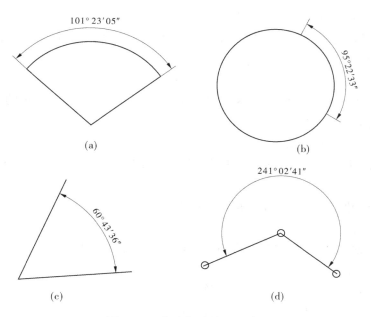

图 11-13 角度标注的四种情况

选择"标注/角度"点击,激活"角度标注"按钮。

命令行提示:

选择圆弧、圆、直线或<指定顶点>:在圆弧上点击拾取点

指定标注弧线位置或[多行文字(M)/文字(T)/角度(A)]:↙(移动光标指定标注位置;或输入 M、T、A 修改文字内容或旋转文字)

标注文字 = 101°23′05″

11.3.3.2 标注圆上一段圆弧的角度

如图 10-13(b)所示,在圆中有一段圆弧,现要求标注圆弧的圆心角,操作如下:

选择"标注/角度"点击,激活"角度标注"按钮。

命令行提示:

选择圆弧、圆、直线或<指定顶点>:在圆弧上点击拾取点 1

指定角的第二个端点:(在圆周上拾取第二点)

指定标注弧线位置或[多行文字(M)/文字(T)/角度(A)]:↙(移动光标指定标注位置;或输入 M、T、A 修改文字内容或旋转文字)

标注文字 = 95°22′33″

11.3.3.3 标注两条直线之间的夹角

如图 10-13(c)所示,有两条直线相交于一点,要求标注该夹角的角值,操作如下:

选择"标注/角度"点击,激活"角度标注"按钮。

命令行提示:

选择圆弧、圆、直线或<指定顶点>:在一条直线上点击拾取 1 点

选择第二条直线：（在另一条直线上拾取第二点）

指定标注弧线位置或［多行文字（M）/文字（T）/角度（A）］：↙（移动光标指定标注位置；或输入 M、T、A 修改文字内容或旋转文字）

标注文字＝60°43′36″

说明：两直线的夹角不能大于180°，当夹角大于180°时，应先点击角的顶点，再进行前述操作。具体见11.3.3.4 部分。

11.3.3.4 标注 3 点之间的夹角

如图 10-13（d）所示，已知图上有3点，现要求标注此3点形成的大于180°的夹角值，操作如下：

选择"标注/角度"点击，激活"角度标注"按钮。

命令行提示：

选择圆弧、圆、直线或<指定顶点>：按回车键，默认指定顶点方式

指定角的顶点：（指定夹角的顶点）

指定角的第一个端点：（指定第一个顶点）

指定角的第二个端点：（指定第二个顶点）

指定标注弧线位置或［多行文字（M）/文字（T）/角度（A）］：↙（移动光标指定标注位置；或输入 M、T、A 修改文字内容或旋转文字）

标注文字＝241°02′41″

11.3.4 坐标尺寸标注

"坐标标注"命令，可以沿当前坐标轴正交方向引线标注图形的 X 或 Y 方向绝对坐标值。

坐标标注的文字总是与坐标引线对齐，测量精度在标注样式中设置。可以接受测量数值或输入自己的数值。

"坐标标注"使用当前 UCS 坐标系的绝对坐标值，因此可以在创建坐标标注之前，使用用户坐标系命令移动 UCS 坐标系原点与基准相符。

以图 11-14 为例，说明坐标标注的应用。

图 11-14 是一个矩形建筑物，为了方便施工放样，将其坐标系原点定为建筑物的左下角。要求在图上标注建筑物内 3 点的坐标值。其操作过程如下：

（1）建立新的 UCS。在命令行输入"命令 UCS"，按回车键，命令行显示：

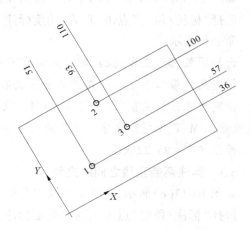

图 11-14 标注 UCS 坐标系的坐标值

指定 UCS 原点或[面(F)/命名(NA)/对象(OB)/上一个(P)/视图(V)/世界(W)/X/Y/Z/Z 轴(ZA)]<世界>:(选中建筑物的左下角点击,作为 UCS 的原点)

指定 X 轴上的<接受>:(点击建筑物的右下角,选中)

指定 XY 平面上的点<接受>:此时新坐标系位置已经达到要求,故按回车键接受。

(2)激活"标注/坐标标注"按钮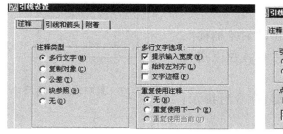。

指定点坐标:(指定 1 点)

指定引线端点或[X 基准(X)/Y 基准(Y)/多行文字(M)/文字(T)/角度(A)]:(向上移动光标到适当位置,单击左键指定 X 坐标值51)

标注文字=51(标注 1 点相对于 UCS 坐标原点的 X 值)

(3)按照以上方法可以逐个标注 2、3 点的 X 坐标值和 Y 坐标值。

11.3.5 创建引线标注(qleader)

引线标注在某些 AutoCAD 2008 版本的标注工具栏中没有,只可用 qleader 命令激活。

在工程图中需要对一些标注或注释添加引线,例如倒角尺寸、形位公差、基准符号、装配图中的序号一些注释文字添加引线。使用"快速引线"(qleader)命令可以快速创建引线或引线注释。快速引线并不测量对象的尺寸,引线可以是直线或样条曲线,可以选择多种箭头形式,注释文字一般在引线的末端给出。

11.3.5.1 激活"快速引线"(qleader)命令

在命令行输入"qleader"命令。

11.3.5.2 设置引线标注格式

命令行提示:"指定第一条引线点[设置(S)]<设置>:",按回车键后,打开"引线设置"对话框。通过对话框中的 3 个选项卡可以设置引线标注的格式,具体见图11-15。

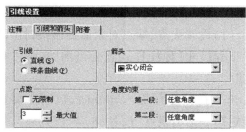

图 11-15 引线设置中的"注释"设置(图左)及"引线和箭头"设置(图右)

(1)"注释类型"选项组:有 5 种注释类型(多行文字、复制对象、公差、块参照、无)。

①多行文字选项:可以在"多行文字编辑器"中输入文字,否则从命令行中输入文字。

②复制对象选项:只能复制多行文字、单行文字、形位公差和块参照对象。

③"多行文字选项"组:只有在选择了"多行文字"注释类型后,才能在该选项中选择"提示输入宽度""始终左对齐"和"文字边框"选项。

④"重复使用注释"选项组:设置重复使用引线注释的选项。

（2）"引线和箭头"选项组：设置引线和箭头的特征。

①"引线"选项组：选择引线是直线还是样条曲线。

②"点数"选项组：设置引线点数的最大值，控制引线的段数。例如点数的最大值为3，则引线数为2段。

③"箭头"选项组：在下拉列表框中选择用于引线起始端的箭头形式。

④"角度约束"：在第一段和第二段下拉列表框中选择约束引线第一、第二段的绘制角度。

（3）在"附着"选项卡设置引线和多行文字的附着位置，具体见图11-16。

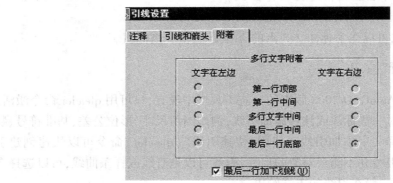

图11-16　"引线设置"中的"附着"选项组选项

只有在"注释"选项卡中选择了多行文字时，才能在附着选项卡中设置多行文字注释的附加位置。一般选中"最后一行加下划线"复选框。

11.3.5.3　使用快速引线标注

标注图11-17中轴端的倒角尺寸3×45°的操作步骤如下：

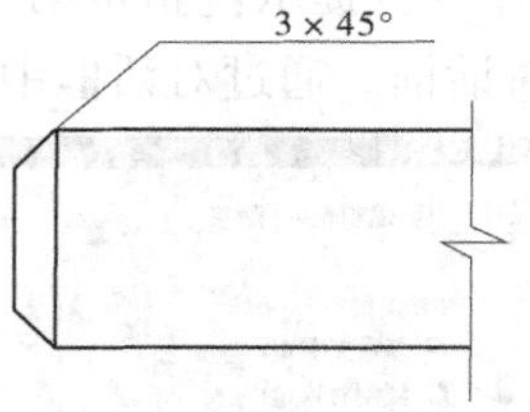

（1）设置夹点、端点对象捕捉模式，打开"对象捕捉"，将"工程尺寸"标注样式置为当前，在尺寸标注层上进行标注。

（2）在命令行输入 qleader，按回车键，命令行提示："指定第一个引线点［设置（S）］<设置>："。

图11-17　某中轴端倒角尺寸

（3）按回车后，在"引线设置"对话框中设置引线格式。

①设置"引线和箭头"：选择"直线"引线形式，在"点数"选项组中将"最大值"设为3，选择"无"箭头；在"角度约束"选项下拉列表中的第一段选择45°选项，第二段选项选择"水平"选项。

②设置"注释"：选择"多行文字"注释，在"多行文字选项"中选择"始终左对齐"。

③设置"附着"选择"最后一行加下划线"。

设置完毕，单击"确定"按钮，退出对话框。

（4）以下按命令行提示操作：

160

指定第一条引线点或[设置(S)]<设置>:(捕捉 1 作为引线的起点)

指定下一点:(拾取点 2 作为第二引线点)

指定下一点:(拾取点 3 作为引线的终点)

输入注释文字的第一行<多行文字(M)>:(按回车键,打开"多行文字"编辑器,在其中确认文字样式、文字高度等选项符合要求之后,输入标注文字,单击确定按钮,退出编辑器)

标注结果见图 11-17。

提示:

(1)因第 3 点是文字的起始位置,为了不使文字前面留下太大空距,第 3 点与第 2 点之间的间距不宜过大。

(2)乘号"×"可以从键盘直接输入星号" * "(shift+8),自动转换为×。

(3)如果需要修改标注文字,可以双击文字对象,在文字编辑器中进行修改。

11.3.6　使用"快速标注"命令添加尺寸

使用"快速标注"(qdim)⊞命令可以快速创建或编辑一系列标注,包括一系列继续或连续性标注,或者对一系列圆或圆弧标注。

单击"标注"/"快速标注"命令或在命令行输入 qdim,均可激活"快速标注"命令。

例 1:用"快速标注"命令标注图 11-18(a)的尺寸,操作步骤如下:

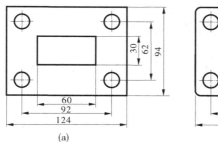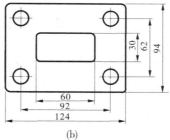

(a)　　　　　　　　　　(b)

图 11-18　快速标注的实例

图 11-18(a)中的大、小方框都是由矩形制作的,因此每个矩形的线条都是闭合的多段线。

命令:qdim

关联标注优先级=端点

选择要标注的几何图形:(拾取大矩形)

找到 1 个

选择要标注的几何图形:(拾取小矩形)

找到 2 个

选择要标注的几何图形:(拾取左上角小圆)

找到 3 个

选择要标注的几何图形:(拾取左下角小圆)

找到4个

选择要标注的几何图形:(拾取右上角小圆)

找到5个

选择要标注的几何图形:(拾取右下角小圆)

找到6个

选择要标注的几何图形:(按回车键,结束选择几何图形的操作)

指定尺寸线位置或[连续(C)/并列(S)/基线(B)/坐标(O)/半径(R)/直径(D)/基准点(P)/设置(T)]<并列>:移动光标指定尺寸线位置,单击左键,标注下方的3个水平尺寸。

用同样的方法,在提示"选择要标注的几何图形"时,逐个拾取4条水平线和右侧的2个小圆。标注右侧的3个垂直尺寸。

最后编辑尺寸线位置,即完成标注。

例2:图11-18(b)是先对两个矩形进行了圆角,最后又对矩形进行了炸开得到的,因此每个矩形炸开后分解为4条直线和4个圆角弧。如果使用"快速标注"命令,只要拾取4条直线和2个小圆,就可以得到图11-18(b)。

但是如果对圆角的矩形不进行炸开,得到的结果还会显示小圆角部分尺寸。

快速标注不仅可以节约标注时间,且不易发生误差,应当提倡使用快速标注。

11.4 修改标注对象

在绘图过程中,已经标注好的尺寸也可能需要进行修改。AutoCAD 提供了编辑命令,可以快速地修改标注对象的文字、样式和位置。

11.4.1 折断标注

当标注边界线或引线和其他图形对象相交时,可以使用标注折断命令在两相交的位置打断线段,同时该命令也可以恢复被打断的标注对象。以下以图 11-19 为例,介绍折断标注的用法。

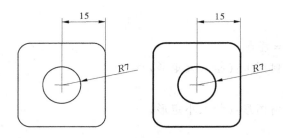

图 11-19　折断标注的应用实例

图 11-19 的左图是已经标注过的圆半径和圆心到边线的水平距离。可以看出标注的边界线或箭头线与其他对象相交,在图上会造成混淆,需要改成右图的标注形式,比较清晰。其操作步骤如下:

(1)依次单击"标注"/"折断标注"➕命令或在命令行输入 DIMBREAK,激活"折断标注"命令。

(2)命令行提示:"选择标注或[多个(M)]:",因图形中有 2 个标注对象需要打断,故输入"M",按回车键。如果是单独打断 1 个标注,只需要标注对象,按回车键即可。

(3)命令行提示:"选择标注"。单击半径标注对象(找到 1 个),又单击线性标注对象(找到 2 个),按回车键。

(4)命令行提示:"输入选项[打断(B)/恢复(R)]<打断>:",直接按回车键,就会得到右图。

(5)如果想恢复被打断的标注,可以重复步骤(1)~(3)的操作,到第(4)步时,输入R,按回车键,即可恢复到最初的标注。

11.4.2　折弯标注

"折弯标注"命令可以在线性标注上添加折弯线段。通常,在标注的实际测量值小于需要标注值的情况下,就需要在标注对象上添加线段了。

如图 11-20 所示,AB 之间的水平距离标注为 200,但标注线有断开线,说明在图上量测的实际距离并不等于 200(= 141)。对于这种与实测值不符的标注,可以用断开线表示,在 CAD 中的命令为"折弯标注"。具体操作步骤如下:

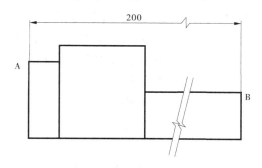

图 11-20　折弯标注实例

(1)对原图中的 AB 点水平距离进行标注。

点击"标注"/"线性"命令,捕捉并单击图形中的 A、B 点,标出尺寸为 141。但是图形右侧有断开部分,说明该图是缩短绘制的图形。

(2)双击标注,打开"特性"选项板,在文字栏的"文字替代"框输入实际长度 200。按"Esc"键,标注修改完成。关闭"特性"选项板。

(3)依次单击"标注"/"折弯标注",激活"折弯标注"命令。命令行提示:"选择要添加折弯的标注或[删除(R)]",单击标注对象。

(4)命令行提示"指定折弯位置",在标注文字的右侧单击,创建折弯符号,如图 11-20 所示。

11.4.3 调整标注间距

"标注间距"命令可以自动调整图形中现有平行线性标注和角度标注,以使其间距相等或在尺寸线处相互对齐。下文以图 11-21 为例,介绍调整标注间距命令的用法。

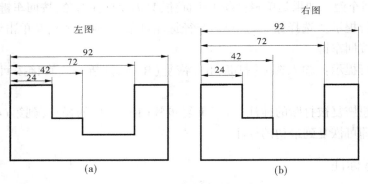

图 11-21　调整标注间距实例

11.4.3.1　调整标注间距命令的操作步骤

图 11-21(a)是未经过调整间距的标注,现要求利用 dimspace(调整间距)命令,将其修改为图 11-21(b)。

(1)使用线性和基准线命令标注出图形尺寸如图 11-21(a)所示。可以看到,标注之间的间距较狭窄,这是因标注样式的"基线间距"值比较小。

(2)单击"标注"/"标注间距"命令(dimspace):以下按命令行提示进行操作。

(3)选择基准标注:单击标注值为 24 的标注对象,作为基准标注。

(4)选择要产生间距的标注:选中其他标注,按回车键。

(5)输入值［自动(A)］<自动>:输入 9,作为标注间距,按回车键,其标注对象从基准标注对象均匀地隔开,结果如图 11-21(b)所示。

11.4.3.2　说明

(1)从图 11-21(b)可以看出,调整间距只限于基准标注与其他标注之间的间距,基准标注与图形边界的间距,需要先设定好。

(2)输入的间距值:指定从基准标注均匀地隔开选定标注的间距值。

(3)自动:得到的间距是标注文字高度的 2 倍。

11.4.4　使用"编辑标注"命令(dimedit)修改尺寸标注

该命令可以修改一个或多个标注对象上的文字和尺寸界线。以下以图 11-22 为例,介绍其用法。

图 11-22(a)是原来未经编辑的线性标注。其中标注值为 42 的,因标注界线与图形

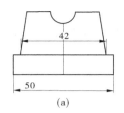 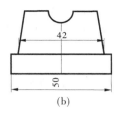 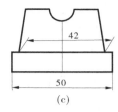

| (a) | (b) | (c) |

图 11-22 编辑标注的实例

线夹角太小,且标注值又压住中线;标注值为 50 的标注数字靠近左端,需要移动至中间。

11.4.4.1 激活"编辑标注"命令

单击"标注"/"编辑标注" ![icon]命令或在命令行直接输入 dimedit,均可激活"编辑标注"命令。

11.4.4.2 旋转标注文字

将图 11-22(a)中标注值为 50 的线性标注文字旋转 90°,得到图 11-22(b)的效果,操作如下:

命令:dimedit

输入标注编辑类型[默认(H)/新建(N)/旋转(R)/倾斜(O)]<默认>:输入 r,并按回车键

指定标注文字的角度:90(输入尺寸文字旋转的角度)

选择对象:(选中尺寸标注 50)

选择对象:按回车键,结束修改得到图 11-22(b)的效果

11.4.4.3 将旋转标注文字恢复到默认位置[选"默认(H)选项"]

命令:dimedit

输入标注编辑类型[默认(H)/新建(N)/旋转(R)/倾斜(O)]<默认>:输入 n,并按回车键

选择对象:(选中图 11-22(b)尺寸标注 50)

选择对象:按回车键,结束修改,得到标注值为 50 的图 11-22(c)效果

11.4.4.4 倾斜尺寸界线[倾斜(O)]

修改线性尺寸标注的尺寸界线,可使其倾斜一个角度,不再与尺寸线垂直,使图中更为清晰。

例如图 11-22(a)中,标注值为 42 的线性标注,标注文字与中线重合,可使用该选项修改。

命令:dimedit

输入标注编辑类型[默认(H)/新建(N)/旋转(R)/倾斜(O)]<默认>:输入 O,并按回车键

选择对象:(选中图 11-22(b)尺寸标注 42)

选择对象:按回车键

输入倾斜角度:(输入 50,回车,尺寸界线倾斜 50°)

得到的效果如图 11-22(c)所示中的标注值 42,调整线性标注尺寸界线的倾斜角度,创建倾斜线性标注。

11.4.5　使用"特性"工具和"夹点"修改标注

11.4.5.1　"特性"工具

在 AutoCAD 中,"特性"工具几乎可以编辑任何实体,用它可以修改一般的层、颜色及线型位置。对于单个实体,它可以编辑所选实体的所有属性。

例如在"特性"对话框中没有提供编辑实体的指定选项,就一定会有一个按钮打开一个提供这些选项的对话框,例如使用"特性"工具去编辑一个多行文字时,就有一个选项可以打开"多行文字编辑器"对话框。熟练应用"特性"工具,可以提高工作效率,甚至不必再去记住什么样的命令来编辑某个特定的实体。

"特性"修改标注与使用修改"标注样式"的区别在于:若通过修改"标注样式"来修改标注,所有应用该"标注样式"的图形的标注样式都会修改,而选中一个实体用"特性"工具修改时,只会修改选中的实体标注,而不会影响其他图形的标注。

在"特性"工具中具有的"文字替代",是常用的命令。

11.4.5.2　夹点

夹点是修改实体属性的常用工具,双击某实体,当出现"红点"时,都可以按住鼠标进行移动,从而改变实体的属性。以下以图 11-23 为例,说明"特性"和夹点的用法。

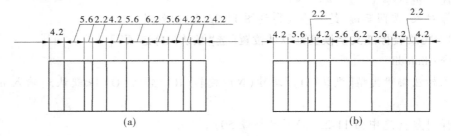

图 11-23　利用"特性"和夹点修改标注的实例

图 11-23(a)是使用"线性"和"连续"标注得到的线性标注,因使用的标注样式字体及箭头高度均为 4,得到的标注字体不能放在预想的位置,造成标注位置不清、无法判别的结果。

修改为图 11-23(b)的操作步骤如下:

(1)选中全部标注,点击"特性"工具,激活打开。

(2)在"特性"/"直线与箭头"中,将"箭头大型"由 4 修改为 2。

(3)在"特性"/"文字"中,将"文字"高度由 4 改为 2.5,图 11-23(a)中的箭头和文字高度立即改变。此时,只有小格中的标注字体重叠。

(4)点击标注值为 2.2 的标注,利用夹点移动标注文字的位置,得到图 11-23(b)的效果,修改结束。

11.5 三维实体的尺寸标注与注释

11.5.1 三维实体尺寸标注的基本原则

（1）必须新建 UCS。在标注二维图形尺寸时,不需要改变坐标系统,因为图形都被绘制在世界坐标系（WCS）的 XY 平面上,用户只需要在 XY 平面上进行尺寸标注就可以完成工作。但在标注三维实体尺寸时,必须先建立新的坐标系,将实体的一个平面设为 XY 坐标平面之后,才能在此平面上标注位于该平面上图形的尺寸。即便状态栏中动态 UCS 按钮功能启动,也不能在任意平面上标注尺寸。动态 UCS 启动时,只能在临时 UCS 的 XY 平面上绘制图形或创建实体,但是不能在临时的 XY 平面上标注尺寸。

（2）当标注字体在视口中显示颠倒时, XY 轴应围绕 Z 轴进行旋转。在同一个 XY 平面上进行标注时,如果 XY 轴的方向围绕原点旋转 ±90°,标注的尺寸的效果也会不同,例如 11.5.2 例 1 中围绕 Z 轴旋转 90°。

（3）在标注高度时,为清晰显示,可以借助辅助线建立 UCS,尽可能使 UCS 与视线方向正交。

11.5.2 标注长方体的尺寸的实例 1

例 1 在图上标注长 80、宽 45、高 40 的长方体的尺寸。

本例题的分析:只要点击"长方体"(box)命令,即可绘制出长 80、宽 45、高 40 的长方体。但在模型空间标注该长方体的尺寸,就需要新建 UCS。因为绘制该实体时虽然是在世界坐标系（WCS）之下,但其标注面不一定在 XY 平面上,可能就标注不上。因此,可以点击 UCS 的原点,移动原点至要标注的底面左下角。点击"标注"工具栏的"线型标注"即可进行标注,具体操作如下:

（1）点击 UCS 标题栏的"原点" ⌞ 命令,再点击长方体的左下角,UCS 的原点就移至长方体的左下角。然后点击"标注"工具栏的"线性" ⊢┤ 命令,对长方体的底面长宽进行标注,结果见图 11-24。

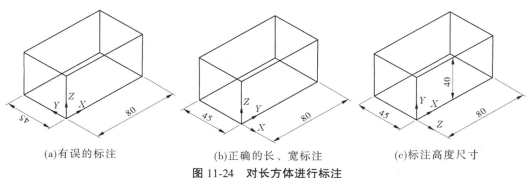

(a)有误的标注　　　　(b)正确的长、宽标注　　　　(c)标注高度尺寸

图 11-24　对长方体进行标注

出现错误的位置是宽度 45 标注的方向有误,正确的标注方法纠正 Y 坐标轴的方向。

（2）修改操作。

①将 UCS 绕 Z 轴顺时针旋转 90°。

②在"标注"工具栏旋转"线性"命令标注尺寸，如图 11-24（b）所示。

（3）标注高度尺寸 40。将图 11-24（b）中的 XY 面旋转到与前端面重合。方法是先绕 Z 轴旋转 90°，再绕 X 轴旋转 90°，即可正确标注高度尺寸 40，如图 11-24（c）所示。

（4）标注尺寸的实例 2。

分别标注图 11-25 中楔体、圆锥体、圆柱体的尺寸。

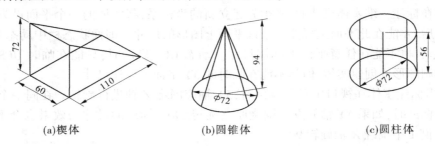

(a)楔体　　　　　　(b)圆锥体　　　　　　(c)圆柱体

图 11-25　楔体、圆锥体、圆柱体的尺寸标注

图 11-25（a）标注的操作如下：

（1）图 11-25（a）中的楔体，底面为长方形。对于三维实体，只能在 XY 平面上标注，因此在标注底面尺寸前，都必须先建立新的 UCS。图 11-25（a）中 UCS 的原点可建立在左下角，其长边为 X 轴，垂直方向的宽边为 Y 轴。

（2）新的 UCS 建立后，即可进行标注，选用的标注样式为"工程"样式，标注后立即发现两个问题：一是选用的"工程"标注样式是在布局空间建立的标准标注样式，在模型空间里可以看到字体太小但不清楚；二是标注后长方形的 Y 轴方向标注的字体字头指向下方。解决这些问题的方法如下：

①解决标注字体太小问题的方法修改"工程"标注样式。具体是：点击"格式/标注样式"，选择"工程"样式，点击"修改"/"调整"中的"标注特征比例"项，勾选"使用全局比例"项，将全局比例由 1 改为 3，按"确定/置为当前"，关闭后，使用修改后的"工程"标注样式，即可将原来标注的箭头、字体高度扩大 3 倍，具体见图 11-26。

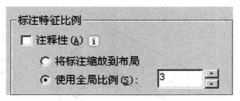

图 11-26　修改"工程"标注样式

②点击"围绕 Z 轴旋转命令"，将新建的 UCS 围绕 Z 轴旋转 90°，重新进行"线性"标注，就可得到合适的标注（长方形的宽标注字体字头向上）。

③高度标注。进行高度标注时，也应建立新的 UCS，这时注意因为选择的是正交模式，其 X 轴或 Y 轴都不会与视线方向正对。可以有意识地选择与视线垂直的面建立

UCS,得到的高度尺寸就会在视线正方向。

图 11-25(b)的尺寸标注操作：

(1)因绘制图 11-25(b)时,是直接在世界坐标系 WCS 中用圆锥命令直接绘制的,故它的底面就位于 XY 平面上,因此可以直接用"直径"命令标注圆锥底面的直径。

(2)预先在底面圆上选中一点(此点在视觉上近似垂直于视口),以底面圆心为原点,圆心至选中点为 X 轴,圆锥的轴心为 Y 轴,建立新的 UCS 后,直接用"线性"标注命令,即可标出圆锥的高度。

图 11-25(c)的尺寸标注过程与图 11-25(b)操作一致,这里省略,读者可以作为作业练习。

11.5.3 在"视图"坐标系中对三维实体进行注释

在 UCS 命令中选择"视图(V)"选项,即以当前视图创建 UCS,新的 UCS 以垂直于观察方向(平行于屏幕)的平面为 XY 平面,UCS 的原点保持不变。对于建立的三维实体,使用"视图"命令就可以得到平行于屏幕的 XY 平面。就相当于得到一张该实体的一幅照片,可以在照片上进行文字注释。这种方法经常在文档中和幻灯片演示时使用。

一般在视图平面上不能进行尺寸标注,原因是视图平面不一定是实体的某个面。

第 12 章　图纸的打印与输出

在完成工程图的绘制后,要进行输出或打印。在输出或打印之前,一般需要对图纸进行布置和编排,这项工作通常称为布局。

在 AutoCAD 中有两个工作空间,分别叫模型空间和图纸空间,输出图纸也分模型空间出图和图纸空间出图两种方式。

模型空间是按照 1∶1 绘制实体的,而图纸的图幅大小各有不同,例如 A4 图幅是 297 mm×210 mm。A3 图幅为 420 mm×297 mm 等,这就产生了一个比例问题。在模型空间中出图时,图纸的内容是对在模型上绘制的各种图形按照图幅的形状和大小进行排版,规划视图的位置与大小,标注尺寸,给图纸加上图框、标题栏、文字注释等内容。由于图纸比例,图纸中的标注尺寸、注释文字、图框等都必须按比例缩放。尽管 AutoCAD 在尺寸标注中设置了"全局比例",但改变图框及文字的字高仍显得比较烦琐。

为此,AutoCAD 设计了图纸空间出图的一套方法,即所谓的"布局出图"。在二维的图纸空间中,通过"布局"命令建立多个视口,每个"视口"可以随时切换模型或图纸空间,在图纸空间,视口的比例是 1∶1,而在模型空间,每个视口都可以单独缩放其中包含的实体大小。而尺寸标注、文字注释、标题栏等都可按照图纸需要直接设置外观尺寸,且在同一幅图上,可以用不同比例的视口表现实体及其细部特征。"布局出图"实际上是固定图纸空间大小,缩放实体比例安排在图纸上的方法。

本章的主要内容有:模型空间和布局空间的页面设置、模型空间的打印输出、图纸空间多视口指定不同比例和打印输出、电子打印、发表图形集、输出和输入图像。

12.1　页面设置

页面设置是打印设备和影响最终输出外观以及格式的所有设置的总称。页面设置包括选择打印机/绘图仪种类、打印图纸尺寸、打印区域、打印比例、打印样式、图形方向、颜色等项。可以使用页面设置管理器将一个页面设置后取一个名称保存,以便在以后随时调用,或者将这个名称的页面设置应用到多个布局中去,也可以将其应用到其他图形文件中。例如,在打印其他图形文件时,可以不进行打印页面设置,而是选择其他图形文件中已经命名的页面设置进行打印输出。这样可以提高作业效率。

对模型空间和图纸空间必须分别进行打印页面设置,而且在最终打印时,也只能使用自身的页面设置进行打印。模型空间无法选用图纸空间的页面设置进行打印;反之,图纸空间也无法选用模型空间的页面设置进行打印。但可以将模型空间的打印设置应用到布局中,这样布局就使用模型空间的打印页面相同的设置了。在模型空间打印前,也需要进行布局,在图纸空间,首先进行的是视口布局,因此人们常把图纸空间简称为布局。

12.1.1 页面设置的操作(模型空间)

(1)单击"文件"/"页面设置管理器",显示图12-1左面的"页面设置管理器"对话框,点击"新建"显示右边的"新建页面设置",默认名称为"设置1",基础样式为"模型",点击确定后,显示图12-2。

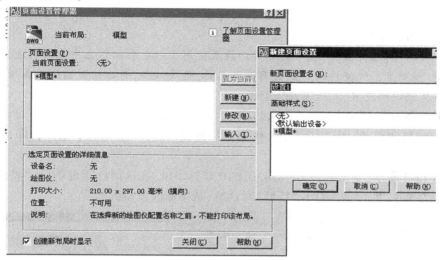

图 12-1　新建页面设置"设置1"

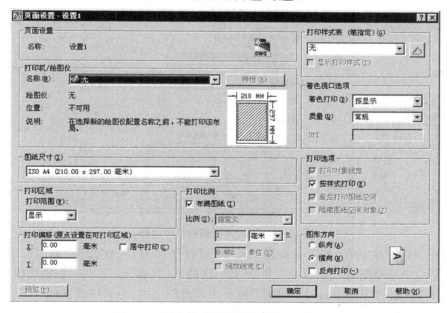

图 12-2　新建的"页面设置–设置1"对话框

提示:

当前布局显示为"模型",这是默认的选项。

在页面设置列表中列出可应用于当前布局的页面设置,只包含一个模型页面设置名称,并处于选中状态。在下面显示的选定页面设置的详细信息。

基础样式:就是旋转使用的基础页面设置。在选择一个基础样式名之后,单击"确定"按钮,将显示"新建页面设置"对话框,其中的参数与选择的基础样式参数相同,只需要对一些差别的项目进行修改。

无:选择无,新建页面设置不使用任何基础页面设置。

默认输出设备:表示该选项对话框的打印和发布选项卡中指定的默认输出设备为新建页面设置的打印机。

上一次打印:选择该项,表示新建页面设置使用上一个打印作业中指定的设置。

模型:模型是系统提供的默认页面设置名称,选择该项,新建的页面设置各项参数,都将使用与其相同的设置,然后基础上修改。

以下选择 HP-1020 打印机,以 A4 图幅为例,具体说明进行页面设置的具体步骤。

(2)在"打印机/绘图仪"项目下,单击下拉按钮,在弹出的列表中选择打印机或者绘图仪名称。

如图 12-3 所示,点击选择 HP LaserJet 1020 打印机,在选择打印设备后,"特性"按钮由灰色变为黑色,即可点击打开"特性"对话框,从中修改设备的配置。

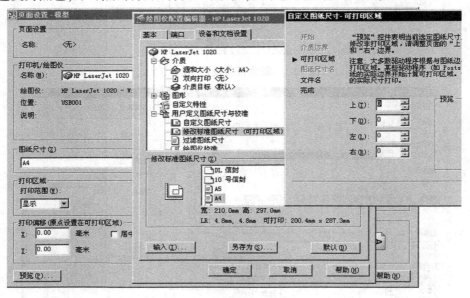

图 12-3　修改 A4 图幅的打印边界

(3)在"特性"中选择"修改标准图纸尺寸(可打印区域)",在弹出"修改标准图纸尺寸"项目菜单中选择图纸尺寸为:A4,即弹出默认的 A4 图幅上、下、左、右虚线框的位置,如果不进行修改,打印输出时,A4 图幅只能在虚线范围之内,为了精确,将上、下、左、右四个方向的原有数值均改为 0,这样就可以保证 A4 图的绘图范围不设四周边框,直接为 210 mm×297 mm,点击"确定"按钮后返回"页面设置对话框",这时,"特性"下方的 A4 示意图,就会变为没有边框,整个图幅均为打印范围。

(4)在打印区域下,单击下拉按钮▼,在弹出的列表内选择一个打印范围选项,如

图 12-4所示。

图 12-4　打印范围选项

（5）选择"打印范围"复选框,选择"窗口"后,单击 窗口(O)< 按钮,暂时关闭对话框,在视图中绘制一个矩形线框,线框内就是打印范围。

（6）在打印区域中增加一个"窗口"按钮,单击"窗口"按钮,在视图中会看到打印区域以视图背景颜色显示,而非打印区域会以灰色显示,如图 12-5 所示。

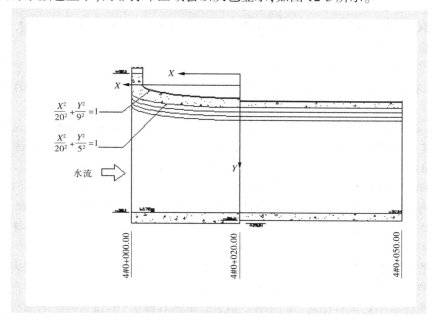

注:图中的视图背景为白色,打印范围外显示灰色外框。

图 12-5　单击"窗口"在视图中出现打印范围

（7）此时在命令行提示:指定打印窗口
　　　　　指定第一个角点:（点击第一个角点后,又提示）指定对角点。
当指定对角点后,视口消失返回,重新打开"页面设置"对话框。

（8）如果对打印区域不满意,可以重新点击" 窗口(O)< "按钮,再在视口中进行圈选窗口;如果满意,单击对话框左下角的"预览"按钮,打开预览窗口,其中显示图形就是最终打印的外观图形。

在打印范围下拉菜单下,有窗口、范围、图形界限、显示 4 个选项,其中的窗口就是我们常说的"圈选",其他选项的功能如下:

①范围:选中,能够打印当前空间的所有图形,无论它们是否显示在视图中。

②图形界限:点击"预览"可以显示图形界限的范围,在图形范围以外的部分不打印。

③显示:设置打印区域为绘图窗口显示的所有对象,没有显示的对象将不打印。

(9)选择"居中打印",系统会自动计算 X 和 Y 的偏移值,在图纸上将自动打印区域放置在图纸中间位置进行打印。

(10)单击"预览"按钮,在预览窗口中检查最终打印的外观效果。如在居中打印中设置了偏移值,例如设置 $x=100$,$y=50$,表示打印区域在图纸的左下角位置右移 100,在左下角移动了 50 mm。

(11)单击"关闭"按钮,退出预览并返回打印对话框,勾选"居中打印"复选框。

(12)在打印比例项目下,默认为勾选"布满图纸"复选框,此时系统会缩放打印图形将其布满图纸,同时下面会显示出缩放的比例因子。

提示:

如果取消"布满图纸"勾选,可以单击比例中的下拉按键▼,在弹出的列表中选择一个比例或输入比例。

"英寸"(毫米,像素)= 单位,用于设置图纸中的英寸数、毫米数或像素数等于多少绘图单位)。英寸(毫米、像素)是指图纸上的尺寸单位,单位是指在模型空间里的绘制尺寸单位。

例如:以 m 为单位绘制的图,打印设置是 1 mm = 1 图形单位时,也就是说图形的 1 mm 等于模型空间中绘制的 1 m,打印出来的比例是 1∶1 000,属于缩小打印、将图形缩小到 1 000 倍打印到图纸上。打印是 2 mm = 1 图形单位时,打印出来的比例是 2∶1,是放大打印,即图纸中打印出来的 2 mm 等于模型空间绘制的 1 mm 的长度。通常我们多数是缩小打印。有时机械零件很小,就需要放大比例,以 2∶1 或更高的比例将图形放大打印出来。缩放线宽,这个选项只在布局选项卡中进行页面设置时才有效。勾选时,将与打印比例成正比例缩放线宽。

(13)在对话框打印样式下,单击下拉按钮▼,在下拉列表上选择打印样式表名称。

通常使用的多数是黑白打印机,故应选择 monochrome.ctb 模式。

如果选择一个彩色打印机,应选择 acad.cth,单击右侧的"编辑"按钮,打开"打印样式表编辑器"对话框,单击列表中的任意选项块,右侧的特征颜色为对象颜色。具体见图 12-6。

提示:

打印样式表是指定给布局选项卡或模型选项卡的打印样式的集合。与线型和颜色一样,打印样式也是对象特性。可以将打印样式指定给对象或图层。打印样式控制对象的打印特性,可以创建新的打印样式表,或修改现有的打印样式表。

选择一个打印样式后,可以单击右侧的"编辑"按钮,显示的是黑白打印样式 monochrome.cth,单击列表中任意颜色块,周长的特征颜色都会设置为黑色。

为了打印黑白的图形,打印样式表的每种打印格式都必须将打印对象的颜色更改为黑色。为了减少操作,AutoCAD 提供了用于 monochrome.sth 和 monochrome.cth 的文件,这两个文件都是黑白打印的打印样式,用户就不需要去更改打印样式表中内容,只需要选中

图 12-6 打印样式表编辑器

就行了。

如果选用一个彩色打印样式名称,例如选中 acad.ctb,单击右侧的编辑按钮,打开"打印样式表编辑器"对话框,单击列表中的任意颜色块,右侧的特征颜色显示为使用对象颜色。

(14)在着色视口选项下,选择着色打印方式和质量。

其中:着色打印:用于指定视图的打印方式。质量:指定着色和渲染视口的打印分辨率。

(15)在打印选项表项目下,根据需要选择一种打印方式,默认状态下勾选"按样式打印"复选框。

提示:

打印对象线宽:勾选该复选框,将以对象或图层指定的线宽打印对象。

按样式打印:勾选该复选框,指定使用打印样式来打印图形。

最后打印图纸空间:勾选该复选框,指定先打印模型空间的对象,后打印图纸空间的对象。

隐藏图纸空间对象:勾选该复选框,指定 HIDE 操作是否应用于图纸空间视口中的对象。该选项仅在布局选项卡中可用。该设置效果会显示在打印预览窗口中,但不会显示在布局选项卡中。

(16)在图形方向项目下,选择"横向",图纸的长边位于图形页面的顶部。

图表方向标识符中的字母表示页面上的图形方向。

要将图形旋转180°,先选择"纵向"或"横向",然后选择"反向打印",即可上下颠倒地将图形放置在图纸上并打印。

（17）至此页面设置完成，单击"确定"按钮，关闭"页面设置"对话框。

（18）在"页面设置管理器"对话框中，刚才新建的"设置1"页面设置名称显示在列表中，单击，再单击"置为当前"按钮，应用"设置1"。

（19）最后点击"关闭"按钮，结束新建页面设置工作。模型空间页面设置完成。

12.1.2　图纸空间的布局页面设置

（1）在状态栏中单击图纸（模型）按钮 线宽 图纸 ，在布局空间默认的 A4 横向图纸如图 12-7 所示。

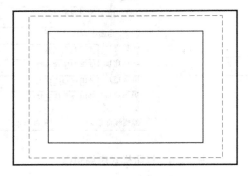

图 12-7　图纸空间中的布局 1

（2）依次单击"菜单"/"文件"/"页面设置管理器"对话框，当前布局显示为"布局"，单击"新建"按钮，打开"新建页面设置"对话框，输入名称为"布局设置1"，单击"确定"，打开"页面设置"对话框，选择打印机，图纸尺寸设置为 A4，图形方向设置为"纵向"，如图 12-8 所示。

图 12-8　A4 纵布局

说明：

（1）打印机/绘图仪选项，选择 HP Laser Jet 1020 打印机后，点击"特性"，将边界外的上、下、左、右均设置为 0，便于对准标准图框的外框，如图 12-9 所示。

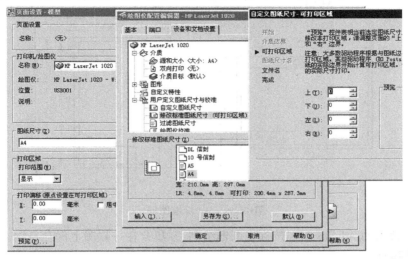

图 12-9　在"特性"/"绘图仪配置编辑器"中设置打印区域外边偏移值

（2）如果在出图时，现场没有合适的打印设备，可以选择单子打印，在"打印机"/"绘图仪"选项选择"DWF6eplot.pc3"或"DWFxeplot（XPS Compatible）.pc3"选项。其他操作同普通打印机。

（3）单击"确定"按钮，在"页面设置"管理器对话框中，单击新建的"A4 纵"页面设置名，再单击"置为当前"按钮，结束新建页面设置工作。布局空间页面设置完成。

12.2　在模型空间中打印

在模型空间中出图，一般都使用"窗口"方式，即通常所说的框选。对于单一比例的图形，若不考虑比例，只要用矩形窗口选中绘制的对象，即可在图中打印出不注明比例的图形。但是对于正规的图纸，就必须带有外框、标题栏和比例。另外，在一幅图上，安排多个对象时，尽管为同一比例，也需要进行排版。如果在同一幅图上安排多个不同比例的对象，这就需要首先确定一个主要对象的比例，然后在此比例的基础上，对其他不同比例的对象进行换算并进行缩放后安排在本幅图中，这是模型空间出图的原始方法。

模型空间出图中不可避免的问题是对其中的尺寸标注、注释文字和线宽都必须根据比例缩放，一幅图中有多个不同比例的对象时，绘制将更为烦琐。故模型出图多用于同一幅图纸的对象都采用统一的比例的情况。

12.2.1　出图的准备

12.2.1.1　绘制图框集

标准图幅的规格为 A0：841×1 189；A1：594×841；A2：420×594；A3：297×420；

A4:297×210。

以下以 A4 为例,按图 12-10 的绘图边界绘制标准图框和标题栏。

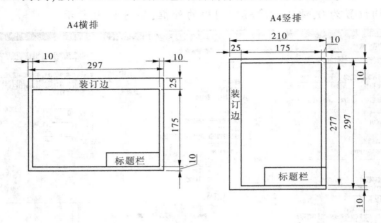

图 12-10　A4 标准图框

可以将常用的 A4、A3 图幅按标准图框绘制,并集合在一幅图上保存备用。

12.2.1.2　标题栏

标题栏根据工程、甲方、设计方与乙方的不同,由出图单位自己设计。标题栏一般由表格组成,表格不宜直接用线条绘制,应当采用 CAD 中的表格。其原因是自己绘制的表格在每次填写时都要进行文字、位置等的设计,耗费较多时间且最后还要进行调整。表格就会克服以上缺陷。

CAD 中的表格与 Excel 中的表格略有不同,在制作 CAD 表格时应注意:

(1)CAD 中的前两行为标题、表头行,从第三行开始以后各行为数据行,且标题行、表头行不能删去,这点与 Excel 表格是不同的。如图 12-10 中手绘的方框内所示,在"表格样式"中的"设置单元格式"将第一行、第二行均设置为"数据",即可如 Excel 进行表格填写。

(2)合并各行与各列,点右键后,找到"合并",会出现:全部、合并行、合并列子选项,根据不同需要进行合并。

(3)多行合并单元格后形成的单元格,在打印数字时,只能打印一行,如果按回车键,光标就会跑到下一单元格,要想在同一单元格中打印多行,需按 Alt+回车键即可。

(4)对齐:各单元格可设置对齐方式。

(5)CAD 表格中的列宽可以设计,但行高不是设计的,当字高确定后,列高即为 1,如果改为 2,即列高为 2 倍字高。

(6)字体和字高一旦设定,全表格就都会按照设置值显示。除非人工改动,否则设置值一直不变。

12.2.1.3　在标准图框缩放后范围内排版要打印的对象

如果采用"窗口"方式打印,就必须将 A4 横排的标准图框复制到模型空间。一般标准图框的大小是以 mm 为单位的,即 A4:297×210,而绘制的图形是以 m 为单位的。那么不变动图框大小打印出来的图形比例为 1:1 000。但这时往往图框的大小与内部对象的大小是不协调的,要使排版合适有两种方法:一是调整标准图框的大小;二是调整图框内图形对象的大小。因为调整绘图对象的大小,就破坏了绘图时按1:1的比例,不能自动标注图形的尺寸,显然是不合适的,故只能采用缩放标准图框的方法。

12.2.2 模型空间的排版、比例计算和打印

例:如图12-11所示,在模型空间,复制A4标准图框后,进行排版。将原图排版为A4横排的两幅图上。图12-11(a)、(b)通过改变图框的大小,形成不同的比例。

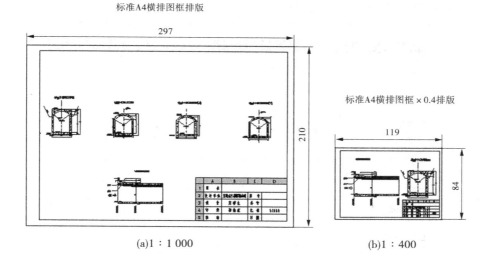

标准A4横排图框排版

(a)1:1 000

标准A4横排图框×0.4排版

(b)1:400

图 12-11　模型空间按比例出图的方法示意图

12.2.2.1　排版

原图上共有5个对象,4#导流洞0+000~0+20段4个断面图和0+000~0+50段的纵剖面图,通过排版将其安排在两幅图中,即图12-11(a)和图12-11(b)。

(1)在标准图幅为297×210的A4图框内,可以安排所有5个对象,具体如图12-11(a)所示。图中的各个对象以m为单位绘制,而图框是以mm为单位绘制的,也就是说,图框内的对象长度单位缩小了1 000倍才能放进所谓的标准A4图框内,因此图12-11(a)的比例为1:1 000。

(2)图12-11(b)是将4#导流洞剖面和起点(0+000)断面图放置在图框内。显然原图框太大,将标准图框的长和宽都缩小为原长度的0.4倍,原标准图框变为118.8×84,而该图框及内部的两个对象打印在297×210[实际为(0.297×0.210)m²的A4图上]图纸上,那么该图与图12-11(a)相比应当是增大的,具体的计算公式为:$\dfrac{1}{1\ 000}\div\left(\dfrac{4}{10}\right)=\dfrac{1}{1\ 000}\times\dfrac{10}{4}=\dfrac{1}{400}$,即图12-11(b)的比例为1:400。

(3)当然在排版时,也可以在模型空间里通过放大、缩小标准图框内对象大小的方法,但这种方法改变了原对象图形的大小,从而也会改变模型空间按1:1绘图的规定。

如果改变了对象图形1:1的比例,使用AutoCAD标注命令标注图形尺寸时,就不会得

到正确的图形对象尺寸,故这种方法在模型空间按比例绘图时是不可取的,都采用缩放标准图框的方法,而不采用缩放对象图形的方法。

(4)在排版时,因为 A4 图幅实际大小 AutoCAD 绘图区显示的大小差不多,故可以将此范围视为 A4 标注图幅,实际操作时,可以将排版的对象布满显示区,如果图纸的内容,包括标注和注释文字都能在此区域看清楚,就表示可以安排在 A4 图上,否则需要改为大图幅或安排较少的对象在本幅图中。

12.2.2.2 在模型空间打印

在排版后即可进行打印输出,操作如下:

(1)单击"文件"/"打印"菜单,平面显示"打印"对话框,具体见图 12-12。

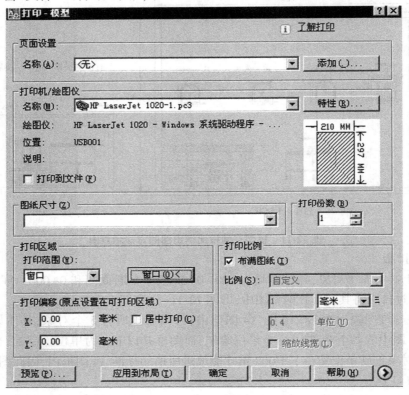

图 12-12 "打印"对话框

(2)打印时有如下两种情况:

①直接使用"页面设置"进行打印。

如果选择了已经保存的"页面设置"名,即可点击"窗口",此时显示屏显示模型空间绘图区的图形,点击对角线,选中要打印的图框,返回对话框,点击"确定"即可打印出图。

②在没有选中页面设置时(此时页面设置名称栏显示:无),可选择打印机、图纸尺寸等,选择"窗口"后,框选绘图区图框,再在打印对话框内选择"确定",即可打印出图。

打印的图形如图 12-13 所示。

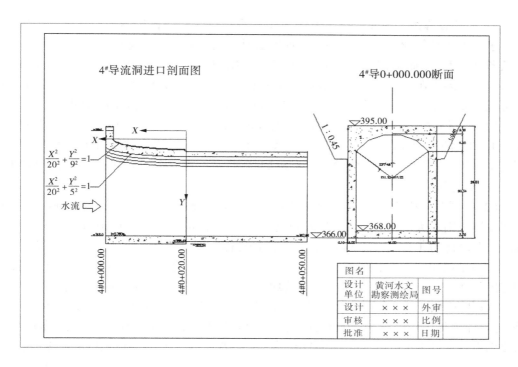

4#导流洞进口剖面图

$\dfrac{X^2}{20^2}+\dfrac{Y^2}{9^2}=1$

$\dfrac{X^2}{20^2}+\dfrac{Y^2}{5^2}=1$

水流

4#0+000.00

4#0+020.00

4#0+050.00

4#导0+000.000断面

图名		
设计 单位	黄河水文 勘察测绘局	图号
设计	×××	外审
审核	×××	比例
批准	×××	日期

图 12-13　在模型空间打印输出的 1:400 图

12.3　图纸空间输出图纸——布局

在模型空间,实际只使用"绘图区"窗口来进行作业,也可称为只有一个视口。这个视口实际是所画物体的全尺寸模型或复制品。计算机屏幕是进入构造该模型的窗口,而键盘和鼠标是进入这个房间的手段。可以通过平移、缩放等命令控制这个物体的位置,也可以使用绘图和修改命令来构建模型。

布局可以创建"视口"来显示模型空间的多个视图,一个视口可以显示整个图形;另一个视口则可以是放大了的局部图形,也可以使其他视角观测该实体的镜像……每个视口可以单独控制,并能够排版到同一幅图的任意位置。这样就能得到多视角、多比例的一幅图。

布局有强大的功能,即可在同一张图上绘制出同一个对象的若干视图,也可以在布局中进行标注和注释,可以创建实体。利用视口可以出现只在布局中出现的边界、注释和标题栏,使输出的图纸规范且有层次,能够清晰地表达图纸设计者的理念和意图。

图纸空间出图的准备工作,例如标准图框、标题栏、文字样式、标注样式等同模型空间出图。

12.3.1　以 mm 为主单位和以 m 为单位在布局时比例的计算

在模型空间出图时,在同一幅图上排版多个不同比例对象时,会遇到随时变换比例的问题,显得比较麻烦。为此 AutoCAD 设置了在图纸空间布局输出图纸的方法,可以简便地将多个不同对象、不同比例的图形合理地安排在同一幅图上。这种方法的实质是固定图纸图框的大小,通过不同比例的视口在图框范围内排版布局,完成每幅图的编排,最后打印出图。因为在模型空间都要求按 1:1 的比例绘制实体形状,因为绘图者设置的主单位可能有 m 或 mm 两种情况,因此在布局空间出图时,其比例也会有两种情况。

（1）绘制图纸时的长度单位为 mm。因 AutoCAD 的默认单位为 mm,因此绘图单位为 mm 时,图纸的比例和布局设置的完全一致。在布局出图时,设置的视口比例和出图的比例完全一致,不需要改变,非常简单。在机械制图、房屋建筑图等以 mm 为主单位的制图中,是经常遇到的。

（2）绘图时的单位为 m。对于地形图、工程图等经常和地理坐标发生直接联系的,单幅图控制范围较大的图纸,绘图时人们是以 m 为单位的。而 AutoCAD 中,默认单位为 mm,二者之比为 1 000。在 AutoCAD 的布局中,标准图幅的大小是以 mm 为单位,例如 A4:297 mm×210 mm,是固定不变的。图纸中以 m 为单位按 1:1 绘制的对象图形的长度和宽度都从数字上缩小了 1 000 倍。例如长度为 3 m、宽度为 2 m 的矩形对象,是无法放置在 A4 图框内的。但在 CAD 布局中以 mm 为单位,等于标注图框长、宽都扩大了 1 000 倍(也等于实体图形缩小了 1 000),就完全在 A4 图幅中放得下。在此情况下,布局视口的比例需要乘以 1/1 000,才是真正的图形比例。例如,某个视口的设置比例为 2:1 时(2×P),实际比例为 $2×\dfrac{1}{1\ 000}=\dfrac{1}{500}$。设视口设置时的比例为×P,则实际比例为×P×$\dfrac{1}{1\ 000}$。

12.3.2　创建和使用布局

在 AutoCAD 绘图区通常显示"模型""布局 1""布局 2"三个按钮,可以随时转换模型空间和布局 1 空间、布局 2 空间,也可以即时创建新的布局,对原有的布局重新命名,每个布局都有一个页面设置。

12.3.2.1　利用 AutoCAD 自带的"布局 1"进行页面设置

选择一个绘制完成的"棱台型强制对中观测墩台图"作为实例。该图的模型空间的图形如图 12-14 所示。绘制时采用的单位是毫米(mm),按 1:1 的比例绘制三维图。其中图 12-14(a)为"三维线框"图,图 12-14(b)为"三维隐藏"图。本例主要的内容包括:①对布局进行页面设置;②对于以 mm 为单位的 1:1 图形进行多视口、不同比例的绘制过程。

图 12-14 是四棱台式强制对中观测墩台立体图,大型工程测量控制网控制点基本都采用该类结构。使用时只要带有专用的连接螺丝,直接拧上与仪器连接即可。其基本结构是按工程测量规范中要求的尺寸设计的。其基本结构包括地下基础部分、地面平台、四棱台式墩台、顶面连接面板和连接螺旋部分。以下按布局出图的方式输出图形。

单击绘图区下部的"布局 1"选项,进入布局工作状态。右键单击"布局 1"选项按钮,在弹出的菜单中选择"重命名",将布局 1 名称改为"四棱台"。将建立一个以 A4 纵向图纸上输出的布局;右键单击"四棱台"选项按钮,在弹出菜单上选择"页面设置"管理器,可以"新建"或"修改"原来的页面设置,选中或新建"页面设置"就会弹出"页面设置"管理器对话框,如图 12-15 所示。设置基本项目如下:

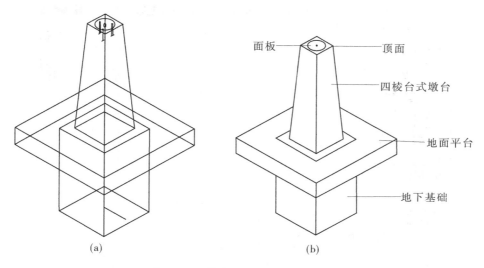

(a)   (b)

图 12-14　棱台型强制对中观测墩台

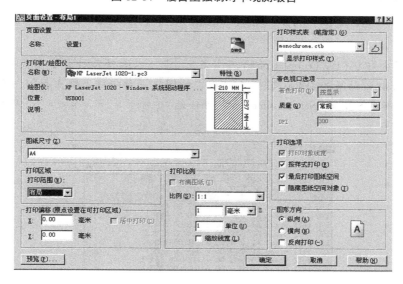

图 12-15　"页面设置"管理器选择对话框

（1）在"打印机/绘图仪"项，选择打印机"HP Laser Jet 1020-1.pc3"，此时在特性下，可以看到为竖排 A4 图，边沿为靠边。此时的打印机是已经设置好绘图边界的，具体设置见图 12-16。

（2）将"打印样式表（笔指定）"中选择"monochrome.ctb"（黑色）。

（3）此时图纸方向已经提示为"纵向"。

说明：例如图 12-15、图 12-16 中的 HP Laser Jet 1020-1.pc3 即为计算机自带的惠普 1020 型激光打印机；在计算机没有连接打印机时，应当选择 DWF6 eplot PC3（虚拟的电子打印机），可以在虚拟打印机中选择任何规范的图纸，例如 A0／A1／A2／A3／A4 等各类型号的图纸。

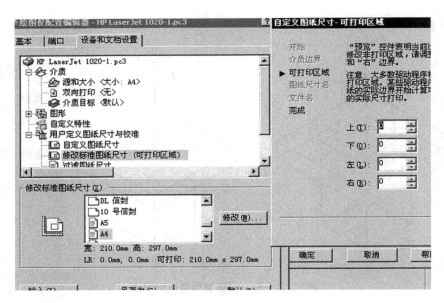

图 12-16 "特性"/"修改标准图纸尺寸(可打印区域)"项选择

说明：

(1)电子打印机(DWF6.eplot.pc3)，"图纸尺寸"可以选择各种大小图幅的图纸，例如 A1、A2……其打印结果为 DWF 文件，也可以在绘图仪或打印机上输出打印。在选择图纸 尺寸时，应选择(全出血)ISO full bleed A4(可任选)(＊＊＊.＊＊×＊＊＊.＊＊)，具体见 图 12-17。

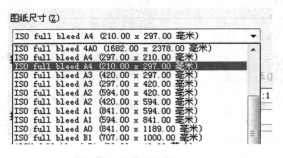

图 12-17 图纸尺寸

(2)为了在布局中能够精确安排图幅，将所有边界外都设置为 0，可以保证标准图纸 的外图框准确对准图纸边界。

以上为对已存在的布局进行设置，新建布局的页面设置与上述类似，这里省略。

12.3.2.2 在布局中粘贴标准图框和标题栏

选择后单击"确定"按钮。回到页面设置"对话框"，按回车键，在显示器显示一个"四 棱台"布局：一个 A4 竖排图幅的白色区域，中间有一个方框：视口，视口中将显示绘图区 的四棱台立体图。

前面已经介绍了在模型空间绘制不同图幅的 1:1 比例图框和标题栏备用，对布局进 行设置后，布局显示的白外框就完全和 1:1 的图幅一样，这时就可以打开标准图框文件，选择需要的图框、标题栏进行"带基点复制,基点选择外图框的左下角。

将保持在图框集中的 A4 竖排标注图框和标题栏复制到布局中,注意可以将图纸放大,将图框的左下角尽可能地对准布局的左下角(此时对象捕捉不起作用),单击即可将布局加上图框和标题栏。

这样就给四棱台布局加上了图框和标题栏。

12.3.2.3 对布局进行构思与设计

在二维空间中,一般设计图纸对实体都要用正视图、俯视图、侧视图来表示,复杂实体还需要对细节用放大图、剖面图等来表示。在模型空间出图时,必须先绘制出实体的三视图及剖面图、断面图,并依照不同的比例尺安排在同一个图框内,才能打印在一幅图上。

而在布局中,按 1∶1 的比例显示选定的标准图幅,可以在图框内安排多个视口。每个视口显示的内容多数都可以自动实现而不需要重新绘制。例如,只要绘制出一个实体的三维图,其正视图、俯视图、侧视图是不需要分别绘制的,一个实体通过不同的视角得到正视、俯视、侧视及剖面的图形,分别保存在各个视口上,各自安排绘图需要的比例。

在打开视口前应做如下准备:新建视口、尺寸标注和注释 3 个图层。将视口图层设置为当前图层。

12.3.2.4 在布局中单个视口的操作

当布局页面设置后,图形空间里只有一个视口。一般视口中将显示与模型空间相同的图形,也可能是一个空白的窗口。

(1)确定该视口在布局空间的位置及大小。点击视口边界,选中该视口,通过"平移"命令,将视口移至布局空间的合适位置;再点击视口的某个角点,该角点变为"红色",即可通过移动该夹点的位置,改变视口的大小。

(2)在模型空间,调整视口的视角,得到需要的视图。在视口内双击,此时视口边框变为"粗线",视口内已经转换为模型空间,点击"面板/三维导航",提示:"未保存的当前视图"下拉选项(仰视、俯视、正视、后视、左视、右视、西南等轴测、东南等轴测、东北等轴测、西北等轴测),如果将本视口选为正视图,点击"主视",在该视口内的图形均为主视图;选择其他视角,则该视口为相应的视图。

(3)确定视口的比例。在命令行输入"z",命令行提示"ZOOM",输入比例因子(n×或 n×p),或者全部(A)/中心(C)/动态(D)/范围(E)/上一个(P)/比例(S)/窗口(W)/对象(O)/<实时>:输入 1/30×p,按 Enter 键,此时视口内部的图形根据图纸单位的大小缩小为原来的 1/30。

视口设置比例的说明:

比例缩放视图时,输入的比例因子有 n× 或 n×p 两种,n 代表数值。

n×:表示将当前显示的对象放大指定的比例。例如:输入"0.5×",将使视口上的每个对象显示为原来图形大小的 1/2。输入 3×,会将对象显示为原来图形显示尺寸的 3 倍。

n×p:指定相对于图纸空间单位的比例进行缩放,按实际尺寸缩放显示在图纸上。例如输入"0.5×p",将以图纸空间单位的 1/2 显示对象,即显示的图形对象大小是原始大小的 1/2。应创建图形的比例的说明文字 1∶2。

至此视口的设置比例结束。

(4)在布局空间里对图形尺寸进行标注、文字注释。在模型空间里,标注的比例始终为 1:1,无论视口的比例是多少,但标注的尺寸仍然按实体 1:1 的标注。且标注的文字和注释文字的字高按设定的进行显示、打印,不会因视口比例不同发生变化。在 A4 图纸中,一般每个布局的总标题字高在图上设置为 7~10,视口标题文字字高为 5,标注文字字高为 3 左右。

(5)在同一个布局中设置多个比例的视口,从各个视角显示实体。点击"视口/单个视口"可以另一个方形视口,也可以绘制圆、椭圆等图形,点击"视口/将对象转换为视口"命令得到圆形、椭圆形等形态的视口。分别将俯视图、侧视图、立体图或剖面图等图形插入,得到实体的不同视角、不同比例的图形,比较完整表现实体的细节。具体到四棱台实体视口,再建立 2 个新的视口。考虑到墩台顶部较为复杂,绘制一个椭圆,将其转为一个椭圆视口,到此,本布局上共有 4 个视口,分别安排正视图、俯视图、立体图和顶部放大图,具体见图 12-18。

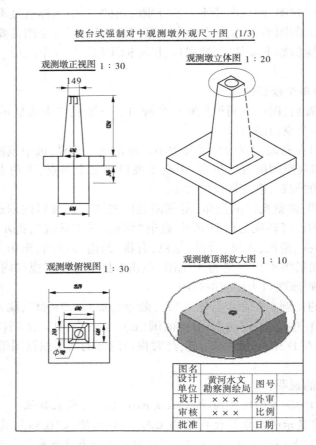

图 12-18   棱台式强制对中观测墩外观尺寸

在正视图、俯视图或侧视图上尺寸标注,比较直观。

(6)在图面上清除不必要的视口边框。在一幅图布局完成后,为了图面的简洁,可将某些视口边框清除掉,其方法是关掉视口图层。这里需要说明的是,需要保留的椭圆形视口,可以将其转到其他图层之中。

12.3.3　绘图单位为 m 的布局出图实例

CASS 是在 AutoCAD 软件平台上开发的地形图数据处理软件,工程测量人员习惯用 CASS 进行地形图测量和工程图的绘制,故许多绘图人员在输出图纸时,采用的方法和图幅都受到 CASS 软件的影响。而对 AutoCAD 中的布局出图则比较陌生。本节以图 12-19 为例说明在布局中出 A4 横排图的方法。

图 12-19 就是在 CASS 上以 m 为单位绘制的导流洞竖井段剖面图。原图是在模型空间里绘制并出图的。现要求在 AutoCAD 同一布局下输出一幅 A4 横排不同比例视口的图纸。

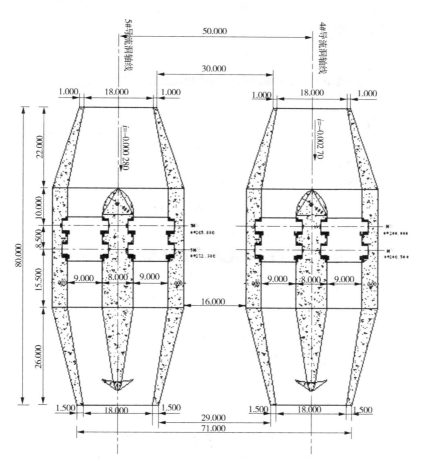

图 12-19　布局中出 A4 横排图示例

12.3.3.1　视口真实比例的计算

因以 mm 为单位与以 m 为单位相差 1 000 倍,在布局中的标准图幅以 mm 为单位,并且是固定不变的,例如 A4 横排的规格是 297×210(而如果采用 m 为单位应该是 0.297×0.210)。也就是说,该图框的长、宽因单位不同均扩大了 1 000 倍(相当于实体缩小到原来的 1/1 000)。当视口中显示的比例是 1∶1 时,实际比例为 1∶1 000。

如果视口的比例为 $2:1=2$,则实际比例为 $2\times1/1\,000=1/500$;

如果视口比例为 $5:1=5$,则实际比例为 $5\times1/1\,000=1/200$,视口比例为 n ,则视口的真实比例为 $n/1\,000$ 。

12.3.3.2 建立新的布局

点击"插入/布局/新建布局",在命令行提示:"输入新的布局名<布局 2>:",输入"竖井段",则在绘图区左下方产生一个新的布局"竖井段"。点击"竖井段"布局,打开"页面设置管理器",如图 12-20 所示。

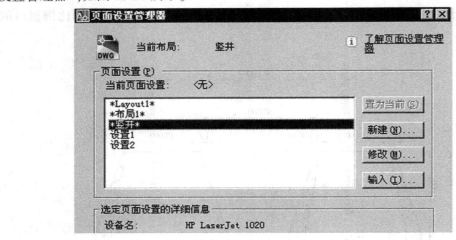

图 12-20 竖井布局的页面设置管理器

点击"新建",设置新建布局名称,如图 12-21 所示。

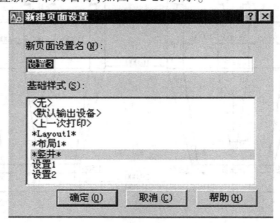

图 12-21 输入新建页面设置名:"竖井"

竖井页面设置如图 12-22 所示。

说明:

(1)打印机/绘图仪名称选择:HP Laser Jet 1020-1.pc3,是以前设置过的 A4 图全部到边界的,打印颜色中,选择的为黑色打印,图纸方向为横向,打印区域为布局。

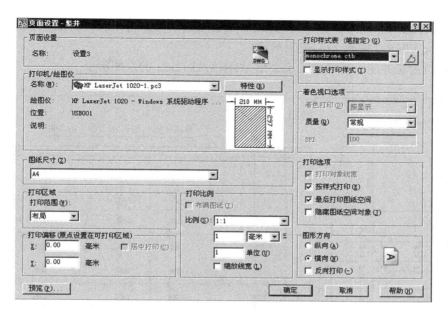

图 12-22　竖井页面设置内容

（2）单击"确定"按钮,关闭"页面设置-竖井"对话框,此时屏幕上出现单一视口的布局。因在"特性"/"打印区域"选项中选择了外框外全部设置为 0,故打印区域布满整个 A4 横排区间。

（3）在此布局里插入 A4 横排的标准图框和标题栏。具体方法是打开"标准图框"图集,单击右键,选择复制 A4 标准图框及标题栏。在新布局空间,单击"粘贴",此时命令行提示"选择基点",注意可以将图纸放大,将图框的左下角尽可能地对准布局的左下角(此时"对象捕捉"不起作用),点击,即可将布局加上图框和标题栏。

视口的操作如下:

（1）视口可以移动、复制,改变外框的大小和形状,根据排版的需要将视口移至布局内框的合适位置,单击外框,选中视口,再点击某个角点,当角点变成红色时,即可拉动边框使视口的大小形状达到需要。

（2）此时视口位于图纸空间,双击视口内部任意点,视口边界变为粗线,视口空间转换为模型空间,此时模型空间的坐标系图标出现在视口的左下角。(如果再双击视口外框外任意点,视口又返回图纸空间)

按住视口中一点位移可以移动模型空间实体的位置,直到将需要的实体移动到视口的合适位置。

（3）调整视口中实体图形的比例。在模型空间,用鼠标可以调整视口内实体图形的大小,并在"视口/按图纸缩放"栏显示大概的比例值。在本例中,因绘图时采用的单位为米,当显示为 1:1 时,真正的视口比例为 1:1 000。本例中在 A4 横排的图纸上,竖井整体图形最大只能放大到 2 倍,即 2×1/1 000 = 1:500。

精确设置比例的方法是:在命令行输入"z",命令行提示"ZOOM",输入比例因子(n×

或 n×p),或者全部(A)/中心(C)/动态(D)/范围(E)/上一个(P)/比例(S)/窗口(W)/
对象(O)/<实时>:(输入 2×p,按回车键)

在视口内竖井图形已经放大至 2 倍,具体见图 12-23 的左图所示。

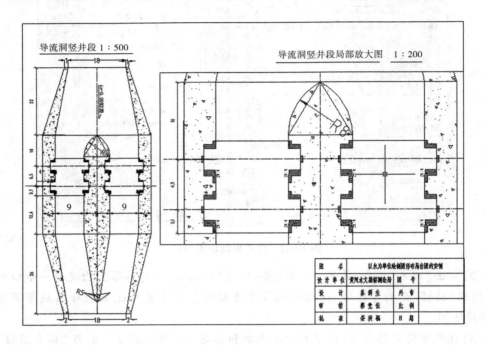

图 12-23　竖井底部剖面图

从图 12-23 上可以看出,因视口比例太小,竖井闸门轨道的部分看得不是很清晰,需
新增添一个新的放大视口。

(4)新增添一个视口。增添视口需通过"视口工具栏"(　　　　　　　)中的
命令按钮。该工具栏有 6 个命令按钮,具体为:①显示"视口"对话框;②单个视口;③多边形
视口;④将对象转换为视口;⑤裁剪现有视口;⑥视口比例(按图纸缩放或比例值 n)。

本例点击"单个视口"(　　)命令,用鼠标在布局中点击要建立的矩形视口对角线两
点,即可建立一个新的视口。新设视口仅对准竖井轨道部分,比例设置为 1:200 考虑到原
图以 m 为单位,视口实际比例 5:1 。

设置新视口比例的过程为:在命令行输入"z",命令行提示"ZOOM",输入比例因子
(n×或 n×p),或者全部(A)/中心(C)/动态(D)/范围(E)/上一个(P)/比例(S)/窗口
(W)/对象(O)/<实时>:(输入 5×p,按回车键),即可将新视口的比例设置为 1:200。

对于图纸空间,所谓视口是 AutoCAD 界面上用于图形的一个区域,在多数情况下,一
幅图上往往需要从不同的视角显示实体,为了清晰看到实体局部的细节,也可能进行局部
放大。在布局中需要布设多个视口来表现模型空间实体图形的形状和大小。AutoCAD 中
视口可以是任意形状的,个数不受限制。

(5)在视口中标注尺寸。我们已经设置过"尺寸标注"样式,在模型空间,因实体图形

均为 1:1 的比例绘制,用此标注样式可以准确方便地标注图形中的长宽尺寸。在图纸空间里,各个视口的比例多数都不是 1:1 的,那么用此标注样式,能否在不同比例的视口中都能得到正确的标注尺寸?实践证明早期版本的 AutoCAD,在图纸空间进行尺寸标注多数会标注尺寸不准确。原因是视口比例的问题。

目前的新版本,通过改变标注样式的某些参数使图纸空间标注尺寸与模型空间对象保存关联性,成功地解决了这个问题。只要预先进行了特殊的设置,可以实现在图纸空间都标注出模型空间形体的真实尺寸。尺寸标注后的布局如图 12-23 所示。

本布局中有两个视口,由于实体尺寸采用了以 m 为单位,左视口在布局设置比例为 2:1,真实比例为 1:500;右视口设置比例为 5:1,真实比例为 1:200。

对于以 m 为单位的实体,在布局中设置比例应除以 1 000,这才是真实的比例。

12.3.4 绘图时单位为 mm 输出图纸时以 m 为单位的实例

12.3.4.1 布局中的尺寸标注

按照国家标准,无论图纸上的视图采用何种比例表示,标注的永远是形体的真实尺寸;无论图纸上的实体采用什么样的比例表示,同一幅图上的尺寸标注的数字大小要一致,标注样式要一致。

在 AutoCAD 中要标注出符合国家标准的尺寸,先要设置好尺寸标注样式。

(1)设置尺寸标注样式及相关参数。

①根据图纸大小与图形的复杂程度,来设置符合国标的尺寸标注样式,例如:

A4 图幅:一般尺寸箭头长度设置为 3,尺寸数字高度为 3;

A3 图幅:尺寸箭头长度设置为 3.5~4,尺寸数字高度为 3.5~4;

A2 图幅:尺寸箭头长度设置为 4~4.5,尺寸数字高度为 4~4.5。

②在"标注样式"对话框"调整"选项卡"标注特征比例"选项组中,应按照图 12-24 来设置。

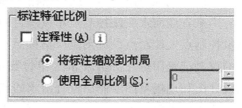

图 12-24　标注特征比例调整

说明:这样设置后,在布局中为视图标注的尺寸其外观就采用所应用样式的定义值,无论布局中有多少浮动窗口,也不管其比例如何,在布局中看到尺寸外观大小划一,即便是更改了视口比例,尺寸外观大小仍然不变。

(2)为图纸上不同比例的视图标注尺寸。

在 AutoCAD 2007 以后的版本中,通过布局标注尺寸是最简单的标注方法。AutoCAD 可以使图纸空间标注的尺寸与模型空间标注对象之间保存关联性,也就是说,无论浮动视口的比例如何,在布局中为视图标注尺寸时,AutoCAD 会根据每个视口的显示比例自动调节标注值,标注出的尺寸一定是模型空间的真实尺寸。因正常情况下在模型空间都是按 1:1 的比例绘制实体图形,故在布局中标注的尺寸就是实体的真实尺寸。具体操作如下:

①切换到某一布局,例如"竖井剖面"。

②创建尺寸标注图层,例如标注 1 层,并转为当前图层。

③选择"工具/选项/用户系统配置"选项卡,在"关联标注"选项组中将"使新标注与对象关联"复选框中勾选,选中,即设置了尺寸标注的关联性,如图12-25所示。

图 12-25 "选项"对话框中"用户系统配置"选项卡设置关联标注

④使用尺寸标注命令,通过捕捉对象上的目标点标注尺寸,结果如图11-23所示。

（3）在"标注样式／修改／主单位"选项卡中的"测量单位比例"选项组中的"比例因子"。此微调框用于设置线性标注测量值的比例,默认值为1,即按对象的实际线性尺寸测量。如果输入值大于1或小于1,则按比例因子缩放测量值。例如图形中的对象的实际长度为150,比例因子输入2,则标注值:300;如果比例因子输入为0.6,则标注值为90。

对于单位为 mm 的对象,如果想以 m 来标注其长度,可以输入比例因子为 0.001,则标注值即变为以 m 为单位。例如一个矩形的边长以 mm 为单位测量值为 5 873,在比例因子设置为 0.001 时,在图上标注值则为 5.873。利用此设置,在工程图中将以 mm 为单位的建筑施工图中的单位标注为以 m 为单位。

（4）全局比例。

"使用全局比较"选项为所有标注样式设置一个比例,该比例所有标注要素,例如文字和箭头的大小,但不更改标注的测量值。全局比例因子不能应用到公差、测量长度、坐标或角度标注。如果在模型空间标注和打印,全局比例与打印图形的比例因子一致。

12.3.4.2 广东各河流水文站控制点点之记图的绘制实例

广东省江河水文站控制点布设项目的内容为几百个水位站的建造不同类别的上千个测量控制点。控制点设计图是严格按照设计规范以 mm 为单位绘制的,而现场每个控制点的点之记是用皮尺丈量以 m 为单位测量手工记录的,且仅绘制有现场草图,如何能根据设计图和现场草图绘制出符合要求的点之记图,是本次绘图的基本任务。

业主要求每个点之记均必须按测量规范上有规定的标题栏格式,在标题栏中,有两块方形的空格,分别用来绘制控制点与周围建筑物的位置关系和控制点的基本结构。综合以上分析,绘制点之记图的主要问题是如何将已经绘制好的以 mm 为单位的结构图和以 m 为单位的丈量草图,综合绘制在点之记标准图框内,并以 m 为单位标注尺寸。

单个基点绘图方法构思与步骤如下:

（1）每幅图应能够包含 1 个水文站的所有测量控制点（基点）,每个基点对应设置一个布局,根据每个水文站基点的数量建立以下图层:基点 1、基点 2、基点 3、基点 4、视口 1、视口 2、视口 3、视口 4 和相应的 4 个标注层等。

（2）在规定的图层上模型空间的 *XY* 平面上,以 mm 为单位,按 1:1的比例绘制（或复制）测量规范要求 A4 竖排的点之记表格图纸的外框和标题栏。同样按 1:1比例绘制全部

（4个）类型的测量控制点剖面图。

（3）以 mm 为单位绘制各点的点之记位置平面草图。

（4）每个布局设置 2 个视口,视口的位置和大小都与标题栏预留的空格区域重合,其中左上角空格的点之记区比例设置在 1/500 左右,右上角的标石类型图比例为 1/40 左右。设置过程省略。

（5）更改标注样式"尺寸样式":修改"尺寸"标注样式,将"调整/将标注缩放到布局"项选中,或者在"选项"对话框中"用户系统配置"选项卡设置关联标注。具体见图 12-14、图 12-25。即可保证在布局空间标注与模型空间标注的尺寸长度相同。

（6）因为绘图时以 mm 为单位,现在在布局空间要求标注为以 m 为单位,只要将"主单位/测量单位比例"项由 1 改为 0.001 即可,具体见图 12-26。

图 12-26　修改比例因子

修改后按"确定"按钮返回,将修改后的"尺寸标注"样式置为当前,可进行尺寸标注。

为防止视口中的显示内容和比例在以后的操作中变化,可以进行视口锁定,具体方法是:

分别点击两个视口选定;再右击视口边界,则显示视口设置对话框,单击"视口锁定"项,显示"是"和"否",单击"是",视口便被锁定,视口中的内容、大小、比例便被锁定。如果需要修改,就需要重复上述步骤,点击"否",打开锁定状态,才能对视口的大小、内容和比例进行修改。

将视口 2 图层关闭,并对视口进行文字注释,添加标题:左视口的标题为"博美站基 1 点位置图　　1:500（单位为 m）"右视口的标题为"浅埋式明标　　1:40（单位为 m）"。

对标题栏的其他内容逐项填写,填写完毕后,手动写入保管人和检修人名称,点之记即可完成。具体见图 12-27 。

线型比例设置、文件保存与打印步骤如下:

（1）线型比例设置。在模型空间对图形出图时应当按照图形比例因子来设置线型比例,使线型可见。但在布局中输出打印图形时,必须把线型比例设置为 1,这样线型看起来才正常。这时因为 AutoCAD 忠实地将线型比例绘制到当前的单位系统。

（2）文件的保存。在同一水文站中,每个基点都设置一个布局,按照前述的方法进行视口设置、尺寸标注和文字注释,逐次完成所有基点点之记的填写。完成后即可保存为"×××水文站基点点之记"文件。这样一个水文站的 4 个基点的点之记,都以水文站名称保存,便于以后的查询与应用。

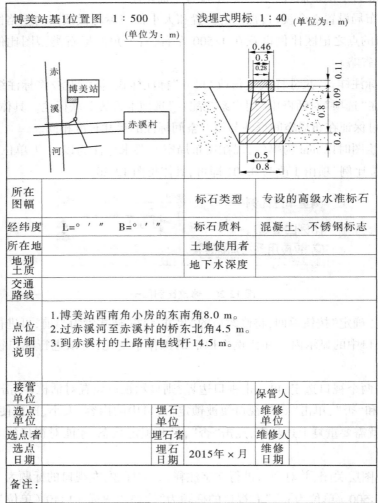

博美站水准点基1点之记

广州—韶关线   点名：博美站基1

所在图幅		标石类型	专设的高级水准标石
经纬度	L=° ′ ″ B=° ′ ″	标石质料	混凝土、不锈钢标志
所在地		土地使用者	
地别土质		地下水深度	
交通路线			
点位详细说明	1.博美站西南角小房的东南角8.0 m。 2.过赤溪河至赤溪村的桥东北角4.5 m。 3.到赤溪村的土路南电线杆14.5 m。		
接管单位		保管人	
选点单位		埋石单位		维修单位	
选点者		埋石者		维修人	
选点日期		埋石日期	2015年×月	维修日期	
备注：			

图 12-27 博美水文站基 1 点之记

（3）使用布局打印。在当前"布局"状态下，发打印命令，出现"打印-博美1"对话框，见图12-28。由于在建立布局时已经设置完成了多数参数，因此不需要进行改变，单击"打印"，即可开始打印。

如果要打印同一个文件的其他布局，只要点击命令行左下角的布局名称激活，同样会显示对应的"打印-××"对话框，点击"确定"即可打印该布局。

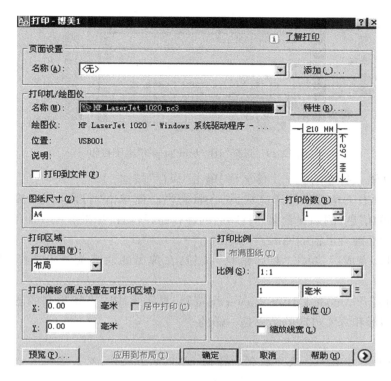

图 12-28 打印博美 1 布局

12.4 打印电子文件

图形可以通过物理打印机输出,如果计算机没有安装打印机,可以选择电子打印的方式将图形打印到一个电子文件中,任何人都可以使用专用的浏览器打开、查看和打印,在浏览器中可以看到最终的打印结果,与从物理打印机上的效果相同。

12.4.1 打印单页 DWF 文件

12.4.1.1 打印单页 DWF 文件的操作

DWF(Web 图形格式)文件为共享设计数据提供了一种简单、安全的方法,可以将它视为设计数据包的容器,它包含了在可供打印图形集中发表的各种设计信息。

DWF 文件是二维矢量文件,用户还可以使用这种格式在 Web 或 Internet 网络上发布图形,每个 DWF 文件可包含一张或多张图纸,称为单页 DWF 文件和多页 DWF 文件,当需要输出含有一张图纸的 DWF 文件时,可以直接使用打印命令,方法如下:

(1)打开一个图形文件,在模型或布局空间均可,单击"打印"按钮,打开"打印"对话框。

(2)在打印对话框内"打印机/绘图仪"项目选择"DWF6 ePlot.pc3"或"DWFxePlot(XPS compatible).pet",如图 12-29 所示。

(3)根据需要为 DWF 文件选择打印设置,如图形尺寸、打印区域和比例等(该过程和物理打印机设置的过程相同),单击"确定"按钮后,打开"浏览打印文件"对话框,选择一

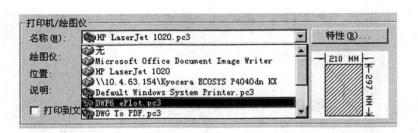

图 12-29　选择"DWF6 ePlot.pc3"电子打印

个保存路径并输入打印的电子文件名称,单击"保存"按钮。

（4）当界面右下角提示打印完成后,在状态栏右侧单击"打印信息"按钮,打开对话框,查看打印的信息,例如查看文件打印后的保存路径位置,如果有错误而使打印未成功,也可在此对话框查看出错的原因。

（5）在打印完成后,单击"打印信息"按钮,在弹出的快捷菜单中选择"查看打印文件"命令。

（6）此时打开 Autodesk DWF Viewer 浏览器,显示出刚刚打印出来的图纸集,在浏览器查看到的图形和真实打印的结果是一样的。

说明:

（1）用户也可以在文件夹中找到打印的 DWF 电子文件,双击它就可以打开浏览器,因为安装 AutoCAD 的同时就安装了这个浏览器。

（2）在打印对话框内,"打印机/绘图仪"选项也可选择"DWG to PDF.pc3",可以打印 Adobe PDF 文件。

（3）PDF 是一种电子文件格式,这种文件格式与操作系统平台无关,也就是说,PDF 文件是在 Windows、Unix 还是苹果公司的 Mac os 操作系统中都是通用的。这一特点使它成为在 Internet 上进行大桩文档发行和数字化信息传播的理想文档格式。官方阅读工具是 Adobe Acrobat Reader（中文版）,该软件是免费软件。

12.4.1.2　打印单页 DWF 文件的实例

在计算机没有安装打印机或者安装的打印机不能打印较大图幅的图纸时,可以采用电子打印的方法,打印出 DWF 格式的电子文件。DWF 格式文件一般只保存一个布局,因此用一个模型创建 N 个布局的情况下,需要建立 N 个 DWF 文件。下面的实例是测量控制经常使用的 500#小桩结构图,该图创建了 2 个布局。现要求对布局 1 进行打印,生成 DWF 格式的电子地图。

操作过程如下:

（1）打开"小桩.dwg"文件,并打开布局 1。

（2）点击"打印"菜单,显示"打印"选项卡。显示打印对话框如图 12-28 所示（名称与设置不同）。

（3）在打印对话框内"打印机/绘图仪"项目选择如图 12-29 所示。

选择打印机为"DWF6 ePlot.pc3"后,可以进行各种规格的图幅的打印设置（例如 A0、A1…）,本例中设置为 A4 横排。

其基本设置如下：

文件名:打印-布局 2

打印机/绘图仪:DWF6 ePlot .pc3

图纸尺寸:ISO full bleed A4(297.00 mm×210.00 mm)

特性:"修改项":打印区域外框外上、下、左、右

设置均为 0, 具体见右图 12-30 所示。最后在图 12-31 中点击"确定"按钮,显示新建电子文档的名称和保存路径设置见图 12-32。

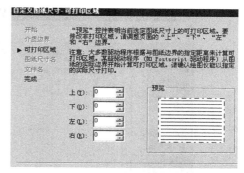

图 12-30　边界距离设置

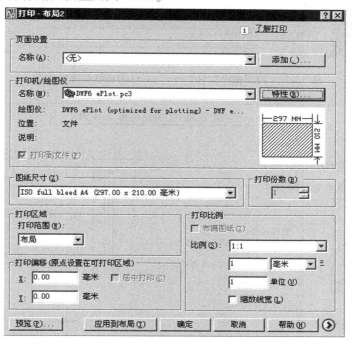

图 12-31　打印选项卡生成 DWF 格式文件

设置完成按"保存"即可。

(4)在 Windows 界面上激活打开"小桩-2.dwf"文件,如图 12-33 所示。

12.4.2　发布电子图集

用户可以一次将多个图形打印到一个 DWF 电子文件中,使该 DWF 文件包含多页,这样就可以在浏览器中得到多页图纸的打印效果,该操作称为发布电子图集。以下以"博美水准点"为例,介绍发布电子图集的操作。

(1)双击"广东水准桩.dwg"文件,打开 AutoCAD 原图。

"广东水准桩.dwg"文件是广东江河水文站控制点的基准图,在模型空间绘制博美水文站 4 个点的点之记草图和 4 种基点的三维立体图,在图纸空间布设了 5 个布局,分别安

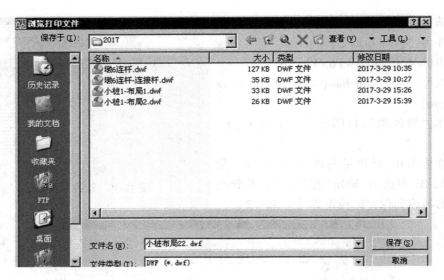

图 12-32　电子图纸文件(＊ ＊ . dwf) 的名称和路径设置

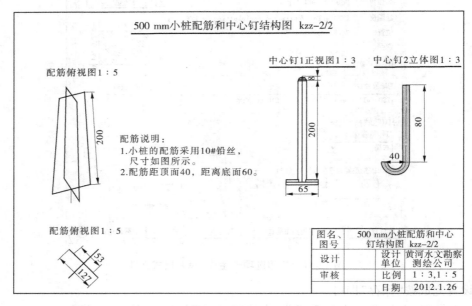

图 12-33　打开"小桩-2.dwf"电子文件

排了 4 个基点的点之记图。(其他水文站点只要在此图的基础上绘制点之记草图,便可在布局中完成所有基点的点之记图绘制)

(2)双击要添加的电子图集的"D:\2012\测量标志\控制桩\中桩\中桩 2.dwg"原图。

提示:如果要发布的电子图集中包含有若干个 AutoCAD 图形文件(.dwg),必须预先在 AutoCAD 界面上打开这几个文件。才能在"发布"选项卡中的图纸名列表中找到这些图形文件;反之没有打开的绘图文件,在"发布"选项卡中不能找到这些文件所包含的图纸名。

(3)在两个打开文件中的任何一个文件的绘图区上方标准工具栏点击"标准／发布"按钮(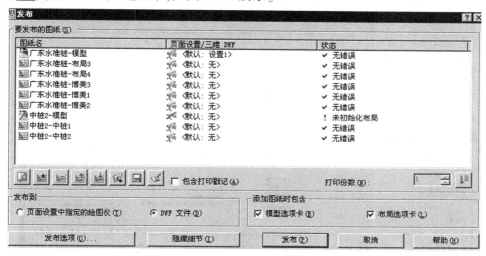),打开"发布"选项卡,如图 12-34 所示。

图 12-34 "发布"选项卡

在"发布到"选项卡中,勾选 DWF 文件,如图 12-34 所示。

说明:

(1)对话框列表中显示的是要发布的图纸的名称,包含当前打开的几个文件中的模型和布局选项卡名称,单击不需要发布的名称,单击"删除图纸"按钮,可以从图纸列表中删除当前选定的图纸。

(2)如果单击"添加图纸"按钮,则显示选择图形对话框,从中可以选择要添加到图纸列表中的图形文件。选择的该文件中的模型和布局选项卡都会作为一张图纸名称添加到列表中。这样就可以将其他图形文件中的图纸与当前文件中的图纸打印到一个 DWF 文件中。

(3)将图 12-34 列表中的"广东水准桩-模型",单击"删除图纸"按钮。

(5)单击"发布"按钮,打开"指定 DWF 文件"对话框,选择发布的路径位置,输入发布名称"广东水准桩及小桩",单击"选择"按钮,弹出保存图纸列表对话框,这是由于在发布之前没有保存图形文件的缘故,单击"是"按钮,状态栏右下角有一个动画图标,显示发布作业正在进行中。

(6)发作业完成后,就会在右下角显示完成信息。

(7)单击"打印信息"按钮,打开对话框,显示打印的一些信息。

(8)右键单击"打印信息"按钮,在弹出的快捷菜单中选择"查看 DWF 文件"命令。

(9)此时打开 Autodesk DWF Viewer 浏览器,可以方便地对图集中的 7 个文件之一进行显示、缩放和打印,如图 12-35 所示。

说明:

浏览器左侧显示的是多页图纸缩小的略图,单击某个图纸的缩小图,右侧就显示该图的放大效果,左下角显示该图的一些信息。在浏览器中单击"打印"按钮,也可以打印输

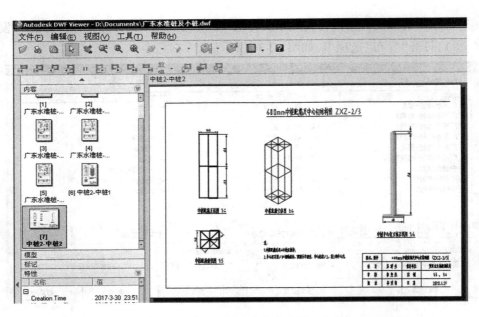

图 12-35 激活的"D:\Documents\广东水准桩及小桩.dwf"显示图

出图纸。

（10）在 Windows 中打开.dwf 文件时，如果此时计算机安装有打印机或绘图仪，点击"打印"菜单，将显示"打印"对话框，对话框中显示的打印机是计算机自带的打印机，进行必要的设置后，可以将发布的全部图纸打印出来。

"发布"命令对于图纸设计评审会议汇报是很方便的，可以快速展示图集的每张图形展示的图纸清晰且不变形。

第 13 章　工程图绘制与输出的实例

在工程绘图实践中,长度会采用以 mm 为单位和以 m 为单位两种情况。例如,绘制测量强制对中墩时采用以 mm 为单位,而绘制一般工程时,尤其与坐标发生关系的隧道、大坝等,一般以 m 为单位。

长期以来,工程设计图一般只要求二维图表示,而较少使用三维图。近年来,随着技术的进步,大型复杂的建筑大量涌现,这些工程单纯采用二维图表示不仅需要大量的图幅,且不能直观地表示工程的结构,这就出现了在设计图纸中既有二维平面图,又有三维立体图共存的情况。实践证明,在工程图中用三维图结合二维图表示的效果最佳。这就有了一种需求,就是由三维图生成二维图。

在 AutoCAD 中可以直接利用视图中正视、俯视、侧视命令直接得到三维实体的正视(前视)图、俯视图、侧视图等。但得到的二维图在"三维线性"模式下观看都是实线,不易区分。为此 AutoCAD 2007 版本以后,增加了几个新的命令:平面摄影(flatshot)、截切(section)、截切平面(sectionplane),可以直接利用三维图生成常用的二维三视图、截面图和截面平面图,非常适宜在布局使用中,直接利用三维图生成并输出清晰、规整的各类工程图。

本章的内容如下:

(1)平面摄影命令生成三视图。
(2)利用平面摄影命令将三维图转换为三视图。
(3)截切、剖切命令。
(4)截切平面。
(5)钢架式强制对中墩的绘制及布局输出。
(6)某导流洞三维立体图的绘制及布局输出。

13.1　平面摄影命令生成三视图

13.1.1　平面摄影命令

平面摄影命令可以在当前视图中创建所有三维实体和面域的展平面图。

展平面图是一个由二维几何图形组成的块,插入该块后,可以使用"块编辑器"对其进行修改。展平过程类似于用相机拍摄整个三维模型的快照,然后平铺照片并投影到当前 *XY* 平面上。

使用平面摄影命令创建等轴视图的展平视图可以用于技术图解。通过创建标准正交视图的展平视图,则可以获得三维模型的二维主视图、左视图、俯视图、右视图、仰视图、后视图。

13.1.1.1 创建三维模型的展平二维视图的步骤

如图 13-1(a)所示,现已经绘制了专用仪器连接螺丝的三维实体图,利用"平面摄影"命令绘制该实体的展平面图。

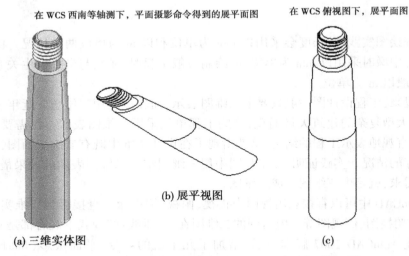

在 WCS 西南等轴测下,平面摄影命令得到的展平面图

在 WCS 俯视图下,展平面图

(b) 展平视图

(a) 三维实体图

(c)

图 13-1 专用仪器连接螺旋的展平面图及其在俯视下的图形

(1)在命令提示下,输入 flatshot。命令行提示:

指定插入点或[基点(B)/比例(S)/X/Y/Z/旋转(R)]:b✓(选择基点(b)选项)

指定基点:(在展平视图上任意指定一点)

指定插入点或[基点(B)/比例(S)/X/Y/Z/旋转(R)]:(在屏幕上指定插入点)

输入 X 比例因子,指定对角点,或[角点(C)/XYZ(XYZ)]:<1>✓

输入 Y 比例因子<使用比例因子>:✓

指定旋转角度<0>:(拖动展平面图至合适位置,单击左键插入展平视图,如图 13-1(b)所示

①在"平面摄影"对话框的"目标"下,单击其中一个选项。在"插入为新块、替换现有块、输出到文件"选择"插入为新块",见图 13-2。

②更改"前景线"和"暗显直线"的颜色和线型设置。

前景线是指正视图前面可以看得见的边

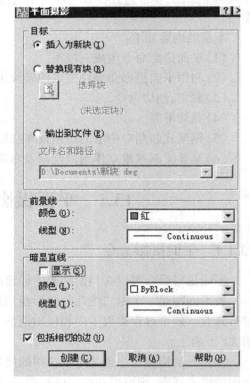

图 13-2 平面摄影选项对话框

界线;暗显线是指在正视方向看不见,但通过实体透视才能看到的线,一般应以虚线表示。本例中选择前景色为红色实线,暗显直线不显示。

③勾选相切的边。

（2）单击"创建"。

在屏幕上指定要放置块的插入点如有必要,请调整基点、比例和旋转角度。

创建由投影到当前 UCS 的 XY 平面上的二维几何图形组成的块 ,结果如图 13-1 中图,将其转换为俯视图时,得到图 13-1(c)。

13.1.1.2　说明

（1）创建展平视图时,将捕获模型空间的所有三维对象,因此应将不需要捕获的对象放置在已经关闭或冻结的图层上。

（2）在使用"平面摄影"命令前,应当先限制绘图空间,选择"格式/图形空间"指定右上角坐标<420,297>较好,否则可能会出现看不见展平面图的情况。

（3）展平视图为块,可以使用 bedit 命令重命名或编辑。

（4）对于已创建截面对象的三维对象,flatshot 命令将整体捕获它们,如图没有被切割一样。

13.1.2　利用平面摄影命令生成实体的三视图

工程设计图通用的是三视图和剖面图。实体的三维立体图,虽然非常直观和清晰,但在设计规范中并没有要求设计图一定采用三维立体图。如果使用三维立体图设计,并标注出尺寸,也可以完美表现实体的结构,但对三维实体标注尺寸,需要频繁地在标注面上建立 UCS,比较麻烦。比较合理的设计应当为三视图结合三维立体图来表现实体的尺寸和结构。

如果先绘制二维的三视图(正视、俯视、侧视),再绘制三维立体图,则步骤更多。AutoCAD 2007 以后的版本,新增了几个新的命令可以直接由三维实体图转换为三视图。其中较为直观的是:将三维实体图进行复制、旋转后以合适的位置摆放,是利用"平面摄影"命令生成三视图,该方法较为简便,可直接在模型空间得到三视图,且不易发生错误。以下以实例介绍此种方法。

如图 13-3 所示的套筒接头,现要求绘制其正视图、俯视图和左视图,具体操作如下所述。

13.1.2.1　操作过程分析

对象的三维实体可以在"三维线框"或"二维线框"下,通过视口:正视、俯视、左视图等分别得到透视的正视图、俯视图、左视图等。但是在"三维线框"下得到的视图不区分前景线和暗显直线,全部采用实线表示,不符合工程制图的规范。而采用"平面摄影"命令,得到视图前景线和暗显线可以通过颜色或虚线加以区别。在"三维隐藏"模式下得到的立体图,往往在曲线部分出现毛刺等杂乱线条。而用"平面摄影"命令在不显示暗显直线时,得到的三维隐藏立体图清晰而整洁。

如果通过复制、旋转对象分别绘制在俯视条件下的按正视、俯视、侧视等的某个实体的不同摆放姿势，采用"平面摄影"命令就可以得到某个对象的实体多种视图和三维立体图。

在三维实体上，我们先要有一个空间概念，即三维实体在转成三视图后的俯视、正视和左视的方向，如图 13-4 所示。

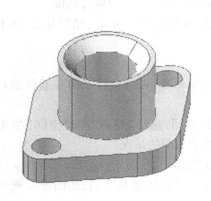

图 13-3　套筒接头的三维立体图　　　　图 13-4　实体的俯视、正视、左视的观察方向

13.1.2.2　转换三视图的操作步骤

（1）按照图 13-4 中的三个视图的定位，以正视图的方向为基准，用"复制"命令，将套筒接头往左边复制一个（注意，要打开"正交"（也可以按 F8）），复制的这个，在以后转成的三视图里，作为"俯视图"。

将刚做好的 2 个三维实体还是以正视图的方向为基准，用"复制"命令往后面的方向复制 2 个，可以一起复制。注意，还是要打开"正交"（也可以按 F8），复制后的这 2 个在以后转成的三视图里，将作为前视图和左视图，复制后成 4 个套管接头。具体见图 13-5。

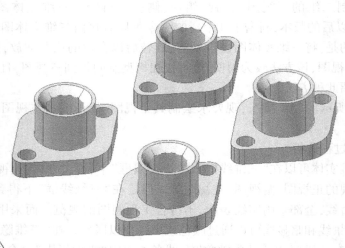

图 13-5　复制成 4 个套管实体

（2）分别将前 3 个视图旋转到正视图、左视图、俯视图的位置。

三视图是二维平面图,二维看到的只有 X、Y 轴,而面向我们的则是 Z 轴。因此,下面要进行的就是将三维实体在三视图中要看到的面朝向 Z 轴。作为俯视图的实体已经朝向 Z 轴,就不要动了。后面 2 个(前视和左视)要进行转向,将前视方向朝向 Z 轴。将图 13-5 中各个套管进行"三维旋转"的过程如下:

①操作:点击"三维旋转"命令按钮,选中前排的 2 个实体,指定旋转基点。

②指定了旋转基点以后,在三维旋转的旋转轴上指定 X 轴,即沿着 X 轴方向旋转,在命令行中输入:−90,旋转 90°,按回车键即可进行第一次旋转。第一次旋转后前排的两个对象俯视图均为正视图,为此对右上角的左视对象进行第二次旋转。

③对左视对象指定了旋转基点以后,在三维旋转的旋转轴上指定 Y 轴,即沿着 Y 轴方向旋转,在命令行中输入:−90,旋转 90°,按回车键即可完成第二次旋转。

④后排的 2 个对象在俯视状态下,均得到对象的俯视图,因此不宜变动。

旋转后的位置如图 13-6 所示。

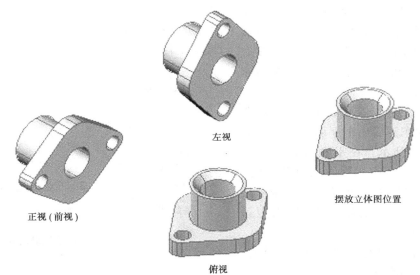

左视

正视(前视)

摆放立体图位置

俯视

图 13-6　正视、左视、俯视进行"三维旋转"后的图形及位置图

(3)在 UCS"视图"坐标系下,剪切或者关闭第 4 个立体图图层。

通过以上的几步操作,我们已经将要转成三视图的三个实体的朝向都旋转到位,对于第四个(原有)的对象三维实体图剪切或者建立一个新的图层(立体层)将该实体存入该层并关闭此图层,使该实体消失。操作:点击"原点 UCS"命令按钮,把 UCS 的原点移动到要处理的实体上(什么位置都可以),目的是为了以后使用时方便找到。

接下来单击"视图 UCS"命令按钮,注意观察 UCS 坐标的变化。

这时的界面是在 XY 平面,相当于在俯视图界面,这一步非常关键,因关系到后续操作的插入三维立体图形。选中右前面这个实体,点击"标准"工具条上的"剪切"命令按钮(或 Ctrl+X)。

(4)使用"平面摄影"命令,得到正视、左视和俯视图块。

这时模型界面里就只剩下要转换成三视图的 3 个实体,单击"世界 UCS"坐标按钮,使 UCS 坐标恢复成原样。

点击"俯视图"命令按钮,界面就转到了俯视图,三视图的雏形已经显现,注意看 UCS 坐标的变化,界面是处于 *XY* 的平面里,见图 13-7。

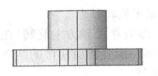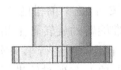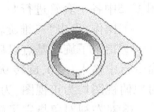

图 13-7 变为俯视图得到的结果

如果碰到三视图的距离过大或过小,可以用"移动"命令将各个图形移动一下,注意要打开"正交"(或按 F8)。点击"原点 UCS"命令按钮,将 UCS 坐标的原点移动到三视图的中间位置,大概即可,没有强求的位置,目的是在平面摄影转换后能方便地摆放。

在命令行里输入平面摄影命令 flatshot,按回车键后出现平面摄影的对话框,如图 13-8 所示。在平面摄影对话框的"前景线"里,可以用默认,也可以设定。

在平面摄影对话框里,上半部分是"目标",使用其中的默认值"插入为新块",不用改动。

"暗显直线"就是三视图中看不见的、用虚线表示的部分,在"显示"前打上钩,在"线型"里选择虚线,如没设定过,选择"其他"来设定一个虚线的线型。勾选"显示暗显直线项",并将显示颜色选为黄色或桃红色(当然也可以选择黑白色、虚

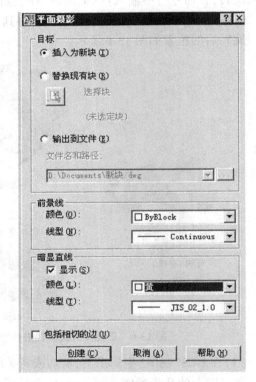

图 13-8 平面摄影设置 1

线,但是因暗显直线一般比较短,在显示时看不出是虚线,故改为桃红色显示),具体见图 13-8。

点击"创建"后,在屏幕上显示生成的新图块,点击插入点后,连续按回车键,得到图 13-9 的结果。

三视图创建后,将原来的三个三维实体删除,仅保留生成的三视图图块。

(5)在空白位置,粘贴立体图,或者打开"立体"图层,显示原实体,将其转为二维的立体图,在世界坐标系(WCS)西南等轴测坐标系下得到的结果如图 13-10 所示。

当采用剪切后再粘贴得到原立体图时,由于剪切前,设置为"视图"坐标系,剪切的实

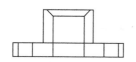 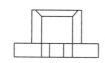 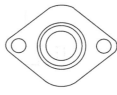

图 13-9　生成的三视图显示在屏幕上指定位置

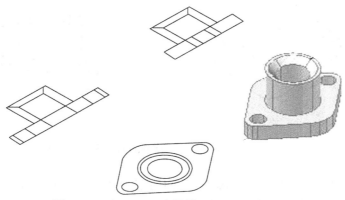

图 13-10　在 WCS 西南等轴测投影下的结果图

体为一张二维的图片,因此粘贴后会在俯视的三视图得到立体图。但如果采用关闭图层在俯视图上得到的是和前排左相似的图形,并不能得到立体的形状。为此可以在用一次"平面摄影"命令,得到需要的结果,其操作如下:

（1）在 WCS 下,点击"原点" ⌐，在图中选择任一点作为新的坐标原点。目的是使用"平面摄影"命令后立即找到摄影图。

（2）点击"平面摄影"命令,在平面摄影设置时,不(勾选)显示暗显直线,点击创建后俯视图得到的结果如图 13-11 所示。

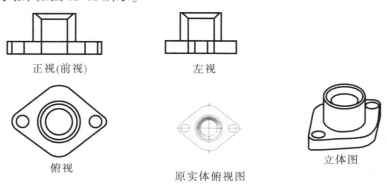

正视(前视)　　　　左视

俯视　　　原实体俯视图　　　立体图

图 13-11　二次平面摄影后得到的结果图

13.1.2.3　三视图的修饰

（1）关闭"立体"图层,移动立体图后得到的结果如图 13-12 所示。

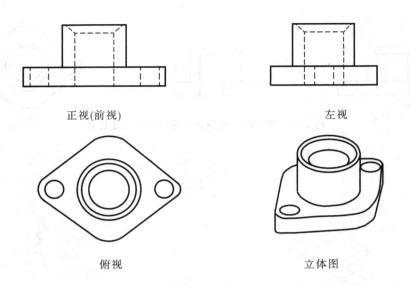

正视(前视)   左视

俯视   立体图

图 13-12   两次"平面摄影"得到的两个图块组合图

说明:图中的桃红色暗显直线(虚线),是为了清晰地表示暗显部分。

(2)"炸开"图块,进行修饰。

①"炸开"图块,图已经比较完善,只是实线线条太细,需要修正。

②选中已经"炸开"的三视图的所有线段,单击鼠标右键,在弹出的菜单中选择"快速选择"选项,见图 13-13、图 13-14。

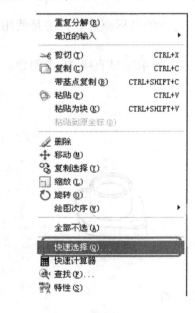

图 13-13   打开"快速选择"菜单

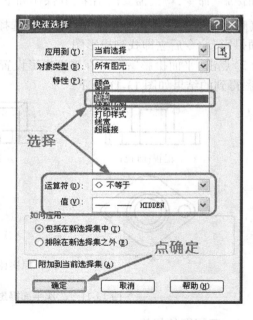

图 13-14   快速选择菜单

可以看到,在三视图全部被选中的状态下,虚线已经不在被选中的状态,而其他的实线都还在被选中状态,我们修改一下线宽,如设置线宽为 0.35、0.4 等,同时打开线宽显示,则实线变粗。

③暗显曲线修饰。这时选中全部虚线,将颜色改为黑色,再打开"线型管理器",设置一下"全局比例因子"即可,见图 13-15。

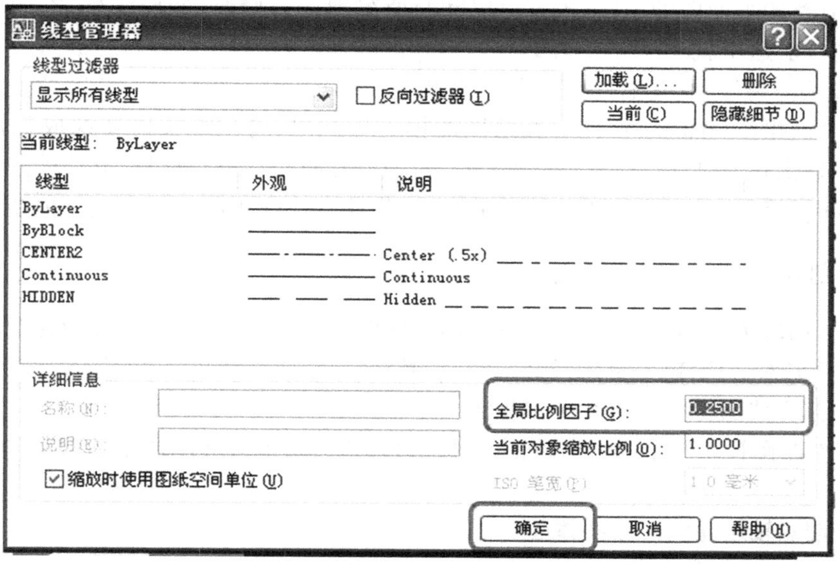

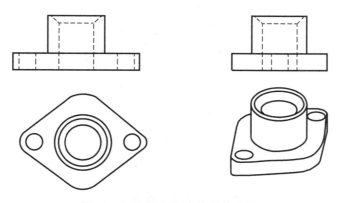

图 13-15　调整曲线线型比例

最终得到的三视图和立体图效果见图 13-16。

图 13-16　三视图和立体图的效果

最后,再给三视图做上各点位的标注,在模型界面里三维实体转换成三视图就完成了。

13.1.2.4　应用说明

(1)对操作步骤中"原点 UCS"这一步,不要省略。因为对于三维对象的图,不做这一步就会出现转换的三视图和粘贴的三维实体,不知跑到什么地方去了。

（2）对于使用三维旋转的三维实体的旋转方向,由于所画的三维实体处于各个不同轴测图中（如东南、西南等）,三维旋转的旋转角度的正负值是不一样的,要通过自己实践来掌握,但操作步骤、原理都是一样的。

（3）如在后续操作中要作"剖视图""截面图"等,由于到最后（29 步）,转换成的三视图已经是分解的平面图的线段,大家可以随心所欲地进行修改、变换线型,添加填充图案等操作来实现,这里就不一一介绍了。

（4）变为三视图后,还有"标注尺寸"和出图工作,这里省略。

利用平面摄影（flatshot）命令,在绘图的模型界面里,将三维实体转换成三视图的教程,看上去好像很复杂,其实在熟练操作后,还是很方便的,也很快捷。但这种方法只适宜在模型空间转换,以后会讲到更为简单的命令,作业直接在布局空间生成三视图。

13.1.3 创建三维实体图实例

对于结构较为复杂的构件,在绘制三维立体图时,应当将构件实体分为几个可以独立完成创建子实体,先创建子实体,然后合并为整体。对于大型工程,也应分为若干个子工程,分别绘制完成后再合并为整个工程图。

本节以轴承座为例,首先介绍创建过程,再用上节介绍的利用"平面摄影"命令创建其三视图。

13.1.3.1 创建轴承座的三维实体图

1.轴承座的结构和设计思路

轴承座分为上轴座、肋板、底板、下轴座、轴架 5 部分,具体见图 13-17。

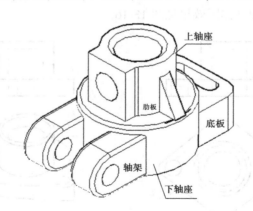

图 13-17 轴承座外观结构图

先创建子实体,然后合并为整体。

2.绘制上轴座

（1）设置绘图环境。设置绘图方向为"西南等轴测",视觉样式为"三维线框",打开"对象捕捉""对象追踪";指定图层为上轴座。

（2）在当前 UCS 的 X、Y 平面上创建二维轮廓图形,尺寸如图 13-18 所示。

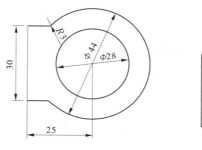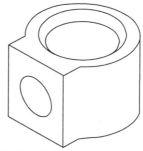

图 13-18　上轴座平面二维轮廓图

（3）命令"绘图"/"边界"，创建外轮廓多段线边界。

（4）在"三维制作"控制台单击"拉伸"，沿 Z 轴拉伸多段线边界，高度 35。

（5）作"差集"运算。

在"三维制作"控制台单击"差集"，从 ϕ 44 圆柱中减去 ϕ 28 的圆柱，生成上轴座外轮廓实体。

（6）变换 UCS，先绕 X 轴旋转 90°，再绕 Y 轴旋转 −90°。

（7）选择"圆柱"，创建 ϕ 16 圆柱，放置在底平面中心，高度 15，按"差集"从外轮廓中减去 ϕ 16 实体。

（8）使用"倒角"chamfer 命令，在 ϕ 28 孔上端倒角 3×45°，最后生成上轴座实体，见图 13-19。

3.创建下轴座

（1）设置 UCS，如图 13-20 所示。

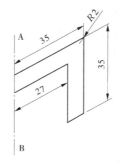

图 13-19　上轴座立体图　　　　图 13-20　下轴座旋转平面图

（2）绘制下轴座外轮廓的二维图形。

（3）用"绘图"/"边界"命令，创建外轮廓多段线边界。

（4）使用"旋转"命令创建下轴座，在"三维制作"控制台单击"旋转"命令，指定 A、B 两点为旋转轴的两个端点，生成下轴座的外轮廓实体，如图 13-21 所示。

（5）在下轴座的顶面钻两个 ϕ 7 的小孔：

①改变 UCS，使 UCS 返回<世界>坐标系，并将原点移到顶面圆的中心，如图 13-21 所示。

②在顶面创建两个 ϕ 7 的圆柱，圆心分别为（0,7,0）和（0,−7,0），高度为 −8。

③使用"差集"命令减去小圆柱。

4.创建底板

（1）根据图 13-22 所示的 UCS 和尺寸控制底板的二维轮廓图。

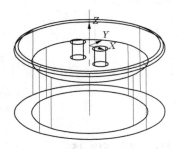

图 13-21　下轴座立体图

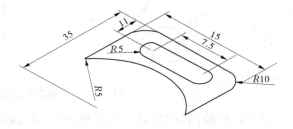

图 13-22　底板二维轮廓图

（2）使用"边界"命令，创建二维多段线。

（3）使用"拉伸"命令拉伸轮廓，高度为 15。

（4）底板立体图见图 13-23。使用"圆角"命令将底板
上端面直线边修改为圆角，半径为 2。

5.创建轴架

（1）根据图 13-24 所示的 UCS 和尺寸绘制轴架的二
维轮廓图。

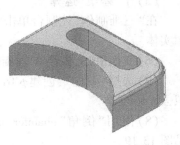

图 13-23　底板立体图

（2）根据"边界"命令创建二维多段线轮廓。

（3）使用"拉伸"命令拉伸轮廓，高度为 18。

（4）使用圆角命令将底板上的断面之下边修改为圆角，半径为 2。

轴座立体图见图 13-25。

注意：利用圆角命令不能对圆弧和直线一起圆角，这时会圆角失败，可以先将本图中
的轴架用"切割"命令分为 2 个实体，分别进行圆角，然后进行合并。

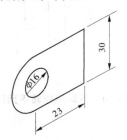

图 13-24　轴座二维轮廓图

图 13-25　轴座立体图

6.创建肋板

（1）根据图 13-26 所示的 UCS 和尺寸绘制轴架的二维轮廓图；

（2）利用"边界"命令创建二维多段线轮廓；

（3）使用"拉伸"命令拉伸轮廓，高度为 25；

（4）切割拉伸实体，点击"剖切"，选择 1、2、3 点作为剖前面，切割后生成肋板。

肋板立体图见 13-27。

注意:有时"剖切"命令会失效,这时需要重新设定 UCS 再试。图 13-27 中的两个是对称的肋板。

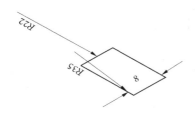

图 13-26　肋板二维轮廓图　　　　　　图 13-27　肋板立体图

13.1.3.2　合并子实体

(1)合并子实体的方法。

①为了准确定位,应在屏幕上同时打开三个视口,分别布设俯视图、正视图和三维立体图,进行子实体合并时,可以立即进行三种视图对照比较,以保证对接的准确。

②各子实体分别保存一个图层,进行对接时将不必要的子实体图层关闭,以保证观察清晰。

③最好使用"复制"命令去移动一个子实体,这样可以保留一个备份,以备不时之需。

④为了准确定位,可以视情况选择"主视""俯视""侧视"等正交视图方向;或者改变UCS;用三维坐标点定位;也可以绘制辅助线在三维空间定位。无论何种方法,以简便为好。

⑤每合并一个子实体,可以使用"真实"视觉样式观察是否正确,然后进行布尔运算。使用捕捉的方法,选择一个实体上的特征点作为基点,移动到另一个子实体的特征点上进行定位。

(2)将上下轴座合并为一个实体,操作方法如下:

同时打开三个视口,分别布设俯视图、正视图和三维立体图,在各个视图中选中"下轴座"实体,并调整为适当大小。

下面是各特征点最终的定向点坐标:

选择子实体的特征点:下轴座是大圆的圆心,将下轴座中心定为新世界坐标系原点(0,0,0),上轴座圆心坐标为(0,0,35),底板大圆弧中点坐标为(0,0,35),肋板下部圆弧中心坐标为(0,-22,0),前轴座前边沿轴心坐标为(-50,-28,15),也可以先作辅助线,从原点向左方向绘制长 50 的直线,然后用"平移"命令,以原点为基点,移动直线至坐标点(0,-28,15),那么直线的左端即为最终的移动后的坐标点。

在俯视图中,以上轴座的圆心为基点,将其移至下轴座的圆心上;查看正视图,如果其高度不对照,再在正视图上将高度调整对齐。

改变 UCS,将世界坐标系的原点移至下轴座的上圆中心,形成新坐标系。点击"复制"命令,选上轴座底面圆心作基点,输入(0,0,0),即可将上轴座移到合适位置。当然如果特征点在新坐标系中具有比较简单的值,也可输入。

作辅助线的方法,一般采用"偏移"命令,可以设置平行线,利用交点作为特征点。

对于有面对称的子实体,可以用"三维镜像"命令,镜像后生成对称的子实体。

完成合并后的结果如图 13-28 所示。

13.1.3.3　小结

本例中的实体由多个子实体组成,应当分别先绘制子实体,最后合并为整个实体。

（1）对于较为复杂的实体应当先将其分为多个子实体,最后集合的方法;

（2）在绘制过程中宜记录绘制的过程及主要参数,并适当选择特征点;

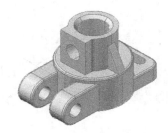

图 13-28　合成后的轴承轴座
三维立体图

（3）合并时应采用三个视口（主视、俯视和三维立体）,合并时宜依次两两合并,这样不仅容易在三视图上发现失误,也会减少合并时 AutoCAD 自身产生的问题（例如多个子实体采用布尔加运算时,会产生两个实体交叉线不显示等问题）;

（4）合并时产生的问题宜随时纠正,一般从三视图中对照即可发现绘制的尺寸和接头问题。

本节的方法是大型复杂工程集合的基本方法。

13.1.4　轴承轴座的三视图实例

在 13.1.2 部分,已经有用"平面摄影"命令由三维立体的套筒生成三维图的案例,但那个三维实体结构较为简单,其结构复杂程度只相当于上节中的轴承轴座之中的子实体。本节尝试用"平面摄影"对结构较为复杂轴承轴座整体生成三视图。

为使图面简洁,将轴承轴座复制,并粘贴到另一个单独的新文件中保存。在新文件中得到的图形同图 13-28。

13.1.4.1　转换三视图的操作步骤

（1）在世界坐标系西南轴测投影模式下,用"平面摄影"命令生成轴承轴座的三维立体图片,并新建一个图层"立体",将其存入。具体操作如下:

①新建"立体"图层,准备存入三维立体图片。

②将视口保存在世界坐标西南轴测投影模式下,点击"原点"UCS,在视口轴承轴座图形附近任意点击一下,将原点选在图形的附近（目的在于"平面摄影"时可以迅速找到生成的图块）。

③点击"平面摄影"命令,在对话框内选择项如图 13-29 所示。

④点击"创建"后,即可看到如图 13-30 所示的图块,连续按回车键后得到的图形如图 13-30 所示。

⑤将此图存入"立体"图层中,并随即关闭。

（2）先绘制一个正方形,将轴承轴座分别复制到正方形的四角位置,删除正方形,如图 13-31 所示。

图 13-29　平面摄影命令选择框

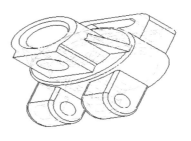

此图片在 WCS、西南等轴测下，
视口为二维的三维立体图片

图 13-30　生成的立体图片块

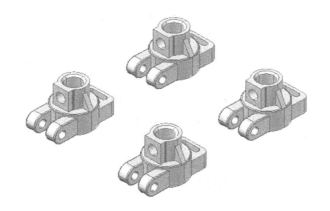

图 13-31　复制成 4 个轴承轴座

分别将前 3 个视图旋转到从俯视角度看立体图得到俯视图的位置；再分别将前三个视图旋转到正视、左视的位置。

三视图是二维平面图，二维看到的只有 X、Y 轴，而面向我们的则是 Z 轴。

因此，下面要进行的就是将三维实体在三视图中要看到的面，朝向 Z 轴。作为俯视图的实体已经朝向 Z 轴，就不要动了。后面 2 个（前视和左视）要进行转向，将前视方向朝向 Z 轴。将图 13-31 中各个套管进行"三维旋转"的过程如下：

①操作：点击"三维旋转"命令按钮，选中前排的 2 个实体，指定旋转基点。

②指定了旋转基点以后，在三维旋转的旋转轴上，指定 X 轴，即沿着 X 轴方向旋转，在命令行中输入：-90，旋转 90°，按回车键即可进行第一次旋转。第一次旋转后前排的 2 个对象俯视图均为正视图，为此对右上角的左视对象进行第二次旋转。

③对左视对象指定了旋转基点以后,在三维旋转的旋转轴上,指定 Y 轴,即沿着 Y 轴方向旋转,在命令行中输入:-90,旋转 90°,按回车键即可完成第二次旋转。

④后排的两个对象在俯视状态下,均得到对象的俯视图,因此不宜变动。

旋转后的位置如图 13-32 所示。

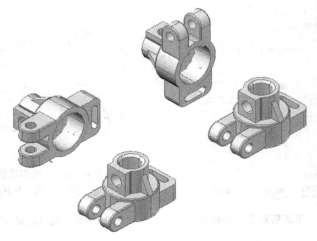

图 13-32　正视、左视、俯视进行"三维旋转"后的图形及位置图

(3)在 UCS"视图"坐标系下,剪切第 4 个三维立体实体图,仅剩余在俯视下可以看到的主视、俯视、左视 3 个实体。

操作步骤为点击"原点 UCS"命令按钮,把 UCS 的原点移动到要处理的实体上(什么位置都可以),目的是以后派用场时方便找到。接下来点击一下"视图 UCS"命令按钮,注意观察 UCS 坐标的变化。

这时的界面是在 XY 平面,相当于在俯视图界面,这一步非常关键,因关系到后续操作的插入三维立体图形。选中右前面这个实体,点击"标准"工具条上的"剪切"命令按钮(或 Ctrl+X)。

(4)使用"平面摄影"命令,得到正视图、左视图和俯视图块。

这时,模型界面里就只剩下要转换成三视图的三个实体,点击一下"世界 UCS"坐标按钮,使 UCS 坐标恢复成原样。点击"俯视图"命令按钮,界面就转到了俯视图,三视图的雏形已经显现,注意看 UCS 坐标的变化,界面是处于 XY 的平面里。这时打开"立体"图层,三维立体图片显示。将三视图和立体图摆放在一起,结果如图 13-33 所示。

13.1.4.2　三视图的修饰

说明:图中的桃红色暗显直线(虚线)是为了清晰地表示暗显部分。

1."炸开"图块进行修饰

(1)"炸开"图块,图已经比较完善,只是实线线条太细,需要修正。

(2)选中已经"炸开"的三视图的所有线段,单击鼠标右键,在弹出的菜单中选择"快速选择"选项,见图 13-34、图 13-35。

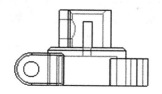

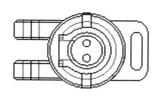
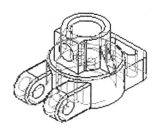

图 13-33　两次"平面摄影"得到的两个图块组合图

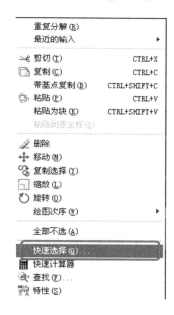
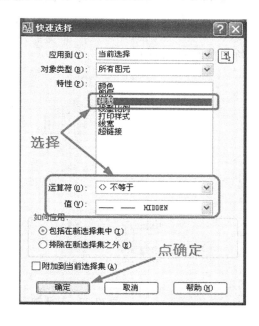

图 13-34　打开"快速选择"菜单　　　　图 13-35　快速选择菜单

可以看到,在三视图全部被选中的状态下,虚线已经不在被选中的状态,而其他的实线都还在被选中的状态,我们修改一下线宽,如设置线宽为 0.35、0.4 等,同时打开线宽显示,则实线变粗。

2.暗显曲线修饰

这时选中全部虚线,将颜色改为黑色,再打开"线型管理器",设置一下"全局比例因子"即可(见图 13-36)。

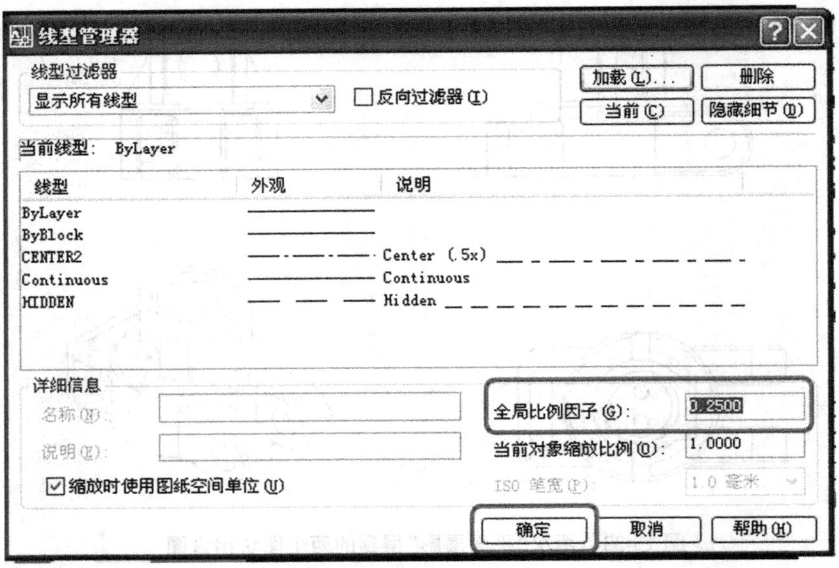

图 13-36　调整曲线线型比例

修饰后的结果如图 13-37 所示。

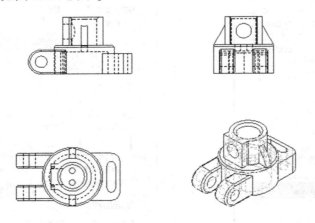

图 13-37　轴承轴座的三视图和立体图

13.2　截切与截切平面命令生成剖面图

复杂工程仅仅用三视图还是不够的,有时需要剖面图和截面图。在 AutoCAD 2007 以后的版本增加了"截切"(section)和"截面平面"(sectionplane)命令,用以自动生成截切图。

13.2.1　使用"截切"(section)命令创建截面面域

该命令只能从命令行输入 section 启动。

功能:可以指定截切平面与实体相交,在截切位置产生横断面,并被放置在当前图层上,section命令是使用平面和实体对象的交集来创建截面面域。

定义截切平面的方法可以是指定三个点或选择其他对象、当前视图、Z 轴或者 XY/YZ/ZX 平面。

例1:使用截切命令,创建图 13-38 中 A—B、C—D 截面图。

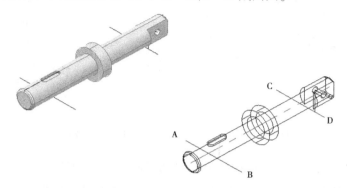

图 13-38　轴的三维真实图和三维线框图

13.2.1.1　分析

创建某个截面,首先必须确定截面在实体中的具体位置,并标出该平面。对于本例中的实体为一个轴,如果以轴心作为 UCS 的 Z 轴,那么无论轴中线是何种方向,也可以用 Z 轴坐标系确定其 XY 平面,并可以在平面上绘制出截面图。具体到本例中,需要确定 A—B 截面与 Z 轴的交点作为 Z 轴坐标系的原点。

13.2.1.2　创建 A—B 截面

(1)从轴的左端中线开始建立 Z 轴坐标系,起始点设在左端的圆心。

(2)查找键槽中心,绘制该点与轴中线的交点,此方向即为截面 A—B 连线的一部分。

(3)可以交点为新的 Z 坐系原点。绘制半径小于轴半径的小圆。以下使用"截切"命令操作。

(4)命令:section

选择对象:点击轴上一点,选中轴作为对象,按回车键。

指定截面上的第一个点,依照对象(O)/Z 轴(Z)/视图(V)/XY/YZ/ZX/三点]<三点>:输入 O,按回车键。

点击选择刚绘制的小圆,按回车键。

指定 XY 平面上的点(0,0,0):捕捉 AB 与轴的交点作为坐标系的中心,就会在原位生成截面 A—B(图纸粉红色线条组成的区域),如图 13-39 所示。

13.2.1.3　创建 C—D 截面

因预先建立了 Z 轴坐标系,找到轴中线与 CD 线的交点,即可使用 section 命令创建 C—D 截面。

(1)命令:section。

选择对象:点击轴上一点,选中轴作为对象,按回车键。

指定截面上的第一个点依照[对象(O)/Z 轴(Z)/视图(V)/XY/YZ/ZX/三点]<三点>:

按 Shift+右键时,选中"两点之间的中点",分别点击两个小圆的中心点,就会得到该圆柱与轴中线的交点,此点就是轴坐标系的新圆心,此时按回车键原位生成截面 C—D(图纸粉红色线条组成的区域),如图 13-39 所示。

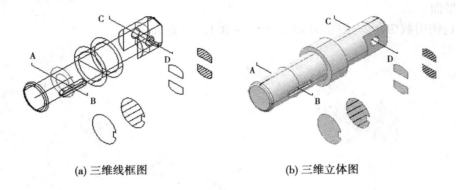

(a) 三维线框图　　　　　　　　　(b) 三维立体图

图 13-39　生成的 A—B、C—D 截面及移出原位的截面图

(2)说明:一般生成截切面都可以用三点。但在较为复杂的图形中,会产生点击的三点位置有误,造成的截切面不是需要的截切面。这时一般可以先建立坐标系或辅助圆等对象。用选择对象或选择 XY/YZ/ZX 坐标面的方法。

(3)生成的截面保留在原来位置,可以用复制命令将其移至对象外合适的位置。

(4)可以在截面图中填充剖面线。图 13-39 中可以看出创建的截面是面域。

13.2.2　截切平面命令创建截面块

可以使用截切命令和截切平面命令创建二维截面对象。section 命令是使用平面和实体的交集来创建截面面域;sectionplane 命令是在三维实体上用创建截平面的方式生产截面块。截切平面功能强大,有多种选项,可以完成截切剖面的多种操作。

使用截切命令只能从命令行中输入 section,可以指定截切平面与实体相交,在截切平面位置生成横断面,并被放置在当前图层上,定义截切平面的方法可以是:指定三个点或选择其他对象、当前视图、Z 轴,或者 XY/YZ/ZX 平面。

而截切平面命令使用一个透明的截切平面与三维模型相交,生成一个活动截面。激活活动平面后可以在静止状态或在三维模型中移动查看模型的内部细节。可以通过以下途径激活截切平面命令。

13.2.2.1　激活截切平面命令

可以通过以下途径激活截切平面命令:

- 单击"面板/三维制作/截切平面"命令。
- 选择"绘图/建模/截切平面"命令。
- 从命令行输入:sectionplane。

13.2.2.2　功能说明

"截面平面"是个功能强大的命令,其功能为使用一个透明的截切平面与三维模型相交,生成一个活动截面。激活活动截面后可以在静止状态或三维模型中移动查看模型的内部细节,并可以创建二维和三维截面块。

（1）使用 sectionplane 命令,可以创建一个或多个截面对象,并将其放置在三维模型中。激活截面对象上的活动截面,可以在三维模型中移动截面对象时,查看三维模型中的瞬时剪切而不必更改三维对象本身。

（2）截面对象具有一个用作剪切平面的透明截面平面指示器。该指示器是透明指示器,使您能够查看剪切平面两侧的几何体,因此它是有用的视觉工具。可以轻松地将该平面放置和移动到由三维实体、曲面或面域(从闭合形状或封闭回路创建的二维区域)组成的三维模型中的任意位置。

（3）对象可以在三维模型相交处显示填充图案,而另一个截面对象可以显示相交区域边界的不同线,该截面平面包含截面线,其中存储了截面对象的对象特性。可以拥有多个截面对象,每个对象均具有不同的特性。例如,一个截面型。

（4）每个截面对象均可以保存为工具选项板工具,从而可以被快速访问,而无须在每次创建截面对象时重置特性。

（5）截面平面可以是直线,也可以包含多个截面或折弯截面。例如,包含折弯的截面线从圆柱体创建扇形楔体。

13.2.2.3　操作

截面线的确定有两种方法,一是预先绘制一条截面直线;二是不绘制,直接在实体上选择一个面。三维立体基座见图 13-40。

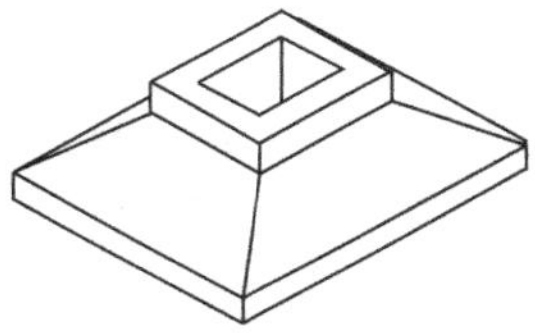

图 13-40　三维立体基座图

创建活动截面之后,可以在右键快捷菜单上选择"生成截面/标高"命令,通过打开"生成截面/标高"对话框设置截面特性并在横截面区域创建二维截面和三维截面。二维截面使用的是二维直线、圆弧、椭圆、样条曲线和填充图案创建的块。三维截面是使用三维实体和曲面创建的块。但是二维截面被用于轮廓和填充图案。如果工程需要二维标高图形或二维横截面,则使用"二维截面/标高"选项将创建一个准确的截面块。如果需要发布或渲染三维模型切除几何体,则应用"三维截面"选项。

13.2.3　利用"截切平面"的实例

（1）方法与准备工作。

①创建活动截面。

在"三维制作"控制台上点击截面平面命令。

②选择活动截面的方法。

a.将光标移至三维模型的面上,然后单击以放置截面对象;截面将自动与选定面的平面对齐。

这是创建截面对象的默认方法。但这种方法只能选择在三维实体的面上,虽然可以通过移动截面的位置,但总觉不便。

b.指定实体外两点用来创建截面。一般先绘制截面线。

此方法的好处在于可预先精确设置截面的位置,生成截面。

c.预设"正交(O)",可根据命令行的提示,选择各种视图通过中心的截面。

d.创建具有折弯线段的截面对象。一般生成立体截面图。

本例要求生成正交截面平面图和立体截面图。

③准备工作。

a.选择世界坐标系。

b.建立新图层:

边界层:颜色:红;线形:实线;线宽:0.3。

充填层:颜色:黑;线形:实线;线宽:0.2。

背景层:颜色:绿;线形:实线;线宽:0.3。(可省略)

c.预先画一条直线通过中心线(线条一定超过实体,位于实体之外)。

(2)点击命令" 截面平面"或输入 sectionplan 命令:

选择面或任意点以定位截面线或"绘制截面(D)/正交(O)":选择直线左端点为截面线第一点,右端点为第二点。就生成截面平面,如图 13-41 所示。

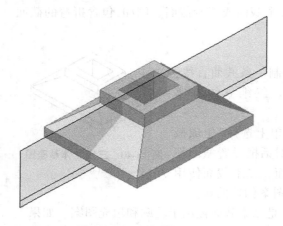

图 13-41　生成截面平面图　　　　　　图 13-42　截面平面的选项框

点击截面边界,激活截面平面,点击左端向下的箭头,出现"截面平面""截面边界""截面面积"选择项,选择截面平面,点击选中。

为了将截面图设置为正视图,设置新坐标系,或将时间坐标系沿 X 轴旋转90°。

(3)右键单击出现如图 13-42 所示的选择项。

选中"生成二维/三维截面…",显示图 13-43。

(4)首先生成二维截面图,选择"二维截面/标高(2)",并按照图中进行其他设置,至"截面设置(S)",点击进行截面设置,见图 13-44。

①在"相交边界"进行图层、颜色等设置。

②在"相交填充"设置图层、填充图案、颜色等。

(5)生成截面。按"确定"和"创建"命令生成二维截面图,见图 13-45。

本节介绍了生成二维平面图,三维截面图和活动截面与二维生成的过程基本相同,在"截面设置对话框"选择"三维截面设置"或"活动截面设置"即可进行设置。

例如图 13-46 中,将三维截面的"相交界面"的颜色设置为"红色","线宽"设置为 3.0

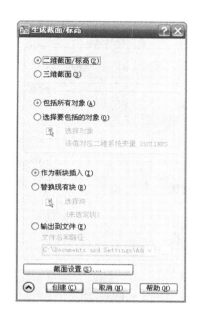

图 13-43 "生成截面"对话框

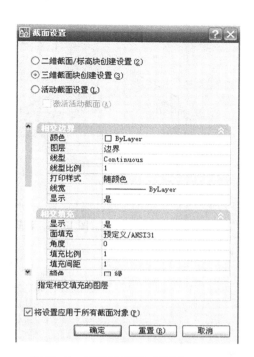

图 13-44 "截面设置"对话框

后创建的实际生成的三维截面图。

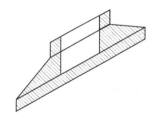

图 13-45 生成二维截面图

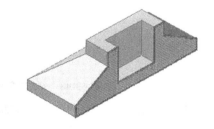

图 13-46 三维截面图

（6）使用"平面摄影"（flatshot）和"截切平面"（sectionplane）生成基座结构尺寸图。

图 13-46 是基座应用"截切平面"命令后创建的三维实体模型,对于绘图设计而言,其最终目的是绘制出该模型的结构尺寸图。目前流行的所谓整体结构图,一般用三视图（正视、俯视、左视）和三维立体图 4 个图幅来表示。具体到本例,因为基座是对称的,正视图和侧视图是一样的。因此,基座的结构图正视图、俯视图、二维剖面图和三维剖面图即可完整地表示该模型的结构。标注出尺寸后,就完全可以作为正式的设计图。

操作步骤。在截面平面位置绘制剖面线 A—B,并删除"截切平面"。通过"复制""三维旋转",将图 13-47 转为图 13-48 的形式。

将右下角的剖面图保存在"剖面图"图层内冻结,并将 UCS 转为"俯视图",然后用"平面摄影"命令,将"平面摄影"设置中的前景色设为"黑色",勾选"暗显直线",并将其

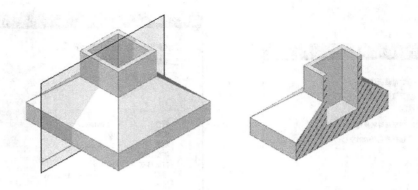

图 13-47 基础立体及剖面图

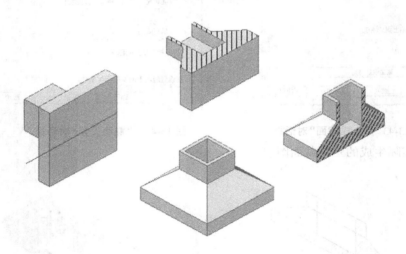

图 13-48 经过"复制""三维旋转"的三维图

颜色设为"粉红",创建后得到图 13-49 的结果。

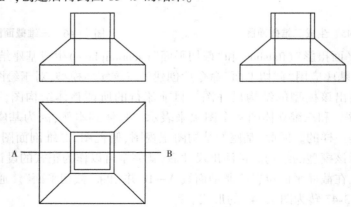

图 13-49 在俯视下应用"平面摄影"得到的结果

将图块"炸开",编辑修改,将粉红色实线改为黑色虚线,并解冻"三维剖面图层",显示三维剖面图。

设立新的布局,设置 4 个视口,并标注尺寸,最终得到基座的标准图幅如图 13-50 所示。

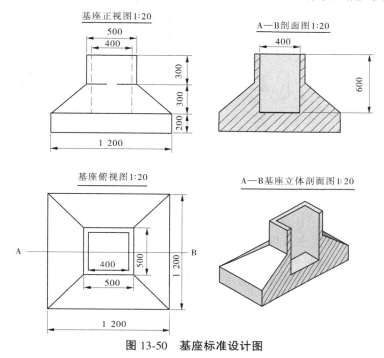

图 13-50　基座标准设计图

(7)小结。

①绘制三维图在某些情况下比绘制二维图简便,且可以直观观看其结构。例如二维图绘制实体中的相贯线就比较麻烦。但是三维图尺寸标注需要经常变换坐标系,不如二维图简便,因此设计中广泛使用三视图。

②用"剖切""截切""截切平面"命令都能得到三维实体的剖面图。其中,以"截切平面"命令功能最为强大,可以生成二维或三维剖面图。但设置的虚线部分往往在图面上显示不出来,现采用"粉红"色表示暗显直线。

③将三维实体经过复制、旋转命令设置成俯视时能看到三视图的结果,再用"平面摄影"命令得到三维图的方法比较直观,且容易实现。

④本例先使用"截切平面"得到剖面图,又用"平面摄影"的方法得到三视图是常用的绘制工程设计图的方法。

⑤对于生成的三维截面块或二维截面块,如果对填充的图样不满意,或者在同一截面中的多个对象采用不同的填充图样。可以将"块"炸开,对不同的范围进行不同的图样填充。

⑥AutoCAD 中还设置了更为简单的由三维实体直接在布局中生成三视图的命令和方法,在后面的章节中予以介绍。

(8)作业。

作业 1：将图 13-51 左图的轴承轴座，用"截切平面"创建图 13-51 右图的剖面图和俯视图。

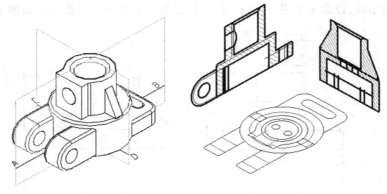

图 13-51

提示：

（1）先绘制 A—B、C—D 剖面的位置，在 WCS 下创建二维的正视剖面图、左视剖面图。

（2）创建俯视图（用"平面摄影"命令）。

（3）"炸开"图块，绘制填充边界，并绘制填充线。

作业 2：将图 13-51 的结果在布局中创建如图 13-52 的轴承座三视图和立体图，并标注尺寸。

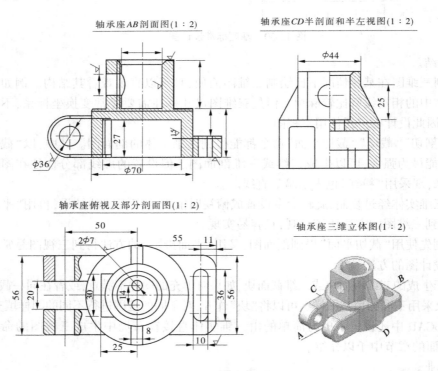

图 13-52　轴承座结构尺寸图

提示:

（1）新建布局"结构图"，并设立4个视口。

（2）在标注样式中，在标注特征比例项中选中"将标注缩放到布局"，才能在布局中准确标注尺寸。

13.3 综合实例:钢架式强制对中墩台设计图集

钢架式强制对中观测墩台是工程建设首级控制网点的基本结构之一，常用于大型水利工程、长距离隧道等工程控制网的首级控制点的布设。由于使用了圆锥形强制对中，具有使用简便、对中精度高等优点。本例将对该墩台的绘制、布局及出图全过程进行介绍，该墩台的三维图如图13-53所示。

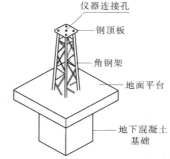

13.3.1 钢架式强制对中墩台各结构的绘制

13.3.1.1 绘图步骤分析

1.结构分析

图 13-53 钢架式对中墩台结构图

钢架式对中墩台的结构分为地下基础、地面平台、角钢架（或钢管架）、顶板、强制对中结构和专用仪器连接螺丝6部分。其中，地下基础和地面平台部分用 box 命令即可绘制，角钢架整体为四棱台，顶板正方形;强制对中方式采用锥形套管与对应的带有锥体的连接螺丝。这种连接螺丝是专用的，必须由架设仪器的人员自己加工。

钢架结构尺寸（以 mm 为单位）如下:

（1）钢架式强制观测墩台由面板、锥形强制对中管、钢架、地面平台和地下基础5部分组成。与测量仪器连接的专用螺旋上端为锥形圆台，在连接时，强制与套管结合，保证每次测量的中心固定。

（2）顶板为厚度 10 mm，规格为 240×240×10 强制对中的锥形管与面板连接后，应牢固焊接。

（3）钢架的上底面尺寸为 200×200，下底面尺寸为 400×400，高度尺寸为 2 250 的四棱台结构。四根立柱采用 30×30×4 至 36×36×4 的角钢制作（亦可用 φ32 的钢管焊接）。钢架侧面用 φ10 的钢筋每隔 250 高度三角形焊接。

（4）地面以上的观测平台用混凝土浇筑，规格为 1 250×1 250×200。

（5）地下基础为上大下小的四棱台结构，上底面规格 800×800，下底面规格 640×640，高度 900。

（6）当基础为基岩，下挖达不到 900 时，可以适当提高地面平台的厚度或降低四棱台钢架的长度。但必须保证地面平台至墩台顶面的高度在 1 300 左右。

2.图层设置

图层设置见图13-54。

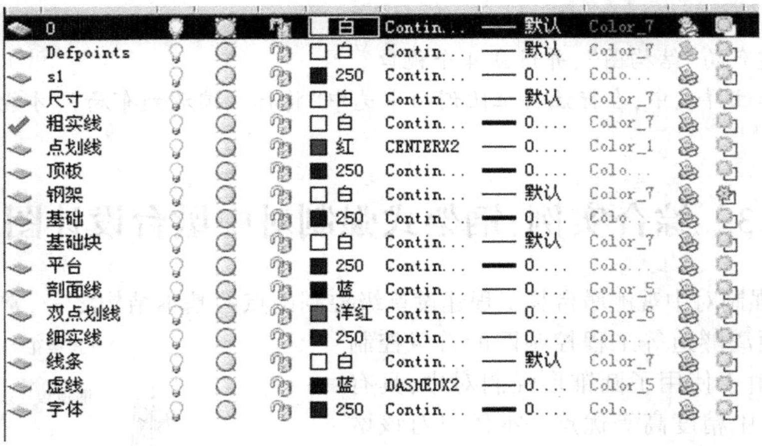

图 13-54　图层设置

（1）在绘图阶段，图层设置包含常用的线型及各部分结构图层。将每一个结构设置一个图层，可以通过开关图层达到单独显示每一部分结构的目的，便于以后的布局。

（2）该图层表设置的图层没有考虑布局中的视口，是原始设计时的缺陷，需要在布局时临时增加新的视口图层。

（3）应加一个辅助层，在本层上的对象是为绘制墩台及组合各独立部分创建的对象，包括辅助线及实体。在整个墩台绘制结束时，该层上的对象可以清除掉。

13.3.1.2　地下基础和地面平台的绘制

（1）竖直中线的绘制（竖直线分节：100，55，745，200，1 050，200，10），并在节点加横线。

（2）绘制基础：box（640×640×900）。

（3）绘制地面平台：box（1 250×1 250×200）。

13.3.1.3　顶板的绘制

使用 box（240×240×10）命令，圆角：半径 40，选某个角竖线为第一边，连续按回车键，便得到某个角半径为 40 的圆角。同样的方法得到其他 3 个角的圆角；中间圆孔：新建 UCS，选择顶板中心为 UCS 中心，先绘制一个直径为 26、高度为 12 的小圆柱，用"布尔减"命令，被减对象为顶板，减去对象为小圆柱，就会在顶部上得到一个直径为 26 的小圆孔。

13.3.1.4　钢架的绘制

钢架的结构如图 13-55 所示，从外形上看为四棱台式结构，但是由角钢焊接 4 根角柱，再用φ10 钢筋三角焊接。对于这样一个组合体，绘制步骤如下：

（1）绘制复制的四棱台。上顶面尺寸 200×200、下底面尺寸 400×400、高度 55+745+200 +1 050+200＝2 250，绘制时可用"放样"或"拉伸"命令。具体操作是：先在 WCS 的 0 平面上绘制 200×200 和 400×400 的正方形，分别使用"平移"命令将其中心位置对准中线上的各自高度上。平移时的基点和对准点都使用"临时捕捉菜单"（按住 Shift 键并单击右键）中的"两点之间的中点"，可省去找中心的步骤。

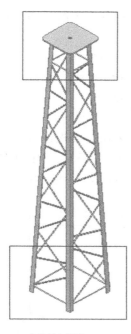

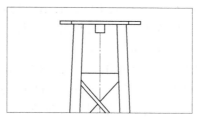

角钢架顶部放大正视图(1∶8)

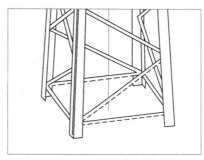

角钢架底部放大立体图(1∶8)

角钢架立体图(1:15)

图 13-55　钢架的结构

（2）建立底面的 UCS。用"偏移"命令,将底面正四边形向内偏移 4,再使用该命令向内偏移 5,得到底面第 1 个内移 4 的四边形是为了绘制角钢,第 2 个内移 5 的四边形是为了建立绘制φ 10 钢筋中线的 UCS 平面。

用同样的步骤绘制上顶面正四边形的两个偏移四边形;连接上、下底面的四角,形成四棱台框(非实体)。

（3）以上下底面的外层、中层正方形为基准,用多段线在一个角处绘制出上、下两个角钢断面(36×36×4)。

（4）在一个侧面,用直线连接上、下底面的内层正方形某个对应边的角,形成一个梯形面,此面即为钢筋中心所在的面。建立新的 UCS 后,按"pian"命令,在屏幕上二维显示该面。

①用直线连接梯形上下边的中心,此线应垂直于梯形的上、下边,且位于其中点。经丈量此线长 2 252. 221,从上向下绘制长 200 的直线,其下端点即为上水平钢筋的位置(预留的安置仪器时能够伸进去手的空间);再从下向上绘制 52.221 的直线,该点即为下水平钢筋的位置。

②通过该两点分别画出水平线,与梯形的两边形成 4 个交点。绘制 2 条直线,由于此长度会大于 2 000,采用定数分点的方法,分别将其分为 8 段,绘制三角形直线,其中上下为水平线。

③在图上绘制 11 个直径为 10 的圆,采用"扫掠"命令绘制出每段钢筋。

(5)用"拉伸"或"放样"命令绘制出四棱台的角钢,其中的上下断面即为在四棱台上下底面绘制的 36×36×4 的角钢断面。

(6)点击"修改"/"三维操作"/"三维阵列"命令,进行如下操作:

选择对象:选中四棱台一角的角钢和 11 根钢筋,再选择 p(环形阵列),中心线选四棱台上下、中心点,即可绘制出带钢筋的四棱台,具体见图 13-55。

13.3.1.5　连接套管图的绘制

钢架式强制对中墩台使用的对中结构比较特殊,它是采用与面板连接的锥形套管装置,强制对中螺旋的中心位置位于锥形套管的中心线上。该结构需要的强制对中螺旋在市面上没有销售,必须由观测者自带自制对中螺旋。其结构如图 13-56 所示。

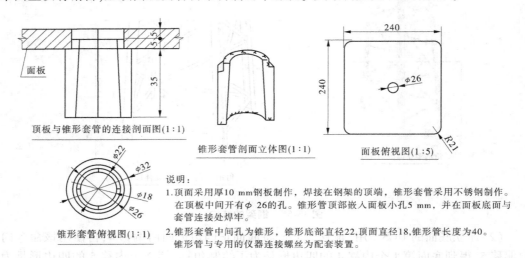

顶板与锥形套管的连接剖面图(1:1)

锥形套管剖面立体图(1:1)

面板俯视图(1:5)

锥形套管俯视图(1:1)

说明:
1. 顶面采用厚 10 mm 钢板制作,焊接在钢架的顶端,锥形套管采用不锈钢制作。在顶板中间开有 φ26 的孔。锥形管顶部嵌入面板小孔 5 mm,并在面板底面与套管连接处焊牢。
2. 锥形套管中间孔为锥形,锥形底部直径 22,顶面直径 18,锥形管长度为 40。锥形管与专用的仪器连接螺丝为配套装置。

图 13-56　顶板与强制对中套管连接及套管结构图

第一种套管绘制方法:

(1)中线的绘制:在 WCS 坐标系"正交"模式下,在 Z 轴方向绘制一条 35+5 的垂直线,就是中线。

(2)先绘制 φ32、高 40 的圆柱和同心的下底 φ22、上底 φ16、高 40 的锥体。

在套管顶部绘制一个直径大于 40、中间带有 φ25.8 圆孔空心圆盘,从上部向下部嵌入套管(重合)5 mm。

(3)用"布尔减"命令,从圆柱中减去锥体和顶部圆盘部分,便得到需要的套管。

第二种套管方法:先绘出套管剖面图,用"旋转"命令一次绘制完成套管,具体见图 13-57。

图中的 ABCDE 为套管的半剖面图,其尺寸已经标出 PQ 红线为套管的中轴线。绘图的操作如下:

(1)按标出的尺寸用绘制出中轴线、用多段线绘制半剖面线(闭合),其相对位置也必须与图中相同;

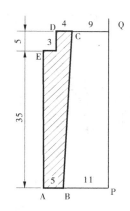

图 13-57   套管的半剖面图

（2）使用"面板/旋转"命令旋转 360°即可得到左图的套管三维图。

13.3.1.6   连接螺丝的绘制

连接螺丝可以分为两部分，下部的把手连接部分和上部的螺丝部分，具体见图 13-57。

1.螺旋部分结构及绘制方法

1）螺丝部分的尺寸

仪器连接螺丝，在强制对中墩台中经常用到。其精确尺寸需用专用的螺栓测量工具。以下是用小钢尺或三角板丈量的结果（这个数据不是精确丈量结果，以 mm 为单位）。内径 12，外径 14，高度 12，螺距 2.2，螺丝牙齿为底边长 1.8、底高为 1 的等边三角形。本次绘图采用此数据。

2）绘制方法

螺栓在机械制图中有规定的符号，在三视图中并不绘制出螺旋牙齿，而是用虚实线表示。而在三维图中，就应当按照实际的形状绘制螺丝。一般先绘制螺旋的内芯立柱，再按照内径及螺距、外径和高度绘制螺丝。由于螺丝是通过"扫掠"命令拉伸固定三角形得到的结果，就会产生螺丝比内芯还要长的情况，故必须对螺丝进行整饰，才能和内芯结合形成螺丝。本例详细介绍绘制螺丝的方法。

2.螺旋的常规绘制操作

（1）用"圆柱体"（cylinder）命令绘制半径为 6，高度等于 12 的圆柱体。

（2）"螺旋"（helix）命令，以圆柱中心为中心绘制螺旋，其中底面半径为 6、顶面半径为 6，输入 h，接着输入圈高 = 2.2，总高度 12，便得到螺旋线。

（3）用"扫掠"命令生成螺丝。在 WCS 坐标系下绘制底边长为 1.8、高为 1 的闭合三角形（多段线），绘制时应注意三角形的位置方向，用"扫掠"命令生成的螺旋如图 13-58（a）。

从图 13-58（a）可看出生成的螺栓已经超出上下底面，必须进行修饰。

（4）修饰最简单的方法是生成新的原点坐标系，点击底面中心，使用"剖切"命令，输入 *XY* 平面即可将底面以下的部分切掉，再用"原点"命令将 UCS 的中心选中顶面中心以下 1 mm 处，同样用"剖切"命令将上部切除到顶面以下 1 mm 处，得到的结果如图 13-58（b）所示。

（5）将圆柱的顶面圆角，半径选为 0.6，得到的结果如图 13-58（d）所示。

（6）用"布尔加"将立柱和螺旋相加得到整个螺丝图,如图13-58(e)所示。

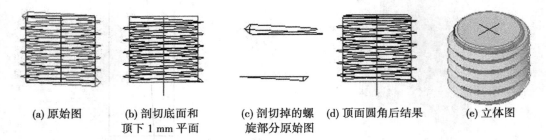

(a) 原始图　　(b) 剖切底面和　　(c) 剖切掉的螺　 (d) 顶面圆角后结果　 (e) 立体图
　　　　　　　　顶下1 mm平面　　　旋部分原始图

图 13-58　生成的螺旋修饰过程图

3.螺丝手柄部分的绘制

螺丝手柄部分的绘制使用旋转成图命令,具体如图 13-59 所示。

（1）下部分可以用绘制断面图方法,同上面所介绍的套管绘制第二种方法,按图 13-59(a)的尺寸绘制出半剖面图,再用"旋转"部分生成如图 13-59(a)所示。

（2）顶部螺丝的绘制:螺丝的绘制应分为中间圆柱和螺丝的绘制。说明一下,螺丝的断面一般为三角形,必须在螺旋的起点垂直面上绘制,且三角形的中点必须对准螺旋的起点,使用"扫掠"命令。

因为三角形中点沿螺旋线路径形成螺丝,因此螺丝会高出顶面,螺旋绘制完成后用"布尔加"将中心圆柱与螺旋相加。

螺丝的修饰包括去掉高出顶面的部分螺旋和对顶面进行类似"倒角"的修饰。但不采用"倒角"命令,而是参阅前文的方法,绘制相应的断面图,用旋转命令得到实体(类似倒盖盆),进而绘制顶板的连接螺丝部分。

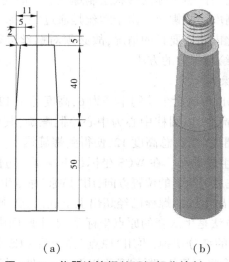

(a)　　　　　　　　(b)

图 13-59　仪器连接螺丝手柄部分绘制

将绘制的底部螺丝移动至前面绘制的螺丝把手部分顶部,用"布尔加"的方法得到图 13-59(b)的形状。

13.3.1.7 钢架式强制对中墩台的组合

将各部分结构绘制结束之后,需要进行组合成整体的墩台,整合要在 WCS 坐标系统的西南等轴测投影下,先将各个分部组合在一起。本例的组合有:

(1)顶面与强制对中套管的整合,顶面与墩台 4 根立柱的整合。

(2)检查预先绘制的分节竖直中线(竖直线分节:100,55,745,200,1 050,200,10)。

(3)用"平移"命令沿中轴线从下至上依次平移墩台基础、底面平台、四棱台式钢架。

(4)组合结束后要进行必要的整体结构检查,检查可分别用三视图查看,并丈量尺寸。

13.3.2 钢架式强制对中墩台设计图的输出

因为钢架式墩台是多个结构的组合体,尽管我们已经绘制出来墩台的各个结构和整体的三维图,一般不宜采用三维立体图作为全部的设计图纸输出。因为单从三维图上并不能查看其内部细节,标注尺寸也远比二维图复杂。这就需要从不同的视角观察墩台,尤其需要二维的三视图和剖面图等。

上述内容如果单从模型空间来表示,就需要绘制许多图形,并在模型空间对这些图纸进行布置和安排,工作量是很大的。为此 AutoCAD 设置了"布局"命令,可以通过视口、布局完成这些工作。对于工程图利用布局多幅图纸,这些最后通过"布局"完成。

前文详细介绍了布局输出图纸的过程。本实例是一种实际布设的强制对中墩台,采用了本章新介绍的命令"平面摄影""截面平面"和"截切"。这几个命令的功能如下:

"平面摄影":在当前视图中创建所有三维实体和面域的展平视图,相当于用相机拍摄整个三维模型的快照。

"截面平面":用一个透明的截切平面与万物模型相交,生成一个活动平面。激活活动平面可以在静止状态下或在三维模型中移动查看模型的内部细节。其功能强大,可以得到二维或三维的截切图块。

因为截切平面可能与多个实体相交,因此在应用时,应尽量对视图中的多个实体分开距离,以免出现多个截切平面相互混淆的情况。对生成的复杂图块,可以先行"炸开"再进行图案填充。

"截切(section)":在指定截切平面与实体相交,在截切位置生成平面,这些截面可以移出原来位置,并进行图案填充。

下面对"钢架式强制对中墩"设计图集进行说明:

(1)为了阅读方便,本图集在原来的基础上进行了修改,将其中的图幅全部改为 A4 纸竖排。

(2)图集的封面增添了目录表。

(3)本图集全部采用布局输出,图中的比例是在 A4 图幅标准图框的比例。

(4)本图集是按照实际尺寸设计的,可以作为正式的设计图。

第 14 章　三维实体的物理属性和编辑

从绘图的角度运用线框和曲面也可以构建所需要的三维图,但在实际工作中,有时必须及时了解所设计物体的质量、重心、惯性矩等物理特性。而这些物理特性在平面和曲面及线框所构成的物体上是无法表达的。三维实体造型技术不仅能精确表示所设计的物体的几何特性,而且能准确地表达物体的物理属性。因此,三维实心体技术广泛应用于工程实践中。

14.1　面域(region)

面域(region)是指其内部可以含有孔、岛的具有边界的平面,也可以理解为面域是没有厚度的实心体。用三维网格(3DFACE)命令所绘制出平面均不属于面域,因为在这些平面上不能开孔。即使用户用 Circle 等命令在这些平面上绘制了一些图,也仅仅表示在指定平面上所绘制的图形,并不意味着对平面开孔或挖出岛来。

AutoCAD 可以把一些对象围成的封闭区域建立成面域,这些区域可以是圆、椭圆、三维平面、封闭的二维多段线;也可以是由弧、直线、二维多段线、椭圆弧、样条曲线形成的首尾端相连接的封闭区域。

三维网格和由直线、曲线相交的区间是无法用 AutoCAD 的"质量特性"命令直接得到面积、重心等物理属性的。而在工程中,经常会遇到实测断面图的情况,这时就需要将断面图转变为面域,然后用相应的命令求得面积等数据,而且"图案填充""颜色填充"也只能在面域中才能实现。以下的边界和面域命令就可以将封闭的区间转为面域。

14.1.1　边界命令(boundary)

利用边界命令可以将一些对象所围成的封闭区域生成面域,也可以将封闭区域自动生成一条多段线。在初始的"绘图"工具栏中,没有"边界"命令,可以用下面的步骤将其添加到工具栏中。

14.1.1.1　在"绘图"工具栏添加"边界"命令

右键单击某个要添加"边界"命令的工具栏(此时该工具栏中并没有"边界"命令),这时会显示所有的工具栏名称,在底部会有"自定义"栏,点击"自定义"栏便会显示出"所有命令"列表,移动选择标尺,找到"边界"命令点击按住不放,拉动至相应的工具栏(本例拉至"绘图工具栏"),松手,即可在"绘图"工具栏中添加"边界"命令。该方法对添加任何命令都有效。

14.1.1.2　"边界"命令的使用

"边界"命令可以通过"工具栏:绘图/边界""下拉式菜单:绘图/边界""命令行:boundary"等方式调出。

例1：如图14-1(a)所示，在屏幕上绘制一个圆和一个矩形相交，要求在相交部分形成一个面域。

(a)   (b)

图 14-1

执行"边界"命令后，出现如图14-2的对话框。

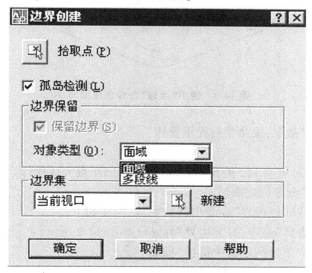

图 14-2　边界创建对话框

从图14-2中可以看出，用该命令可以生成的对象类型有两个：面域和多段线。

操作时，先点击"拾取点"，接着在某一个封闭区域中任意点击一点，系统就自动检测封闭区域的范围，并将这个封闭范围自动生成一个面域。如图14-1图左中，在圆与矩形的相交处点击任意点，就生成图中所示的面域。

图14-1的右图，是一个圆弧连接多段直线形成的封闭区间，只有点击封闭范围内任意点，也会生成一个面域。

边界命令在实测断面图中很有用，如果要用断面图绘制实体，必须将其先生成面域，才能利用"放样"命令生成实体。

14.1.2　面域命令(region)

面域(region)是使用形成闭合环的对象创建的二维闭合区域。闭合环可以是直线、多段线、圆、圆弧、椭圆、椭圆弧和样条曲线的集合。面域有以下特点：

（1）面域是一个具有物理特性的二维实体对象，可以将其看成一个平面实心区域。

（2）面域布局包含边的信息，还包含边界内的信息，如孔、槽等，因此面域可以填充和着色，可以使用"面域/质量特性（massprop）"命令查询面域的质量、面积、周长信息。

（3）创建面域取代原来的对象。

使用"面域"命令或"边界"命令可以将闭合环对象转换为面域对象。激活"面域"命令，可用以下几种方式：直接在命令行输入 region 命令生成面域；工具栏：绘图/面域；下拉式菜单：绘图/面域；选择对象：选择用于生成面域的对象，完成所有选择后按回车键。

例　将图 14-3 的零件图转换为面域。

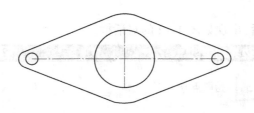

图 14-3　使用"面域"命令创建面域

（1）激活"面域"命令，按命令行提示操作：

命令：region

选择对象：指定对角点 1,2 的窗口选择对象，按回车键完成操作。

（2）使用"边界"命令创建面域。

对于图 14-3，可以用"边界"命令创建为面域，操作如下：

①选择"绘图/边界"命令，打开边界对话框（如图 14-2 所示）；

②在"对象类型"下拉列表框中选择"面域"；

③单击"拾取点"按钮，系统提示如下：

命令：boundary

选择内部点：（用光标在图形中拾取一点）

……

正在分析内部点：按回车键结束。

已提取 4 个环。

已创建 4 个面域。

14.1.3　对面域进行布尔运算

面域和多段线不是一个概念，例如图 14-4 中的两个相交的圆，在没有创建为面域之前，是不能进行"布尔"计算的。但通过创建面域后即可进行布尔运算。图 14-4 中的（b）即为两个面域进行"布尔加"的结果。

14.1.3.1 布尔加结果

对两个面域进行"布尔加"的结果见图 14-4 所示。

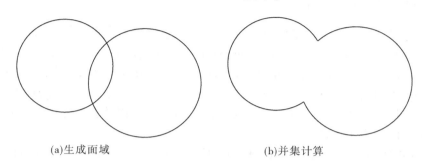

(a)生成面域   (b)并集计算

图 14-4   对两个面域进行"布尔加"的结果

14.1.3.2 布尔减结果

对两个面域进行"布尔减"的结果见图 14-5。

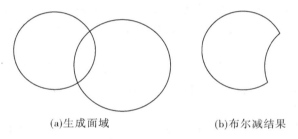

(a)生成面域   (b)布尔减结果

图 14-5   对两个面域进行"布尔减"的结果

14.1.3.3 交集结果

创建交集的结果见图 14-6。

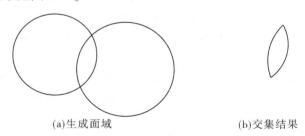

(a)生成面域   (b)交集结果

图 14-6   创建交集的结果

14.1.3.4 提示

对于两个不相交的面域进行"并集(布尔加)"计算,图面上看不出什么变化,实际上已经合并为一个面域。检验方法是用光标拾取任何一个面域,两个不相交的面域都会显示虚线。证明已经合并为一个面域。对于两个不相交的面域进行差集操作,见删除要减去的面域。

14.1.4　质量特性（massprop）

质量特性用于描述实心体的物理特性。它包括实心体的质量（mass）、体积（volume）、空间尺寸（bounding）、重心（centroid）、惯性矩（monments of inertin）、惯性体（products of inertia）、回转半径（radii of gyration）、主力矩方向与力矩（principal moments and directions），其计算将基于当前 VCS 进行。对域（region）来说质量特性表现为面积、重心、空间尺寸与周长。如果域与当前 UCS XY 平面共面，则可以计算惯性矩、惯性体、回转半径、主力矩反向与力矩等特性。

质量特性将使用当前测量与计量单位制。质量的单位为 kg（公斤）、长度单位为 mm。为了提取质量特性可以进行以下操作：

（1）在 command 提示下输入 massprop 命令；

（2）选择要提取质量特性的实心体。

一旦使用任何物体选择方式选择了实心体，屏幕将转换为文本方式并显示其特性。

如果选择了多个域，则该命令仅接受共面的第一个被选择的域，而其他的域则被忽视。系统列出选择集中的单个实心体与域，并且显示当前层上的质量或者面积的中心点等质量特性。

显示在文本末尾的提示信息询问是否将所提取的质量信息写入一个文本文件。如果对该行提示回答 Y 则写入一个文本文件中，同时屏幕上将提示指定该文件的名称。缺省设置为 N，不写入文件。

这里说明，如果绘制的圆、椭圆、正多边形、矩形或在平面上用多段线绘制的闭合环，如果没有生成面域，就不能应用"质量特性"命令。但如果用"面域"或"边界"生成的域，就可以使用"质量特性"命令，调出其物理特性。

这就是线框图形与面域的区别。

要求出实心体的质量，只要从"质量特性"查出体积，从网上查出实体的比重，则：

$$质量 = 体积×比重$$

在工程计算中经常用到查阅实体体积计算工程量的工作。绘制出三维实体，就可以直接查询。

实例 1：查询图 14-6 中交集中面域的质量、面积和周长信息，操作方法如下：

（1）使用"工具"菜单中的"查询"命令可以提取面域中的质量，单击"查询"工具栏中的"面域/质量特性"命令。

（2）在命令行提示"选择对象"时选择图 14-6（b），系统列出面域的信息，如图 14-7 所示。

本例是一个面域，故其"质量特性"的列表项目较少，如果是一个实体，则"质量特性"中显示的内容会较多。

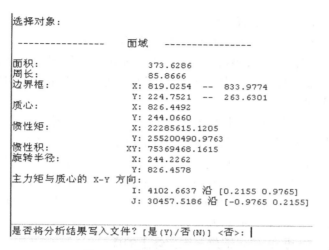

图 14-7　查询的面域信息列表

14.2　三维实体的编辑命令

创建实体模型后,可以对其进行边界修改。可以通过修改实体上的子对象(面、边和顶点)来改变实体,从而进一步完善实体的模型。AutoCAD 2007 以后的版本增加了选择和修改三维实体的子对象的功能,使得编辑与修改三维实体的操作更为方便了。

14.2.1　选择三维实体的子对象

实体上的面、边和顶点称为实体的子对象。可以在任意数量的实体上选择一个子对象,或创建多个子对象的选择集。

14.2.1.1　选择实体上的面、边或顶点

按住 Ctrl 键,在实体上移动光标,当需要选择面或边亮显时,单击左键,面和边被选中。选择顶点只需要直接拾取。选中的面、边和顶点将分别显示不同类型的夹点。

对于复合体,只有将其"记录"特性设置为"记录",可以按住 Ctrl 键选择原始对象上的子对象。第一次拾取操作可能选择的是复合体中的原始实体,继续按住 Ctrl 键,可以拾取原始形状上的面、边和顶点,然后就可以对其进行修改。

子对象重叠时,按住 Ctrl 键+空格键,尽可能地接近并单击所需的子对象,依次亮显重叠的子对象,按回车键选择子对象。

14.2.1.2　从选择集中删除子对象

如果希望在已经创建的选择集中删除子对象,可以按住 Ctrl+Shift 组合键,单击选定的面、边或顶点。

14.2.2　移动、旋转和缩放三维实体的子对象

可以通过单击并拖动子对象的夹点来移动、旋转和缩放三维实体上的单个子对象(面、边、点),并以能保持三维实体完整性的方式来修改子对象。

移动、旋转和缩放子对象应注意下列问题：

（1）在无法进行移动、旋转或缩放的子对象上不会显示夹点。

（2）拖动子对象时，最终效果可能与修改时显示的预览不同，这是由于实体可能需要调整其修改方式以维持其拓扑结构。有时，由于修改可能会严重改变实体的拓扑结构，因此修改可能无法实现。

（3）如果修改导致样条曲线曲面拉伸，则该操作通常不会成功。

（4）不能移动、旋转或缩放非流行边（由两个以上的面共享的边）或非流形顶点。同样，如果某些非流形边或非流形顶点显示在修改面、边、顶点旁边，则操作可能无法实现。

（5）复合实体的"历史记录"特性设置为"记录"时，只能选择并移动、旋转及缩放组成复合实体的单个图元上的面、边和顶点。"历史记录"特性设置为"无"时，只能选择并移动、旋转和缩放整个实体的面、边和顶点。

14.2.2.1　利用夹点移动、旋转和缩放三维实体上的面

大多数情况下，可以移动、旋转和缩放平整面和非平整面，但修改之后将删除实体的历史记录。实体将不再是真实图元，并且不能作为图元通过夹点和"特性"选项板进行操作。

可以使用下面的两种方法移动、旋转和缩放三维实体上的面。

（1）使用夹点、夹点工具或通过命令（例如移动 move、旋转 rotate 和缩放 scale）修改面。

①移动面：按住 Ctrl 键选择面，单击并拖动夹点以指定移动方向，然后输入距离。

移动面的实例：如图 14-8(a)所示，绘制长、宽、高分别为 400、500、600 的长方体。移动面的操作如下：

a.按住 Ctrl 键点击长方体的左侧面，选中该面，单击夹点并向 $-x$ 方向拖动，输入 500，按回车键，则得到图 14-8(b)中红色的新实体。丈量可知，此时新长方体的长度改为 1 000。

b.按住 Ctrl 键点击长方体的顶面，选中顶面，单击夹点并向 $-y$ 方向拖动，输入 100，按回车键，则得到图 14-8(c)中红色的新实体。可以看出新实体的顶面和底面保持原样，但长方体变为向 $-y$ 方向倾斜 100。

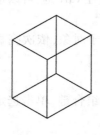 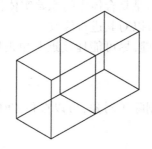 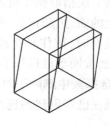

(a)原始图　　　(b)水平拉伸左面500的新实体　　　(c)顶面水平横向位移100的新实体

图 14-8　通过"移动"命令移动面生成的红色新实体

②旋转面:按住 Ctrl 键选择面,单击夹点,然后在"面板"中的"绘图"选项板中单击"旋转"命令按钮,再按"旋转"命令的提示操作。

选择基点:

按 Ctrl+右键,选择"两点之间的中点"项,点击顶面两对角点,则选中顶面中点为基点,命令行提示:输入旋转角度:输入 90,按回车键,则得到图 14-9(b)的结果。

③缩放面:按住 Ctrl 键选择面,单击夹点,然后在"面板"中的"绘图"选项板中单击"旋转"命令按钮,再按"旋转"命令的提示操作。

命令行提示:选择基点:

按 Ctrl+右键,选择"两点之间的中点"项,点击顶面两对角点,则选中顶面中点为基点。

命令行提示:指定比例因子[复制(C)/ 参照(R)]:0.5,按回车键。便得到图 14-9(c)的结果。

(a)原图 　　(b)选择顶面,以顶面中心为　　(c)选择顶面,以顶面中心为基点,
　　　　　　　　基点,旋转顶面90°的结果　　　缩放顶面为0.5的结果

图 14-9　通过旋转、缩放长方体顶面得到的结果图

(2)拖动面时,按 Ctrl 键在修改选项之间循环。

选择面拖动时,如果:

①不按 Ctrl 键,将沿其边修改面,从而使面的形状及其边保持不变,但可能会改变相邻的平整面平面,如图 14-10(b)所示。

②单击夹点,第一次按住 Ctrl 键拖动,松开 Ctrl 键后单击左键(确认该次移动),将会修改面而其边保持不变,如图 14-10(c)所示。

③单击夹点,第二次按住 Ctrl 键拖动,松开 Ctrl 键后单击左键(确认该次移动),则面和边都将被修改,如图 14-10(d)所示。但是,已经修改的面相邻的平整面必要时将分为多个三角形(分为两个或两个以上三角形平整面)。

④如果第二次修改后仍然是平面的话,第三次按下 Ctrl 键,则修改将返回上次的修改结果。

试验结果是:①使用原始命令(例如:长方体、四棱台)直接创建的实体,可以实现前、后、左、右移动面;②对于利用"放样"创建的实体,只能上下移动夹点,不能在水平上移动,因此该项需要根据版本的不同试验得到结果。

14.2.2.2　移动、旋转和缩放实体上的边

只能修改直接边且至少具有一个相邻平整面的直接边。相邻平整面所在的平面将进行调整以包含已修改的边。不能移动、旋转或缩放在面内压印的边(或顶点)。

可以使用下面两种方法移动、旋转或缩放三维实体上的边。

（1）使用夹点，夹点工具或通过命令（move、rotate 和 scale）修改边，如图 14-10 所示。

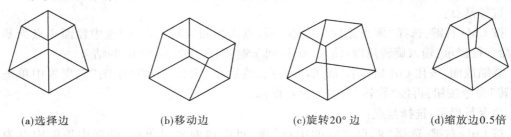

(a)选择边　　　　　　(b)移动边　　　　　　(c)旋转20°边　　　　　(d)缩放边0.5倍

图 14-10　移动、旋转和缩放三维实体上的边（红色）

（2）拖动边时，按 Ctrl 键在修改项之间循环，如图 14-11 所示。

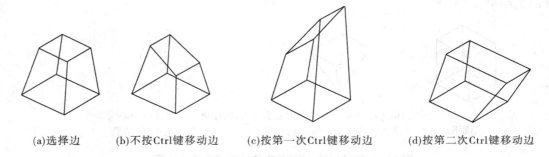

(a)选择边　　(b)不按Ctrl键移动边　　(c)按第一次Ctrl键移动边　　(d)按第二次Ctrl键移动边

图 14-11　按 Ctrl 键在修改选项之间循环

14.2.2.3　移动、旋转并缩放三维实体上的顶点

只能修改至少有一个相邻平整面的顶点，相邻平整面所在的平面将进行调整已包含的顶点。移动、旋转并缩放有以下 3 种操作方法。

（1）单击并移动顶点以拉伸三维对象，如图 14-12 所示。

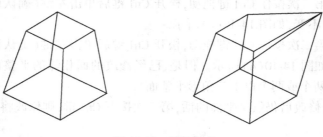

图 14-12　拉伸顶点

（2）也可以通过夹点、夹点工具或者 move、rotate 命令修改一个和多个顶点，方法与修改面、边相同。只是使用缩放（scale）命令缩放顶点时，必须缩放两个或两个以上的顶点以在实体中查看更改。

（3）拖动顶点时，按 Ctrl 键在修改选项之间循环。

①如果移动、旋转或缩放顶点时没有按 Ctrl 键,某些相邻的平整面可能会被分成多个三角形(分为两个或两个以上的三角形平整面)。

②如果移动、旋转或缩放时没有按下并松开 Ctrl 键一次,某些相邻的平整面可能会进行调整。

③如果第二次按下并松开 Ctrl 键,则修改将返回第一个选项。

14.2.3 使用"实体编辑"(solidedit)命令修改实体的面

三维实体编辑命令都可以在"实体编辑"工具栏中查到,具体见图 14-13。

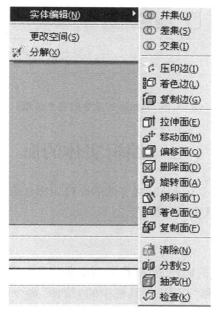

图 14-13 "实体编辑"工具栏

三维实体可以看成是由边和面组成的,将实体分解(explode),每一个面都可以看成独立的面域,若将面域分解,则生成一组边,如图 14-14 所示。可以将单独面域移出,再对面域分解,可将每条边单独移动。

三维实体编辑命令(solidedit)不用分解实体,就能够对实体的面、边和体进行编辑修改。

在命令行输入:solidedit 命令后,命令行显示"实体编辑"选项:[面(F)/ 边(E)/ 体(B)/ 放弃(U)/ 退出(X)]<退出>:

若选择"面",此时命令行显示如图 14-15 所示的"面编辑"选项;若选择"边",则显示"边编辑"选项;若选择"体",则显示"体编辑"选项的命令。可以在下一级中选择需要的命令。弹出的菜单选项见图 14-15。

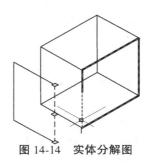

图 14-14 实体分解图

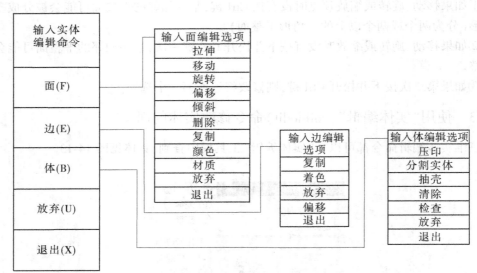

图 14-15　solidedit **命令的各个选项**

14.3　编辑实体的面

实体的面可以看成是独立的面域,对实体的面可用操作命令包括拉伸、移动、旋转、偏移、倾斜、删除、复制或修改选定面的颜色。

14.3.1　拉伸面

实体的面可以看成独立的面域,可以将沿高度和路径方向拉伸形成复合实体。

请注意,“拉伸面”图标和“建模”工具栏中的“拉伸”命令的图标是一样的,激活命令要看清是哪个工具栏的“拉伸”命令。

拉伸面的操作:

(1)工具栏:实体编辑(拉伸面)。

(2)下拉式菜单:“修改”→“实体编辑”→“拉伸面”。

(3)命令行:solidedit。

输入实体编辑选项:↙ F ↙ E ↙

选择面或/“放弃(U)/ 删除(R)”;

选择面或/“放弃(U)/ 删除(R)/全部(ALL)”。

14.3.1.1　面的选择方法

光标放置面上,单击会选中这个面,如图 14-16(a)所示。若选错,输入 U,表示放弃此次选择;若光标放在面的边上单击,会同时选中这两个面,如图 14-16(b)所示;删除已选中的面,可用 Shift+鼠标单击,也可以输入 R,再选择要删除的面;在“选择面或[放弃(U)/ 删除(R)/ 全部(ALL)]:”提示下输入 ALL 选项选择所有的面。

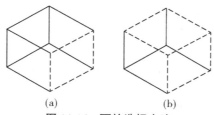

(a)　　　　　　　(b)

图 14-16　面的选择方法

14.3.1.2　拉伸方法

选中面后,可拉伸一定高度或沿路径拉伸面形成复合体。

指定拉伸高度或[路径(P)]:输入数据或输入 p。

1.输入数值

指定拉伸的倾斜角度 < 0>0,0 垂直拉伸,正值向内拉伸,负值向外拉伸,如图 14-17 所示。

　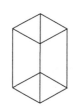　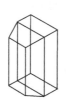　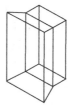

(a)长方体及选择面　(b)拉伸20,倾角0°　(c)拉伸20,倾角20°　(d)拉伸20,倾角-20°

图 14-17　拉伸面的结果(倾角为 0°、正角度、负角度)

例 1:屏幕上绘制一个长 40、宽 20、高度为 60 的长方体。

(1)拉伸角度为 0°时的操作。在"实体编辑"工具栏中点击"拉伸面"命令,激活该命令,在命令行提示操作如下:

命令:solidedit

实体编辑自动检查:SOLIDCHECK = 1

输入实体编辑选项[面(F)/边(E)/体(B)/放弃(U)/退出(X)]<退出>:face

输入面编辑选项[拉伸(E)/移动(R)/偏移(O)/倾斜(T)/删除(D)/复制(C)/颜色(L)/材质(A)/放弃(U)]/退出(X)] <退出>:

Extrude(自动选择)[拉伸面]选项:

选择面或[放弃(U)/删除(R)]:单击左侧面,如图 14-17(a)所示

选择面或[放弃(U)/删除(R)/全部(ALL)]:r,按回车键

指定拉伸高度[路径(p)]:20,按回车键

指定拉伸的倾斜角度<0>:20,按回车键(显示如图 14-17(b))

输入面编辑选项[拉伸(E)/移动(R)/偏移(O)/倾斜(T)/删除(D)/复制(C)/颜色(L)/材质(A)/放弃(U)]/退出(X)] <退出>:按回车键,(退出得到图 14-17(b)的结果)

说明:该版本 AutoCAD 不支持拉伸高度为负值,例如该项输入 - 20,仍然得到图 14-17(b)的结果。如果想得到负值的结果,可以按 Ctrl+点击左键,选中要拉伸的面,

输入负值,则可以出现降低高度的结果。

(2)拉伸角度为正角度的结果。

在……

"指定拉伸的倾斜角度<0>:",输入20,按回车键(显示如图14-17(c)所示)。

…….

(3)拉伸角度为正角度的结果。

……

"指定拉伸的倾斜角度<0>:"输入-20,按回车键(显示如图14-17(d))所示。

……

2.选择路径(p)的操作

选择路径前,要在原图中先绘制路径曲线。绘制路径曲线前,要先确定新的UCS,建立路径曲线所在的XY平面,才能绘制出路径线,如图14-18(a)所示。

(1)先以长方体顶面左上角为UCS的原点建立新的坐标系,以三点确定圆弧的方法绘出圆弧(红色),作为拉伸面的路径线。

(2)用前述的操作至:

Extrude(自动选择)[拉伸面]选项:

选择面或[放弃(U)/删除(R)]:单击左侧面,如图14-17(a)所示

选择面或[放弃(U)/删除(R)/全部(ALL)]:r,按回车键

指定拉伸高度[路径(p)]:输入p

指定拉伸路径:点击红色的拉伸线,便得到图14-18(b)的结果。

……

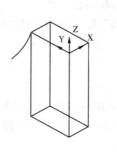 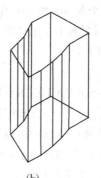

(a)　　　　　　　　　　(b)

图14-18　按已知路径拉伸面的结果图

例2:如图14-19(a)所示,在长方体顶面左下角处绘制一段由两条相等直线和一段圆弧组成的闭合环。由多段线形成的闭合环,可以用"拉伸"命令(非"拉伸面"命令)进行拉伸。操作如下:

点击"面板/创建实体/拉伸"命令,激活。

命令行提示:

选择要拉伸的对象:点击多段线,按回车键

选择要拉伸的对象:找到1个,按回车键

选择要拉伸的对象:按回车键

指定拉伸高度或[方向(D)/路径(p)/倾斜角(T)]<>:t,按回车键

指定拉伸的倾斜角<0>:(输入10,得到图14-19(b)的结果;输入-19,得到图14-19(c)的结果)

指定拉伸高度:输入30,按回车键得到最终的结果。

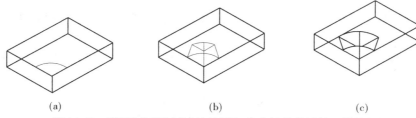

(a)   (b)   (c)

图14-19 利用"拉伸"(非"拉伸面")命令拉伸单独的面的结果

14.3.1.3 拉伸面的练习

已经绘制完成的实体如图14-20所示。圆筒的内径为32,外径为40,高度为40,把手的直线部长度为15,宽度为8,曲线部分为半径为15的圆弧。

现要求:顶面高度增高5,底面厚度增加5,底面再增加一个厚度为3的底板(不漏水)。

拉伸面是编辑实体的常用方法,操作时应按照下面的提示操作:

图14-20 用拉伸面的方法修正该实体

(1)选择任何一个编辑面的命令,就是激活了"实体编辑"(solidedit)命令,并指定显示"solidedit"命令中对应的子选项。例如,单击"拉伸面"命令,在solidedit命令提示中自动显示选项"extrude"。

(2)在实体上选择面的时候,不一定一次就能准确选择需要的面,可能会选中相邻的面,形成一个选择集,这时可以在"选择面或[放弃(U)/删除(R)/全部(ALL)]:"提示下输入r,选择集中删除多余的面;也可以输入a向选择集添加面。

(3)拉伸面的方向和高度由输入正、负值而定,若输入正值,沿面的法线方向拉伸;如果输入负值,则沿面反法线方向拉伸。例如图14-20中的把手可以沿法线方向拉伸求得。不过绘制路径线时应注意,路径线宜绘制在面的中心,并注意建立相应的UCS,否则会出现意想不到的结果。

14.3.2 移动面

移动面会按指定的距离移动选定的面到新的位置,从而改变原来的实体(一次可以选择多个面)。

14.3.2.1 激活"移动面"命令

激活"移动面"命令有以下几个方法:

(1)工具栏:实体编辑/移动面。

（2）下拉式菜单："修改"/实体编辑/移动面。

14.3.2.2　实例

原实体的形状如图 14-20（a）所示，现要求将长圆孔的位置移至长方体的正中间。

点击"实体编辑"工具栏中的"移动面"命令，激活。参照命令行的提示操作：

选择面或［放弃（U）/删除（R）/全部］：选择长圆孔点击（选中了顶面和长圆孔的左端圆弧面）

选择面或［放弃（U）/删除（R）/全部］：连续点击长圆孔的两个平面和右端圆弧面，并选中。

当前的结果是：小圆孔的 2 个圆弧面、2 个侧平面及平板顶面被选中，需删除顶面平面。

选择面或［放弃（U）/删除（R）/全部］：输入 r，按回车键，

删除面或［放弃（U）/删除（R）/全部］：点击顶面（删除被选中的顶面）。

按回车键确认选中的长圆孔 4 个面。

指定基点或位移（选择小孔的中点为基点）：

按 Shift+右键，在显示的临时捕捉菜单中，点击"两点之间的中点"。实际操作选择小孔两个侧面顶部左下角点和右上角点，则选中小孔顶部中点为基点。

指定位移的第 2 点（选择长方体顶面中点为位移点）：

同样按 Shift+右键，在显示的临时捕捉菜单中，点击"两点之间的中点"。接着点击长方体顶面的左下角和右上角，则选中顶面中心点为位移的终点。

……（连续按回车键，直至命令行显示操作结束），即可得到图 14-21（c）的结果。

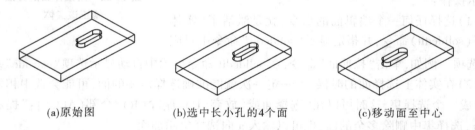

（a）原始图　　　　　　（b）选中长小孔的4个面　　　　　（c）移动面至中心

图 14-21　移动长小孔至中心的操作图

若选择所有的面，实体会按比例缩放；若选用差集命令生成的实体内部面，也可改变孔的大小。

14.3.2.3　移动面的说明

（1）当操作进行到："指定基点或位移"时，可以选取基点或输入位移第二点坐标，例如：指定位移第二点：@0，-20，回车。

（2）移动面只会改变选取的面，不能影响其他面的方向，这是与拉伸面的区别。

（3）用差集生成的实体的孔也可以移动位置，例如前面的实例。

14.3.3 偏移面

偏移面会按指定偏移距离或指定的点将面均匀地偏移。正值增大实体的尺寸和体积;负值减小实体的尺寸和体积。

将图14-22中的原实体中的小圆孔4个面分别偏移−5和1。

先复制两个实体,对第2个中间实体操作如下:

点击"实体编辑"工具栏中"偏移面"命令;

选择面或〔放弃(U)/删除(R)〕:(选择长圆孔的4个面,实际多选了2个,上、下底面)

选择面或〔放弃(U)/删除(R)〕:(输入R,准备删除多余面)

选择面或〔放弃(U)/删除(R)〕:(点击上、下底面将其删除),按回车键

指定偏移距离:(输入−5,得到图14-22(c)的结果,原实体的体积减小了)

对于图14-22(c),前面的操作与上述的过程基本一致,只是最后步骤为:

指定偏移距离:(输入1,得到图14-22(c)的结果,原实体的体积增大了)

 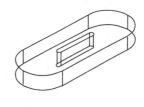

(a)原实体　　　　　(b)长圆孔偏移−5　　　　　(c)长圆孔偏移1

图14-22　偏移面−5和1的结果

14.3.4 删除面、旋转面、倾斜面、复制面和着色面

14.3.4.1 删除面

"删除面"命令,可以删除面,包括圆角和倒角。

如图14-23(a)所示实体,选中中间的小长圆孔的所有4个面后删除,会得到图14-23(c)的实体。

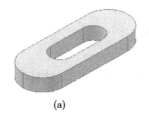 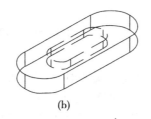 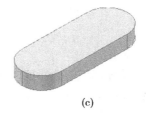

(a)　　　　　　　　(b)　　　　　　　　(c)

图14-23　实体删除面后的结果

"删除面"操作过程与上面的"移动面"命令操作多数相同,只是命令改为"删除面"即可。具体操作过程省略。

例:在绘制一个实体的过程中往往会发现其中的某些步骤的参数过大或过小。可以

用"删除面"命令删除某些步骤,重新按新的参数设置绘制。例如,删除图 14-24 中的倒角和实体中心的小圆柱。

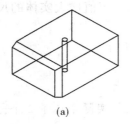 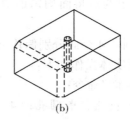 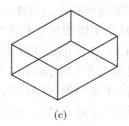

(a)   (b)   (c)

图 14-24   删除倒角面、小圆柱面后,实体恢复原样图

(1)图 14-24(a)是图 14-24(c)经过两个倒角和布尔减去小圆柱后的结果,发现该实体的圆柱半径太小,而倒角又太大。现在想重新绘制倒角和小圆柱,可采用删除面的方法将图 14-24(a)实体恢复为图 14-24(c)的实体。

(2)执行删除面命令后,选中 2 个倒角和 1 个圆孔面,结果见图 14-24(b)。

14.3.4.2 旋转面

"旋转面"命令用于绕指定的轴旋转一个或多个面或试图的某些部分。

(1)旋转轴:可以将旋转轴与现有的对象对齐,与选定的直线对齐,与圆、圆弧或椭圆的三维轴对齐,与由多段线的起点和端点构成的三维轴对齐,与由样条曲线的起点和端点构成的三维轴对齐,还可以将旋转轴与通过选定点的轴(X、Y、Z 轴)对齐。

(2)旋转角度。从当前位置起,使对象绕选定的轴旋转指定的角度。可以指定参照角度和新角度,或起点角度和终点角度。

例:如图 14-25 所示,图 14-25(a)为实体原图,图 14-25(b)为选中小方块的各面(红色),图 14-25(c)为旋转面–90°的结果。

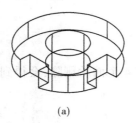 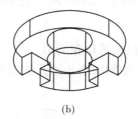 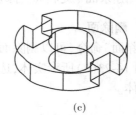

(a)   (b)   (c)

图 14-25   选中面旋转–90°的结果

操作说明:

(1)一般情况下,选择面时不可能一次选对面,操作时可多选一些面;然后输入 R,删除不需要的面,图上显示选择的面合适时再按回车键,确认。以下再进行旋转面操作。

(2)旋转时首先应确定旋转轴的原点,可以通过改变 UCS 原点的方法,确定原点。若原点选择不当,会得到预想不到的结果。

习题:如图 14-26 所示,将图 14-26(a)中小圆孔旋转 90°,得到图 14-26(b)的效果,将图 14-26(a)旋转 45°得到图 14-26(c)的结果。本习题中图是经过旋转 90°后,将 1 个实体分成 2 个实体。

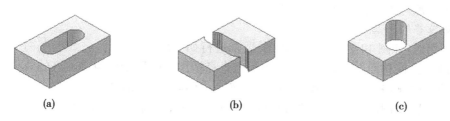

（a） （b） （c）

图 14-26　旋转实体中间的长圆孔 4 个面 90°、45°后的结果

14.3.4.3　倾斜面

倾斜面将选定的面倾斜一定的角度。倾斜角的旋转方向由旋基点和第 2 点(沿选定矢量)的顺序决定。

如图 14-27 所示,图 14-27(a)为原始的单个实体,图 14-27(b)是圆孔面倾斜 10°的结果。

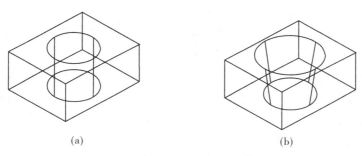

（a） （b）

图 14-27　倾斜面的实例(倾斜 10°)

操作如下:

点击"三维编辑"/"倾斜面"命令

命令行提示:taper

选择面[放弃(U)/删除(R)]:点击小圆孔顶部边沿界线(此时除选中圆孔曲面外,还选中了长方体的顶面,需要删除该顶面)。

选择面[放弃(U)/删除(R)]:输入 R,按回车键

删除面[放弃(U)/删除(R)全部(ALL)/]:点击顶面,删除选中的顶面

删除面[放弃(U)/删除(R)/全部(ALL)]:此时,仅选中了需要倾斜的曲面,按回车键确认

指定基点:(点击小圆孔下圆心)

指定倾斜轴的另一个点:(点击小圆孔上圆心)

指定倾斜角度:输入 10,按回车键,便得到图 14-27(b)的效果,按回车键,结束操作

14.3.4.4　复制面

功能:将实体的面复制成独立的面域或体。

其操作过程如下:

点击"实体编辑"→"复制面"命令,命令行提示:

选择面或[放弃(U)/删除(R)]:选择1个或多个面

指定基点或位移:(指定基点)

指定位移的第二点:(指定第2点)

综合例题:如图14-28(a)的原始图,要求进行如下操作:

(1)通过"偏移面"命令将图中的小圆孔半径增加70,得到图14-28(b)的效果。

(2)通过"倾斜面"命令,将图14-28(b)转为图14-28(c)的结果。

(3)通过"复制面"命令,将图14-28(c)中的倒角面复制为图14-28(d)的效果,将圆孔曲面复制为图14-28(e)的结果。

(4)利用"质量/面域特性"命令,分别对图14-28(d)和图14-28(e)检测其属下物理特性。

 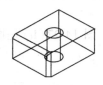

(a)原始图　　(b)小孔面偏移-70结果　(c)圆孔面倾斜15°结果　(d)复制的倒角面　(e)复制的圆孔曲面

图14-28　对实体进行编辑的实例

本例题中的原图经过偏移面、倾斜面、复制面可以得到相关的结果,其操作说明如下:

(1)利用"偏移面"命令,可以改变中间圆孔的半径大小。请注意:"偏移面"命令可以改变原实体的体积,如果输入正值大于等于10的数字,因为原小孔的半径只有10,原图中的小孔就会消失;输入-70,便会得到图14-28(b)的效果。

(2)由图14-28(b)转到图14-28(c)的结果,需要用倾斜面命令,本例中选择圆台的底面中心为基点,指定沿倾斜轴的另一个点选圆台的顶面圆心,得到图14-28(c)的效果。

(3)通过复制面命令,可以复制出平面[图14-28(d)],曲面[图14-28(e)],但得到的曲面不能用"质量/面域特性"命令。

(4)用"质量/面域特性"命令后,图14-28(d)的结果如下:

```
--------------        面域        --------------

    面积:                12309.2579
    周长:                600.6798
    边界框:          X: 5765.9134   --   5805.9134
                     Y: -3533.1879  --   -3503.1879
                     Z: -2432.1828  --   -2170.9977
    质心:            X: 5786.3196
                     Y: -3518.4925
                     Z: -2308.9379
```

而用"质量"→"面域特性"命令后,图14-28(e)不执行,没有结果。

14.3.4.5　着色面

功能:用来修改面的颜色。

当结束"着色面"命令后,将弹出"选择颜色"对话框,在其中可以选择颜色,如图 14-29 所示。

也可以按住 Ctrl 键,选择实体上的面,然后打开"特性"选项板,在"常规"中单击"颜色",再单击右侧的箭头,然后在颜色列表中选择颜色,或单击"选择",在"选择颜色"对话框选择颜色。

三维编辑面命令一般用于修改已经绘制完成的简单实体,可以方便地对实体进行部分参数的修改,是设计人员修饰三维图的有力工具。

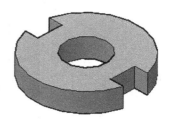

图 14-29　将实体顶面着红色的效果

14.3.5　编辑实体的边

对实体的边可以进行复制、着色和压印操作。

命令行:SOLIDEDIT

输入实体编辑选项[面(F)/边(E)/体(B)/放弃(U)/退出(X)]<退出>:E

输入边编辑选项[复制(C)/ 着色(L)/放弃(U)/退出(X)]<退出>:

边的选择方法类似面的选择,可以添加和删除,可以选择多条边。

14.3.5.1　复制边

如图 14-30 所示,复制其中的底面圆弧和中心孔圆弧。

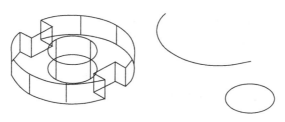

图 14-30　复制底面前方圆弧和圆孔顶面圆

14.3.5.2　着色边

使用"着色边"命令,可以改变实体边的颜色。

在"实体编辑"工具栏中选中"着色边"命令,选择要着色的边;结束选择边操作之后,在弹出的"选择颜色"对话框中,选择合适的颜色,按回车键,即可改变选择边的颜色。

也可以按住 Ctrl 键,选择实体上的边,然后打开"特性"选项板。在"常规"选项中选择"颜色",单击右侧的箭头,选择合适的颜色即可。具体可参阅图 14-30 的实例。

14.3.5.3　压印

使用"压印"(imprint)可以将圆弧、圆、直线和二维、三维多段线、椭圆、样条曲线,面域、体以及三维实体压印到实体上,压印操作时,必须使压印对象与选定实体的面相交,压印才能成功。

例:如图 14-31(a)所示:有一个长方体,希望在底面左下角和顶面右下角压印圆弧线。

(1)实际操作如下:

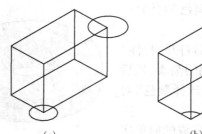
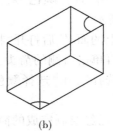
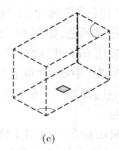

(a)　　　　　　　　　(b)　　　　　　　　　(c)

图 14-31　压印操作以验证压印效果

在"三维制作"控制台上单击"压印"命令。

命令：imprint

选择三维实体：(选择长方体)

选择要压印的对象：(选择底面左下角的圆)

是否删除源对象［是(Y)/否(N)］:<N>:y，回车

选择要压印的对象：(选择顶面右下角的圆)

是否删除源对象［是(Y)/否(N)］:<Y>: 回车

选择要压印的对象：(选择底面左下角的圆)

是否删除源对象：按回车键，结束操作

压印结果如图 14-31(b)所示。

(2)验证压印效果。验证压印是否成功，可以单击长方体，此时长方体和圆弧全部变为虚线，则表示压印成功。

(3)通过压印某个压印面修改实体。如图 14-32 所示的长方体，在顶面绘制 AB、CD 两条直线，将这两条直线压印至长方体上。

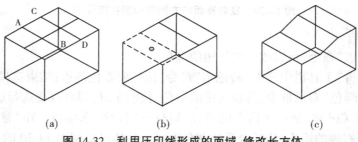

(a)　　　　　　　　　(b)　　　　　　　　　(c)

图 14-32　利用压印线形成的面域，修改长方体

现要求将图 14-32(a)转变为 14-32(c)。其操作如下：

(1)按住 Ctrl 键，选中图 14-32(b)顶面最左方的平面。

(2)在"三维制作"控制台上单击"三维移动"按钮，沿 Z 轴向下移动平面 100 个单位，便得到图 14-32(c)的结果。(此时应是打开"正交"状态)

(3)如果不打开"正交"，可以在命令行输入 0,0,100，按回车键，也可得到图 14-32(c)的效果。

14.4　修改实体

对实体的修改包括压印、清除、分割和抽壳。

其中"压印"命令的用法 14.3 节已经讲过,本节介绍"清除""分割"和"抽壳"命令的使用。

14.4.1　分割

并集建立的复合实体,若不相连,可以通过"分割"命令将该实体对象分割成独立的实体对象。

如图 14-33 所示,组成复合体的 3 个实体是互不相交的。使用"并集"命令后,形成一个复合体。将复合体分割的操作如下:

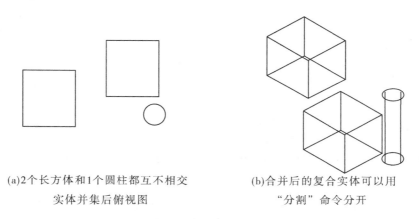

(a)2个长方体和1个圆柱都互不相交
实体并集后俯视图

(b)合并后的复合实体可以用
"分割"命令分开

图 14-33　分割复合实体

工具栏:实体编辑(分割)

下拉式菜单:"修改"→"实体编辑"→"分割":

命令行:SOLIDEDIT ↓E↓F↓

选择三维实体:单击实体的边,选择一个实体对象,按回车键即可分割实体。分割后复合体由一个实体分割为 3 个实体。

14.4.2　抽壳

使用"抽壳"命令可以在三维实体对象中创建壳体对象,抽壳将连续相切的面看作一个面,将现有的面在原位置向内或向外偏移来创建新的面,输入正值向内偏移,输入负值向外偏移。偏移之前,需要将不必要留着壳体上的表面排除。

"抽壳"使用指定的后果创建一个空的薄层。可以为所有面指定一个固定的薄层厚度。通过选择面可以将有些面排除在壳外。一个三维实体只能有一个壳。通过将现有面偏移出其原位置来创建新的面。抽壳的操作过程如下:

工具栏:实体编辑(抽壳)

下拉式菜单:[修改]→[实体编辑]→[抽壳]↙

命令行:solidedit ↓E↓S↓

选择三维实体:单击实体的一条边选中整个实体的所有面

删除面或[放弃(U)/添加(A)/全部(ALL)]:选择一个或多个面,这些面将作为抽壳后被删除的面,若输入U表示放弃前一次对面的选择;若要添加要抽壳的面,可输入A进入选择面状态。如图14-34(b)所示,选中圆台体后再删除顶面,输入抽壳距离后可以看到顶部开放的壳体。

删除面或[放弃(U)/添加(A)/全部(ALL)]:选择顶面(选择到1个面)

删除面或[放弃(U)/添加(A)/全部(ALL)]:按回车键

输入壳体偏移的距离:(图14-34(c)输入的是10,图14-34(d)输入的是-20)

连续按回车键便得到图14-34的结果。

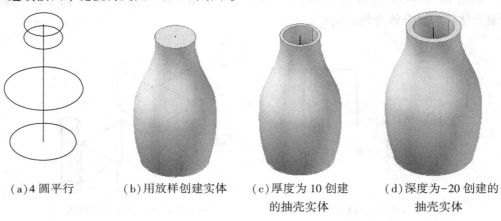

| (a)4圆平行 | (b)用放样创建实体 | (c)厚度为10创建的抽壳实体 | (d)深度为-20创建的抽壳实体 |

图中说明:分别在0、200、400、460高度绘制半径为100,120,60,60的圆,用"放样"命令生成图14-34(b)的实体。

图14-34 抽壳的结果图

14.4.3 "按住并拖动"命令有限的区域创建实体▣

(1)在AutoCAD 2008中,可以按住并拖动有限区域来修改实体。有限区域是指:

①任何可以通过以零间距公差来填充的区域。

②由交叉共面和线性几何体(包括块中的边和几何体)围成的区域。

③由共面顶点组成的闭合多段线、面域、二维面和二维实体。

④由三维实体的任何面共面的几何体(包括面上的边)创建的区域。

(2)激活"按住并拖动"命令的方法如下:

①在三维制作控制台上单击"按住并拖动"按钮▣。

②在"建模"工具栏中单击"按住并拖动"按钮。

③按住Ctrl +Alt 组合键。

④从命令行输入presspull。

(3)操作方法。

如图14-35所示,使用"按住并拖动"命令在原实体的前端面上开一个圆孔,或另加一个小圆柱的操作如下：

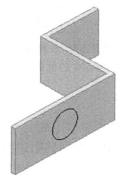 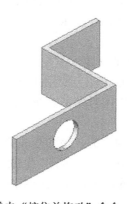 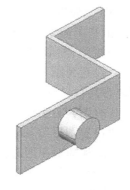

(a) 在原图左前面中心绘制一圆　　(b) 单击"按住并拖动"命令　　(c) 点击"按住并拖动"命令，
　　　　　　　　　　　　　　　拾取图为面域，向后方拖动，形成孔　　形成孔拾取图为面域，
　　　　　　　　　　　　　　　　　　　　　　　　　　　　　　　向前方拉动，形成一个柱

图 14-35　"按住并拖动"命令创建新实体

①选择正交和对象捕捉模式。

②在实体的前端面中心处绘制一个圆,如图 14-35(a)所示。

③在"面板"/"三维控制台"上,点击"按住并拖动"按钮▣。

命令行:presspull

单击有限区域以进行按住并拖动操作:(在圆周内单击,然后按住鼠标向后拖动,则生成圆孔,如图 14-35(b)所示;如果按住鼠标向前方拖动,则生成一个新的圆柱,如图 14-35(c)所示)。

已提取一个环

已创建一个面域

14.5　直接将三维实体生成三视图的命令和应用

在 13.1 节,已经介绍了利用"平面摄影"命令创建三维实体三视图的方法。此方法需要预先将三维实体复制在 4 个固定位置,并分别通过旋转命令将其摆放为俯视图时的正视图、俯视图、左视图位置,再利用"平面摄影"命令得到三视图。此方法也比较实用。

实际上 AutoCAD 2008 以上的版本,在"绘图"菜单下,通过下拉菜单,可以用命令"图形""视图"及"轮廓"在几分钟内直接生成实体的三视图,这是实体生成三视图中较为迅速的方法。

这 3 个命令的应用在一般 AutoCAD 教材上没有介绍,且应用时,时常是视图+图形、视图+轮廓合并使用,应用过程比较复杂,故本节将予以介绍。

14.5.1　视图、图形、轮廓命令的功能介绍

(1)查找这 3 个命令的操作如下:

菜单:"绘图"→"建模"→"设置",可以显示"图形""视图""轮廓" 3 条命令,如图 14-36 所示。

点击某个命令,即可激活该命令。

（2）视图、图形、轮廓命令的功能介绍。

图 14-36　设置图形、设置视图、
设置轮廓命令的位置

①"设置视图"（solview）命令的功能。使用正交法创建布局视口以生成三维实体及体对象的多面视图（含三视图）与剖面图。

②"设置图形"（soldraw）命令的功能。该命令主要对"设置视图"命令生成的正交视图、剖面图和辅助视图进行处理。用"设置视图"生成的是从不同角度看到的影像图,而不是线框图。用"设置图形"命令的原理是生成投影线框图,这样就可以对二维图中的线框进行处理。

③"设置轮廓"（solprof）命令的功能。该命令可以对"设置视图"命令生成的视窗内的图和隐藏线并对剖面图进行图案填充。

一般是先使用"设置视图"命令,生成三维实体的体对象多面视图（包含三视图）与剖面图的影像图,再使用"图形" soldraw、"轮廓" solprof 命令可以生成二维轮廓线和隐藏线。通过改变线的属性（改变线宽、隐藏线变为虚线）,最后加上标注,成为标准的三视图。以下以图 14-37 实例说明其方法。

操作准备如下:

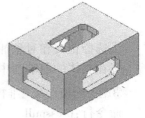

图 14-37　已经绘制完毕
的花盒实体图

（1）绘制三维实体前,必须将三维实体摆放在正交线的位置,即在正视、俯视、左视（或右视）时,得到的是实体模型的标准三视图。其原因是:AutoCAD 使用上述命令时,是按标准摆放位置自动生成三视图的。如果在绘图时,没有按标准正交摆放好实体的位置,得到的必然不是标准的三维图。

（2）绘制好的三维实体应转为"三维线框",并设定为"西南等轴测"。其目的是:保证 XY 平面为水平面,使用"视图"命令的 UCS 命令时,得到的是俯视图,且为线框;并且一个文件最好只绘制一个单独的三维实体（或组合体）。

14.5.2　"设置视图"（solrvievv）命令

功能:使用正交投影法创建布局视口以生成三维实体及体对象的多面视图与剖视图。其中最常见的功能是从三维实体模型创建标准的工程视图（影像图）但无法编辑。

14.5.2.1　俯视图

主菜单→"绘图"→"建模"→"设置"→"视图":（点击"视图"激活该命令）

或者在命令行输入:solview ,按回车键。

执行该命令后,系统自动进入图纸空间并显示:（说明:solview 必须在布局选项卡上运行,如果当前处于"模型"状态,则运行该命令后,则会自动转换到最后一个活动布局,一般自动进入"布局 1"）。

（故在运行该命令前,在图纸空间的布局 1 中删去视口,成"空白"布局。这是由于命

令自动选用"布局1"作为三维实体三视图的存放之处,且不需要原来的视口)

命令行:[UCS(U)/正交(O)/辅助(A)/截面(S)]:u ✓(输入 u,激活 ucs)

选 UCS:(当选 UCS 时,该命令在视口中显示当前 UCS 的 *XY* 平面,因预先确定了实体位置为西南等轴测视图,故 *XY* 平面为水平面,即俯视图)

命令行:输入选择:{命名}(N)/世界(W)/?/当前} <当前>:✓(回车)

输入绘图比例 <1.0000>:(输入数值或回车)✓

指定绘图中心:<指定视口>:(中心取决于当前模型空间的范围,可以尝试多个点,直到满意的视图位置)✓ 回车后显示。

指定绘图中心:✓回车后会在布局 1 中显示一个大视口,且视口为"模型"模式,并显示

指定视口的对角线:点击视口的另一对角

输入视图名:(输入视图名称,可用汉字或字母,回车后,俯视图完成。命令返回原提示,开始正视图绘制)

14.5.2.2　正视图

命令行:[UCS(U)/正交(O)/辅助(A)/截面(S)]:o✓(选正交 o)

命令行显示"指定视口要投影的那一侧",这时应当选择俯视图视口的下框线(偏左),这时在下框线出现一个小三角△,点击小三角

指定绘图中心:✓回车后会在布局 1 中显示一个大视口,且视口为"模型"模式,并显示

指定视口的一角:点击左下角

指定视口的对角线:点击视口的另一对角

输入视图名:输入视图名称,正视图,回车。(可用汉字或字母,回车后,俯视图完成。命令返回原提示,将开始左视图的绘制)

14.5.2.3　左视图

命令行:[UCS(U)/正交(O)/辅助(A)/截面(S)]:o✓(选正交 o)

选"正交",命令行"指定视口要投影的那一侧",应选视口的左框线小三角△(偏上),并在右上角选图中心,输入"左视图",得到右上角左视图;操作过程同 2)

14.5.2.4　立体图

命令行:[UCS(U)/正交(O)/辅助(A)/截面(S)]:o✓(选正交 o)

选"UCS"选项,在图右下角点击选图中心,连续按回车键,输入"立体图",得到的是俯视图;

打开该视口,选"西南等轴测",该视口的俯视图变为立体图。

到此利用 solview 命令绘制三视图的操作结束。但得到的图是影像图,要使用"设置图形"命令进行整修,才能得到真正的三视线框图。具体请参阅图 14-38。

在图纸空间得到三视图是影像图,且没有对隐藏线和可见线予以区分,需要用"设置图形"命令加以编辑。

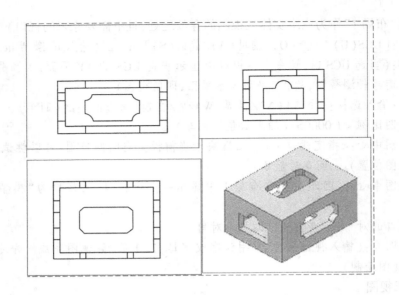

图 14-38　"设置视图"在图形空间得到的结果

14.5.3　用"设置图形"命令对三视图图形进行编辑

在用 SOLVIEW 命令创建的视口中生成轮廓线框图和剖视线框图。

菜单:绘图(D)— 建模(M)— 设置(U)— 图形(D)。

选择对象: 选择要绘制的视口

SOLDRAW 只能在用 SOLVIEW 创建的视口中使用。

创建视口中表示实体轮廓和边的可见线和隐藏线,然后投影到垂直视图方向的平面上。剪切平面后的所有实体和实体部分都生成轮廓和边。对于截面视图,使用HPNAME、HPSCALE 和 HPANG 系统变量的当前值创建图案填充。

选定视口中的所有轮廓图和剖视图都将被删除,然后生成新的轮廓图和剖视图。在所有视口中冻结除了需要显示轮廓图和剖视图外的所有图层。

警告请勿在视图名-VIS、视图名-HID 和视图名-HAT 图层中放置永久图形信息。运行 SOLDRAW 时将删除和更新存储在这些图层上的信息。

实例:对已经在布局中生成三视图进行编辑:

(1)命令 SOLDRAW:选择对象:(选择图中的俯视图、正视图、左视图等 3 个视口,按回车键,即完成操作)。从外表看,用该命令的视口并没有变,但在模型空间点击一下,就知道,影像图变成了线框图。如图 14-39 所示。

说明:

(1)命令 SOLDRAW:选择对象:(选择图中的俯视图、正视图、左视图)后,在模型空间中原图变为图 14-39 的结果。

(2)图中的曲线表示隐藏线。

(3)图中的 UCS 为世界坐标系西南等轴测,其 XY 平面即为俯视图。

(2)打开图层,可以看到的图层有:左视图-VIS、左视图-HID、左视图-DIM;正视图-

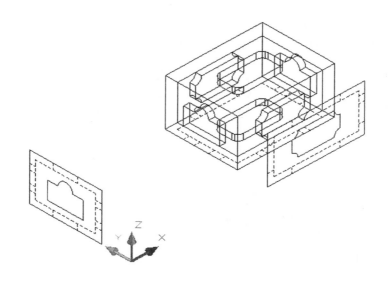

图 14-39　上述操作后,打开模型空间后的结果图

VIS、正视图-HID、正视图-DIM;俯视图-……;立体-…… 和 VPORTS、0 等 14 个图层。所谓编辑就是:其中 HID 图层就是隐藏线,将其属性变为虚线即可。

(3)其中 VPORTS 层为保存 4 个视口框的图层关闭,即可让 4 个图框消失。

(4)可以在 0 图层上标注尺寸,亦可新建尺寸图层标注尺寸。

"设置图形"命令只能用于编辑"设置视口"在特定布局中生成视图视口,因其选择对象只能在特定布局中选定(三视图)视口。编辑后的花盒三视图及立体图见图 14-40。

14.5.4　某工程导流洞进口三维立体图转换为三视图实例

图 14-41 是某水电站工程 1#导流洞进口的三维立体图,现要求用"设置视图"和"设置图形"命令绘制该三维立体图的俯视图、正视图、左视图。

14.5.4.1　分析

(1)导流洞进口的顶部曲线为 1/4 的椭圆线,绘制该三维立体图时,选择底面的高程为 0,即底面位于 XY 平面上,且放置在与坐标轴平行或正交的位置。可以利用"设置视图"命令生成标准的三视图(影视图)。

(2)利用"设置图形"命令,将三视图的影视图转为线框图。

(3)在线框图上标注尺寸和说明,便得到需要的工程图。

14.5.4.2　操作过程

1.准备

(1)将导流洞进口整体复制到一个新文件中,并用"并集"命令将其合并为一个整体实体。并按"正交"的规则,将实体摆放在与坐标轴平行和垂直的方向与位置,以便得到标准的三视图。

(2)在新文件中,打开"布局 1",删除唯一存在的视口,使之变为"空布局"。

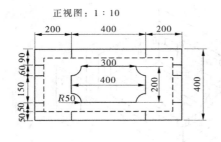

正视图：1∶10

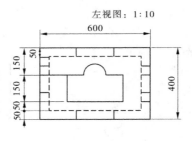

左视图：1∶10

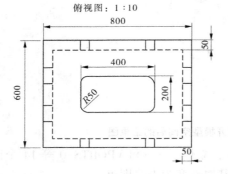

俯视图：1∶10

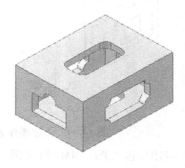

立体图：1∶10

图 14-40　编辑后的花盒三视图及立体图

2.创建导流洞进口三视影像图

用"设置视图"命令,创建导流洞进口三视影像图的过程如下：

(1)激活"设置视图"命令。主菜单→"绘图"→"建模"→"设置"→"视图"：(点击"视图"激活该命令)

命令行：solview

(2)创建俯视图的操作。命令行：[UCS(U)/正交(O)/辅助(A)/截面(S)]:u ↙(输入 u,激活 UCS)

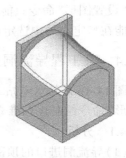

图 14-41　某水电站导流洞
进口三维立体图

(当选 UCS 时,该命令在视口中显示当前 UCS 的 XY 平面,因预先确定了实体位置为西南等轴测视图,故 XY 平面为水平面,即俯视图)

命令行：输入选择：{命名}(N)/世界(W)/?/当前 <当前>:↙(回车)

输入绘图比例 <1.0000>:(输入数值或回车) ↙

指定绘图中心：<指定视口>:(中心取决于当前模型空间的范围,可以尝试多个点,直到满意的视图位置)↙ 回车后显示

指定绘图中心：↙回车后会在布局 1 中显示一个大视口,且视口为"模型"模式,并显示

指定视口的一角：点击左下角

指定视口的对角线：点击视口的另一对角

（此时，因设置的绘图比例不一定合适，在新创建的视口中可能为空白，先不要管，等到视口全部创建完毕后，分别选中每一个视口，点击屏幕上方的"窗口缩放" ，就会显示该视图）

输入视图名：（输入视图名称，可用汉字或字母，回车后，俯视图完成）

（3）创建正视图的操作。

命令行显示：

命令行：[UCS(U)／正交(O)／辅助(A)／截面(S)]：o↙（选正交 o）

命令行显示"指定视口要投影的那一侧"，这时将鼠标移至俯视图视口的下框线（偏左），这时在下框线中间出现一个小三角△，点击小三角

指定绘图中心：↙回车后会在布局1中显示一个大视口，且视口为"模型"模式，并显示

指定视口的一角：点击左下角

指定视口的对角线：点击视口的另一对角

输入视图名：输入视图名称，正视图，回车。（可用汉字或字母，回车后，俯视图完成命令返回原提示，将开始左视图的绘制）

（4）左视图。

命令行：[UCS(U)／正交 O)／辅助(A)／截面(S)]：o↙（选正交 o）

选"正交"，命令行"指定视口要投影的那一侧"，将鼠标移至正视图视口左边框线，在左框线中间显示小三角△（偏上）

点击小三角

指定选图中心：点击整个布局的右上角部分

指定选图中心：（可以多次选定图中心，认为合适后，直接按回车转入下一步）回车↙

指定视口的一角：点击左下角

指定视口的对角线：点击视口的另一对角，就创建了左视图视口

输入视图名：输入视图名称，正视图，回车

右上角左视图视口创建完成，将创建立体图视口

（5）立体图。

命令行：[UCS(U)／正交(O)／辅助(A)／截面(S)]：o↙（选正交 o）

当选 UCS 时，该命令在视口中显示当前 UCS 的 XY 平面，因预先确定了实体位置为西南等轴测视图，故 XY 平面为水平面，即俯视图。

命令行：输入选择：{命名}(N)／世界(W)／?／当前} <当前>：↙（回车）

输入绘图比例 <1.0000>：（输入数值或回车）↙

指定绘图中心：<指定视口>：（中心取决于当前模型空间的范围，可以尝试多个点，直到满意的视图位置）↙ 回车后显示

指定绘图中心：↙回车后会在布局1中显示一个大视口，且视口为"模型"模式，并显示

指定视口的一角:点击左下角

指定视口的对角线:点击视口的另一对角

就得到了俯视图的视口。

如何将俯视图视口转换为三维立体图视口呢?

激活该视口,选"西南等轴测"投影,该视口的俯视图变为立体图。

到此利用 solview 命令绘制三视图的操作结束。但得到的图是影像图,要使用"设置图形"命令进行编辑,才能得到真正的三视线框图。

14.5.5　用"设置图形"命令对"设置视图"创建的三视影像图编辑生成线框图

前面用"设置视图"创建的三视图只是影像图,必须用"设置图形"命令进行编辑,才能创建三视线框图。具体操作如下:

(1)打开保存三视图的布局 1,在图形空间进行操作。

(2)激活"设置图形"命令。

下拉式菜单:"绘图"→"建模"→"设置"→"图形"　(点击激活)。

命令行:solview

执行该命令后命令行提示:

选择要绘制的视口…

选择对象:(要求选择要进行处理的视口,点选俯视图视口)找到 1 个,总计 1 个

选择对象:(可以连续选取多个视口,点击正视图视口)找到 1 个,总计 2 个

选择对象:(点击左视图视口)找到 1 个,总计 3 个(只选取俯视、正视、左视视口即
　　　　可,不宜选取立体图视口)

选取结束后,回车↙。

就会发现选取各个视口会持续变成线框图,如图 14-42 所示。

最后按回车键,该命令完成,结束。

(3)三视图的编辑。

此时,三视图视口已经变为线框图,打开模型空间,可以看到图上增加了生成的俯视、正视、左视线框图。但图形的线条粗细,尤其是虚线的空格部分可能不符合要求。这时需要进行编辑。

①虚线部分的编辑:可以点击选中虚线,点击"对象特性"按钮 ▓,将线型比例进行调整,一般先调整在 0.1~10 选择几个对比查看即可选出适合的比例。

②建立标注层,标注实体的尺寸。

③至于线型和线条粗细,一般可先炸开三视图,再改变线型及粗细。

④标准的工程图应当有标题栏、文字说明等,完成的三视图及立体图需要依照需要进行排版,这里省略。

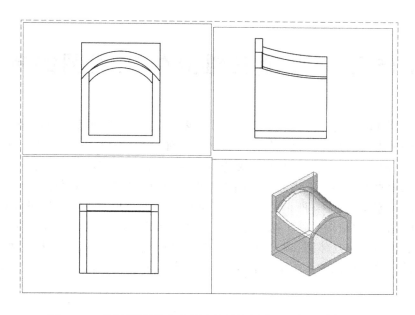

图 14-42 "设置图形"命令创建的导流洞进口三视图线框图

14.6 本章小结

本章主要介绍了实体的物理特性和三维实体的编,并介绍了使用命令绘制实体三视图的方法。

在工程建设中,需要大量的工程量计算。如果绘制成三维立体图,则可以直接利用"质量特性"命令查询,方便快捷,精度又高。计算土石方量时,使用断面法,如果形成面域,也可以查询其面积和周长。这些方法已经在大型工程中多次应用。

通常使用 AutoCAD 绘图的工程技术人员,一般都用其他命令进行三维编辑的操作。这是由于人们开始学习时并不学习三维编辑命令。如果学习了三维实体编辑命令,就会发现使用三维实体编辑命令修改实体比其他方法简单得多。人们在开始学习"三维实体编辑"命令时,会发现个别命令得不到需要的效果。这是由于选项没有选对或者操作步骤颠倒等问题。实际操作时,如果实在达不到要求,可以选择采用其他较烦琐的命令完成。

第15章　单项三维立体工程图的制作

近几年来,随着经济的发展、科技的进步,我国对大型工程的设计已逐渐与国际接轨,设计中采用了大量的复杂三维曲线组合设计。例如,北京的奥运会主场馆,就采用了"鸟巢"设计。同样在水利工程设计之中,复杂曲线结构组成的工程设计也屡见不鲜。例如,在我国第二大水电站——溪洛渡水电站工程设计中,也多次采用复杂曲线组成的结构设计。这样的国家重点工程(所谓的标志性建筑),业主和监理对工程的质量和竣工时间都有严格的限制,工程结构的施工精度也往往超过常规的要求。如图15-1所示的溪洛渡水电站导流洞进口三维立体图,顶拱设计为沿椭圆延伸复杂几何体,各个横断面均不相同,如果单凭设计单位提供的二维平面和断面图,技术人员很难确定工程某个具体部位的立体形状和尺寸。

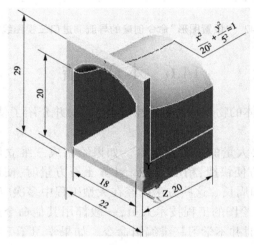

$$\frac{x^2}{20^2} + \frac{y^2}{5^2} = 1$$

图 15-1　溪洛渡水电站导流洞进口三维数字图

作为工程测量人员,需要精确确定工程细部的尺寸和坐标,才能进行施工放样。对于常见几何体,例如立方体、圆柱体,可以用少量的二维平面图和断面图表示。但是对于图15-1所示的复杂结构,工程测绘人员只能相隔 $1 \sim 2$ m 切一个断面,计算出断面特征点坐标,然后绘制断面图,其结果是用大量的平面图和断面图表示该工程。如果遇到多层叠加结构,只有采取分层绘制二维施工图,需要绘制的图纸数量成倍增加,造成施工图数量剧增。北京奥运会主场馆在 2006 年主体工程结构支架全部拆除后,中央电视台有一个专项报道说:为了准确施工,工程施工单位为北京奥运会主场馆绘制的施工图达 1 万 8 千多幅,可以想象内业绘图工作量之大。

由于二维平面图或断面图显示范围的局限,不便连续地表示工程细部的立体几何形体和尺寸,对于外观要求流畅曲线的标志性建筑工程,施工的难度就更大。例如,混凝土衬砌前制作模版时,用间断的二维平面图和断面图作为参考,容易造成明显的分节,特别影响标志性工程的顺畅和美感。

大型工程中往往有多层重叠的复杂结构，技术人员在施工前审核二维设计图时，尽管比较仔细和认真，由于平面图多层重叠，判图失误时有发生。

在大型工程建设中，上述几个问题都是技术人员急需解决的。

为保证将大型复杂工程建造成标志性工程，施工人员采用了多方面的措施，主要如下：

（1）绘制详细的二维施工图。北京奥运会"鸟巢"主场馆就是采用本办法。这种方法实际上是将复杂结构分解为简单结构的方法，但分解过程需要大量的计算和绘图，工作量很大。

（2）绘制集成的二维平面图和断面设计图。将一个单项工程的平面图和断面图绘制在同一幅图上形成集成的二维施工图。集成的二维施工图有许多优点，不仅减少了绘制施工图的数量，也可在同一幅图了解大量的设计信息，便于工程技术人员查图、审图。集成二维图主要用于汇总设计信息，可以把多份设计图纸的内容绘制在一幅图上。

（3）三维立体图。在这种情况下，有部分人尝试绘制三维模型。近年来，由于 Auto-CAD 版本的升级，对于多数工程设计，基本上可以精确绘制。对于由复杂三维曲线组成的工程，也可以精确绘制到一定的精度，基本可以满足工程的需要。

但三维立体图，标注尺寸较为烦琐，需要多次变换坐标系统。可以采用立体图转换三视图的方法，将三维图转换为三视图，在三视图上进行尺寸标注和文字标注。

对于整体在水平面桥梁和大型建筑工程，出现了直接与 X、Y、Z 坐标发生联系的所谓"三维数字模型"，可以在三维数字模型上直接测量出任意点的 X、Y、Z 坐标，极大地方便了工程施工管理与现场测量。

通常水利和道路工程是带有坡度的，在常规的二维图纸中，一般是将平面图和纵断面图分别绘制（X、Y 平面坐标和 Z 坐标是分开考虑的）。因此，不存在考虑三维坐标结合在一点的问题。但是对于三维立体图，转为三维数字模型时，就必须考虑各点的 X、Y、Z 坐标符合设计要求的问题。通常需要对于绘制实体的标准曲线路径进行修饰，才能绘制出符合设计要求的三维实体图。对于带有坡度的工程制作三维数字模型需要依据不同的情况采用相应的方法处理。

本章结合实例介绍某水利工程三维立体图的制作及三维数字模型的制作。

15.1　某水电站 1#导流洞进口三维立体图的制作

15.1.1　导流洞进口平面设计图及参数

每个工程项目的设计图一般为正规的设计院设计，并对业主、监理和施工单位分别分发完整的设计图纸。各施工单位接到设计图纸后，相关的技术人员立即仔细阅读和审查，充分理解设计的意图和参数。通常对照设计图，重新绘制方便现场施工的用图。

在使用三维立体图作为施工用图时，一般是先绘制三维立体图，然后由三维立体图生成二维的三视图，标注尺寸并与原设计图纸对照无误后，在布局空间进行排版，成为施工用图。图 15-2 就是在布局空间排版后的结果,再外加图框后成为施工用图。

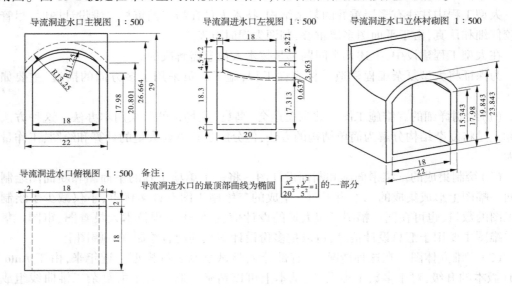

图 15-2　导流洞进水口施工用图

15.1.1.1　导流洞中线坐标参数

（1）导流洞的坡度及各节点高程。这些参数一般用纵断面图表示,具体如图 15-3 所示。

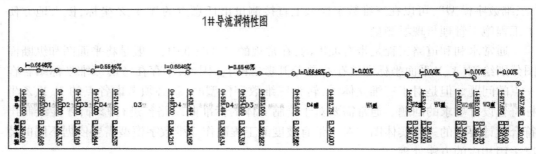

图 15-3　某导流洞纵断面与各节点高程图

导流洞进口为导流洞中线的起点,桩号为 K0+000,坐标为 $x=7\ 232.021$、$y=5\ 890.039$,高程为 $H=367.000$,纵坡为 $-0.664\ 8\%$。

（2）进水口末端中线的桩号为 K0+020,坐标为 $x=7\ 214.259$、$y=5\ 890.231$,高程为 $H=366.668$。

15.1.1.2　导流洞进口挡墙和末端断面设计图

导流洞进口断面设计原图如图 15-4 所示。

15.1.2　导流洞进口三维立体图的制作方法(水平状态下)

导流洞进口段属于较复杂的图形,应当使用"放样"命令制作。"放样"命令是一个常用的利用横断面图制作三维实体的命令,它有"导向""路径""仅横断面"三个选项。实

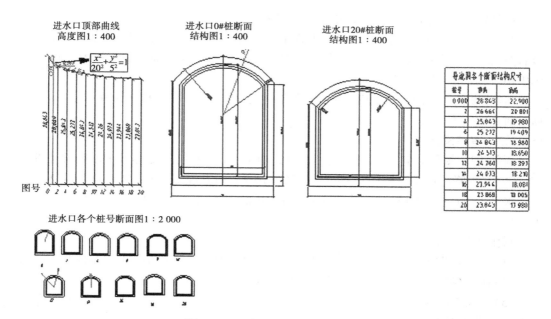

进水口顶部曲线 高度图 1∶400　　进水口 0#桩断面 结构图 1∶400　　进水口 20#桩断面 结构图 1∶400

进水口各个桩号断面图 1∶2 000

图 15-4　导流洞进口断面设计原图

践证明:不同的选项会有不同的结果。如果使用不当,将会出现意想不到的结果,例如得到的实体空缺一块、实体扭曲等。

15.1.2.1 "放样"(loft)命令的应用

功能:通过一组两个或多个曲线之间放样来创建三维实体或曲面。

使用 loft 命令,可以通过指定一系列横截面来创建新的实体或曲面。横截面用于定义结果实体或曲面的截面轮廓(形状)。横截面(通常为曲线或直线)可以是开放的(例如圆弧),也可以是闭合的(例如圆)。loft 用于在横截面之间的空间内绘制实体或曲面。使用 loft 命令时必须指定至少两个横截面。

使用"路径"选项,可以选择单一路径曲线以定义实体或曲面的形状。使用"导向"选项,可以选择多条曲线以定义实体或曲面的轮廓。

输入选项[引导(P)/路径(P)/仅横截面(C)]<仅横截面>:按回车键使用选定的横截面,从而显示"放样设置"对话框,或输入选项。

1.导向

指定控制放样实体或曲面形状的导向曲线。导向曲线是直线或曲线,可通过将其他线框信息添加至对象来进一步定义实体或曲面的形状。可以使用导向曲线来控制点如何匹配相应的横截面以防止出现不希望看到的效果(例如结果实体或曲面中的皱褶)。

每条导向曲线必须满足以下条件才能正常工作:与每个横截面相交、始于第一个横截面、止于最后一个横截面、可以为放样曲面或实体选择任意数量的导向曲线。

选择导向曲线:选择放样实体或曲面的导向曲线,然后按回车键。

2.路径

指定放样实体或曲面的单一路径。

路径曲线必须与横截面的所有平面相交。

选择路径:指定放样实体或曲面的单一路径。

"仅横截面"选项适用于多个任意断面的方量计算,例如我们在现场实测了两期多个断面图,就可以利用"仅横截面",取同一个高程面分别将两期断面绘制成视图,两期实体体积相减,就可以得到开挖方量。

"仅横断面"选项得到的实体不会出现孔洞且容易操作,计算的方量精度等同手工计算断面法的精度。

15.1.2.2　审核设计

顶部为圆拱形沿椭圆延伸型结构,且顶部椭圆的轴线不是水平的;底部是带有 $-0.664\,8\%$ 坡降的箱型结构;前部为 2 m 宽的马头门,所有混凝土衬砌的厚度均为 2 m。

水平模型(不考虑坡度)制作步骤:①制作开挖实体;②制作衬砌混凝土实体;③计算工作量。

制作准备工作如下:

(1)选取世界坐标系,3 个视口,分别为左视、主视和西南等轴视图视口,绘制精度 0.5 mm。

(2)在左视图上绘制椭圆,并通过剪切为 1/4 椭圆。

(3)每隔 2 m 绘制一个横断面。

15.1.2.3　开挖实体立体图绘制过程

1.选项"仅横断面"操作过程

(1)如图 15-5(a)所示,沿 1/4 椭圆形成的断面底边线分成 10 份,沿节点向上绘制垂直线与椭圆线相交。

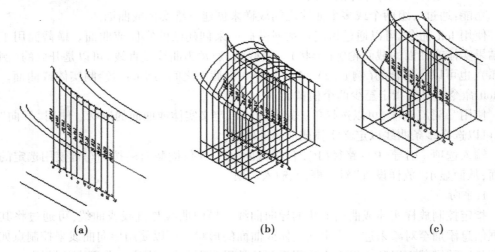

|(a)|(b)|(c)|

图 15-5　用"放样"命令中的"仅横断面"选项绘制进水口三维立体图

(2)将图 15-4 左下角已经绘制完成的每个断面图依次平移到各自的桩号位置,如图 15-5(a)所示。

(3)点击"面板"/"放样"命令,在命令行显示。

命令:loft

按放样顺序选择横断面:(点击第 1 个断面选中,该断面变为虚线)找到 1 个,总计 1 个

按放样顺序选择横断面:(点击第 2 个断面选中,该断面变为虚线)找到 1 个,总计 2 个

按放样顺序选择横断面:(点击第 3 个断面选中,该断面变为虚线)找到 1 个,总计 3 个

…………

按放样顺序选择横断面:(点击第 11 个断面选中,该断面变为虚线)找到 1 个,总计 11 个

(各个断面选择完毕,总计 11 个断面)按回车键。

输入选项[导向(G)/路径(P)/仅横断面(C)]<仅横断面>:(回车,选"仅横断面")

平面上显示"放样设置"对话框,如图 15-6 所示。

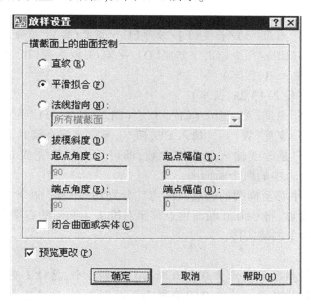

图 15-6　放样设置对话框

点击"确定"按钮,便得到如图 15-5(c)的结果。

(4)"放样"命令的"仅横断面"选项的说明。"仅横断面"选项生成的三维立体图比较简单,容易操作,但需要的横断面数量较多,绘制断面图数量较少时,得到的实体曲线有变形,且不圆滑,有一定的误差。

实践证明,应用"导向"选项得到的结果精度较高。

2."导向(G)"选项

方法 1:用 1 条导向线进行"放样"操作如下:(参阅图 15-7)

(1)在正视图上绘制出一个长 20、高 30 的长方形,并以上边线为椭圆的长半轴长,绘制椭圆曲线:$\dfrac{X^2}{20^2}+\dfrac{Y^2}{5^2}=1$,并用"裁剪"命令,将其变为 1/4 椭圆。

(2)绘制起点 0+000 和终点 0+020 的标准断面图,这两个断面的参数如下:

0+000:底边长 22,肩高 22.98,顶部圆弧半径 $R=13.25$。

0+020:底边长 22,肩高 17.98,顶部圆弧半径 $R=13.25$。

以下以 0+000 断面为例,介绍在左视图视口用多段线绘制断面图的方法。预先打开

"正交"和"对象捕捉"功能键。

点击"多段线"命令

指定起点:(在图上合适位置点击作为断面的左肩点)

指定下一个点或[圆弧(A)/长度(L)/放弃(U)/宽度(W)]:(鼠标向下移动输入19.98,回车)

指定下一个点或[圆弧(A)/长度(L)/放弃(U)/宽度(W)]:(鼠标向右移动输入22,回车)

指定下一个点或[圆弧(A)/长度(L)/放弃(U)/宽度(W)]:(鼠标向上移动输入19.98回车得到右肩点,即圆弧起点)

指定下一个点或[圆弧(A)/长度(L)/放弃(U)/宽度(W)]:(输入A回车)

[角度(A)/圆心(CE)/闭合(CL)/方向(D)/半宽(C)/半径(R)/第二个点(S)/放弃(U)/宽度(W)]:(输入R,回车)

指定圆弧半径:(输入13.25,回车)

指定圆弧端点或[角度(A)/圆心(CE)/闭合(CL)/方向(D)/半宽(C)/半径(R)/第二个点(S)/放弃(U)/宽度(W)]:(输入CE,回车,多段线闭合至起点,断面绘制完成)

以同样的步骤,只是改变输入的数据参数,即可用多段线完成0+020断面的绘制。结果见图15-7中图(a)中的两个断面图。

(3)将两个断面平移至椭圆的起点及终点。分别用"平移"命令,将0+000断面顶点对准1/4椭圆的左端点,将0+020断面顶点移至对准1/4椭圆的右端点。

(4)用"放样"命令创建实体。

命令:loft

按放样次序选择横断面:(点击0+020断面),找到1个,总计1个

按放样次序选择横断面:(点击0+000断面),找到1个,总计2个,(回车)

输入选项[导向(G)/路径(P)/仅横断面(C)]:<仅横断面>:(输入G,回车)

选择导向线:(点击1/4椭圆线),找到1个,总计1个,回车。

得到的实体如图15-7所示。

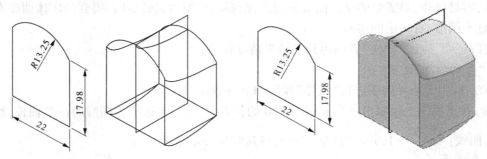

(a)将起、终点断面图移动至椭圆线起终点　(b)用1条导向线(椭圆)生成实体图

图15-7　用"放样"命令以1个1/4椭圆线为导向得到的结果

(本例只选1个导向线—1/4椭圆线,故在此按回车键,即可创建如图15-7中立体图的实体)

（5）实体的修饰与编辑。从图 15-7 中的三维实体可以看出：生成的实体底面不是平面，而是弯曲的曲面。其原因是，在执行 loft 命令生成实体时，虽然选择了"导向"选项，但只选择了 1 个导向线—1/4 椭圆线，故断面的下沿线，是按照椭圆线形成的，成了曲面，这显然不符合设计的要求必须进行修饰和编辑。

修饰的方法是使用 section（剖切）命令，将多余的曲面部分去掉。具体操作如下：

点击"面板"上的"剖切"命令：

命令：slice

选择要剖切的对象：（点击刚刚创建的进水口实体）找到 1 个

选择要剖切的对象：（回车）

指定切面的起点或[平面对象（O）/曲面（S）/z 轴（z）/视图（V）/xy（xy）/yz（yz）/zx（zx）/三点（3）]<三点>：（点击 0+000 横断面下边沿的一个角点）

指定平面上的第二点：（点击 0+000 横断面下边沿的另一个角点）

指定平面上的第三点：（点击 0+020 横断面下边沿的一个角点）

所需的侧面上的指定点或[保留两个侧面（B）]<保留两个侧面>：（回车）

即得到图 15-8（a）的结果，将不需要部分删除，便得到进水口开挖实体的立体图，如图 15-8（b）的结果。

（6）生成实体的检查。这种方法得到的实体是否符合设计要求呢？采用下面的方法检查：

在图上用截切（section）命令分别求得桩号为 0+004、0+008、0+012、0+016 横断面，可以丈量出各个断面的肩高、顶高和曲线的半径，均与设计断面完全相同，由此得出结论，用本法创建的进水口开挖实体立体图正确无误。具体见图 15-8（c），其过程省略。

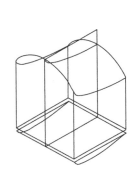 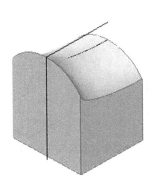 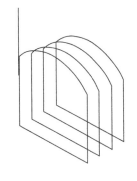

(a)将底面以下多余部分　　(b)进水口开挖实体立体图　　(c)用section命令创建4、8、12、16
(红色)剖切并分离　　　　　　　　　　　　　　　　　桩号断面图，进行尺寸检查

图 15-8　进水口开挖实体立体图的修饰和检查

3.多条导向线绘制进水口

前面介绍的使用单条导向线绘制实体，对于结构复杂的实体，往往需要其他命令对实体进行修饰，才能得到符合需要的实体。如果采用多条导向线进行控制放样时的操作，一次就可以得到需要的实体，本例的进水口，可以选择 3 条或 5 条导向线，但结果不同。

多条导向线绘制实体的操作。

本例中最多可以绘制 5 条导向线,底面 2 条直线,顶面和左右肩共 3 个椭圆线。这里要特别注意,每条导向线都必须与所有横断面相交,否则命令不执行。以下以 5 条导向线为例,介绍操作过程。

命令:loft

按放样次序选择横断面:(点击 0+020 断面),找到 1 个,总计 1 个

按放样次序选择横断面:(点击 0+000 断面),找到 1 个,总计 2 个,(回车)

输入选项[导向(G)/路径(P)/仅横断面(C)]:<仅横断面>:(输入 G,回车)

选择导向线:(点击顶面 1/4 椭圆线),找到 1 个,总计 1 个

选择导向线:(点击左肩 1/4 椭圆线),找到 1 个,总计 2 个

选择导向线:(点击右肩 1/4 椭圆线),找到 1 个,总计 3 个

选择导向线:(点击底面右直线),找到 1 个,总计 4 个

选择导向线:(点击底面左直线),找到 1 个,总计 5 个

(导向线选择完毕,回车)

得到如图 15-9(b)右边的结果,符合设计图。

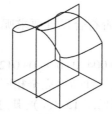

(a)导向线为顶部椭圆线和底面2条绿色线,结果如右图所示,
实体肩部不是椭圆线,与设计不符

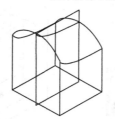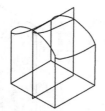

(b)导向线为顶部,肩部3个椭圆线和底面2条直线,
结果如右图所示,得到的结果符合设计图

图 15-9　选择 3 条导向线和 5 条导向线的不同结果图

图 15-9(a)是选择 3 条导向线的结果,可以明显看出创建的粉红色实体的肩部,粉红色边界明显不与黑色 1/4 椭圆线重合,说明 3 条导向线创建的实体与设计图不符。

这里需要说明的是:应用多条导向线虽然可以一次得到结果,但导向线太多,只要其中有一条不能与横断面相交,命令就不能执行。因此,出现此种情况时,应仔细检查导向线与横断面相交的情况,进行处理。如果仍然不能执行命令,可以采用少量的导向线,先执行"放样"命令,以后用"布尔减"得到最终的结果。

15.1.2.4 衬砌混凝土实体立体图的绘制

绘制衬砌混凝土实体的方法有多种,常见的有:①前面所介绍的先制作开挖实体立体图,再用同样的方法制作衬砌后的留空实体立体图,将两个实体摆放在合适的位置,利用"布尔减"命令,得到衬砌实体;②用"抽壳"命令,直接对开挖实体进行抽壳,得到衬砌混凝土的实体;③先绘制开挖断面图,再绘制留空断面图,都用"放样/导向"命令生成开挖体和留空体,最后用"布尔减"运算,得到衬砌体。

1.方法1:用抽壳的方法生成衬砌部分操作过程

(1)复制图15-9(b)中创建的开挖实体至合适的位置。

(2)点击:"实体编辑"工具栏中的"抽壳"命令。

命令:solidedit

……

输入体编辑选项[压印(D)/分割实体(P)/抽壳(S)/清除(L)/检查(C)/放弃(U)/退出(X)]<退出>:shell(自动选择抽壳方式。)

选择三维实体:(选择进水口开挖实体,此时实体全部变为虚线,其中曲面变为虚线方格)

删除面或[放弃(U)/添加(A)/全部(ALL)]:(点击选择0+000横断面)找到1个面,已删除1个面

删除面或[放弃(U)/添加(A)/全部(ALL)]:(点击选择0+020横断面)找到1个面,已删除1个面(已经删除了0+000和0+20两个面)

删除面或[放弃(U)/添加(A)/全部(ALL)]:回车(结束选择)

输入抽壳距离:2

……

输入实体编辑选项[面(F)/边(E)/体(B)/放弃(U)/退出(X)]<退出>:回车

抽壳结果如图15-10所示。

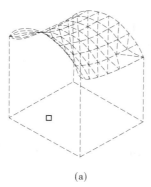
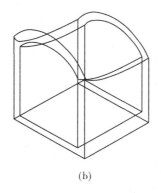

(a)   (b)

图15-10　抽壳生成衬砌体

2.方法2:分别用开挖断面图和留空断面图绘制开挖体、留空体,用"布尔减"生成衬砌体

1)先选择开挖大断面进行放样

如图15-11(a)所示,先将开挖0+000和0+020顶面中心、左肩、右肩与3条导向线(1/4椭圆线)对齐,再绘制底面左右2条导向线,如图15-11所示。

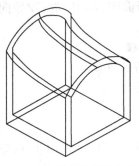 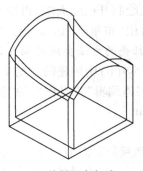

(a)进行"放样"前将横断面　　　　　　(b)放样、布尔减
　　和导向线放置的位置　　　　　　　　后得到实体

图15-11　用放样和布尔减命令生成的衬砌体

图15-11是进行"放样"前将横断面和导向线放置的位置,右图是放样、布尔减后得到实体

点击"面板"上的"放样"命令

命令:_loft

按放样次序选择横截面:(点击开挖大断面0+020)找到1个

按放样次序选择横截面:(点击开挖大断面0+000)找到1个,总计2个

按放样次序选择横截面:(开挖断面选择完毕,按回车)

输入选项[导向(G)/路径(P)/仅横截面(C)]<仅横截面>:g

选择导向曲线:(点击顶部1/4椭圆线)找到1个

选择导向曲线:(点击左肩1/4椭圆线)找到1个,总计2个

选择导向曲线:(点击右肩1/4椭圆线)找到1个,总计3个

选择导向曲线:(点击底面左边线)找到1个,总计4个

选择导向曲线:(点击底面右边线)找到1个,总计5个

按回车键,完成开挖体的绘制。

2)对留空体横断面进行放样得到实体

留空体横断面是由开挖断面内偏移2 m生成的,其3个椭圆导向线是复制的,再连接底面左右侧连线作为另2条导向线。

点击"面板"上的"放样"命令

命令:_loft

按放样次序选择横截面:(点击留空横断面0+020)找到1个

按放样次序选择横截面:(点击留空横断面0+000)找到1个,总计2个

按放样次序选择横截面:(留空断面选择完毕,按回车键)

输入选项［导向(G)/路径(P)/仅横截面(C)］<仅横截面>：g

选择导向曲线:(点击顶部1/4椭圆线)找到1个

选择导向曲线:(点击左肩1/4椭圆线)找到1个,总计2个

选择导向曲线:(点击右肩1/4椭圆线)找到1个,总计3个

选择导向曲线:(点击底面左边线)找到1个,总计4个

选择导向曲线:(点击底面右边线)找到1个,总计5个

按回车键,留空体绘制完毕。

具体见图15-11(b)。

3.两种方法的结果的误差

图15-12(a)绿色实体是对开挖体抽壳+2 m的结果,其留空体右肩高为19.211,图15-12(b)红色实体是用放样和布尔减命令生成的开挖体,其留空右肩高为20.343,图15-12(c)是将两个实体外框重合后得到的结果。可以明显看出其他地方都比较重合,唯独前脸部分,抽壳的前脸顶部明显较厚。

(a)抽壳命令生成的实体　(b)放样和布尔减命令生成的实体　(c)两个实体重合后的差异

图15-12　两种方法得到结果的差异

为什么会出现这样的情况呢？本例的基础实体都是开挖体,它是用"放样"命令,沿开挖断面的导向曲线生成的开挖体。"抽壳"命令生成是在三维图上沿开挖体各个面的法线方向向内偏移2 m得到的结果;而利用"布尔减"命令使开挖体与"放样"命令沿留空0+000~0+020横断面导向曲线生成的留空体之差生成的实体。生成的方法和过程均有许多不同,因此就产生了差异。

1)二者差异的数据

为了得到两种情况下差异的准确数据,进行如下操作:

(1)对"抽壳"生成的实体和"布尔减"命令生成的实体分别按2 m一个断面进行实际的"截切(section)",分别得到两个相同桩号断面的实际参数。

(2)将两个实体按相同桩号的"截切面"重合、排列、绘制在同一幅图中并进行尺寸标注,便得到图15-13。

说明:

①"抽壳"和"布尔减"命令的基础实体(开挖体)是完全相同的,这从图15-13中完全可以看得出来。

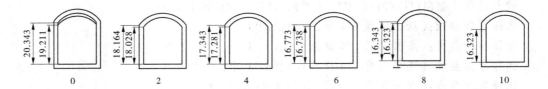

图 15-13　用"抽壳"命令和"布尔减"命令生成的衬砌体 0+000～0+010 断面重合图

②留空体的断面是黑色的,布尔减的断面是红色的,本图标注了肩部的高度。

③0+010 以后至 0+020 的截面基本相同,故图没有绘制。

2)衬砌方量的差异

用"面域"/"质量特性"命令可以查到:用"抽壳"命令生成的衬砌体体积为 3 179.562 m³,用"布尔减"命令生成的衬砌体体积为 3 155.236 m³,两者的差异为 24.326 m³。

3)差异问题的处理

本例出现的绘制立体图的差异,不是绘图方法不正确造成的,也不是使用数据有误造成的,完全是使用 AutoCAD 不同命令产生的绘图差异,虽然差异不是很大,且集中在导流洞进口附近。但不是施工和监理单位所能处理的问题。应当将上述情况写成详细的报告迅速报给业主和设计单位,由其决定采用哪一种结果。

4.进水口门头挡墙(0+000～0+020)结构图的绘制

进水口门头挡墙的绘制可以用多种方法,本例介绍用"干涉检查"命令绘制,较为简便。思路如下:

(1)先绘制 1 个长 22、宽 2、高 29 的长方体,将长方体移至上节已经绘制完成的衬砌体位置,使之左下角准确对准衬砌体的左下角位置;

(2)激活"干涉检查"命令求出长方体与衬砌体的干涉部分实体;

(3)用"布尔减"命令,将长方体减去"干涉体",得到进水口门头挡墙与进水门的合成实体;

(4)用"分割"命令将进水口门头墙与进水门分割开来,并删除进水门部分,只剩下进水口门头挡墙;

(5)用"布尔加"命令将衬砌体与门头挡墙部分合并,就完成了进水口整体衬砌部分的绘制。

具体操作如下:

(1)用 box 命令绘制长方体。

命令:_box

指定第一个角点或 [中心(C)]:

指定其他角点或 [立方体(C)/长度(L)]:l

指定长度 <22.0000>:22

指定宽度 <2.0000>:2

指定高度或 [两点(2P)] <29.0000>:(按回车键完成长方体的绘制)

将长方体平移至已经绘制完成的衬砌体(本例选择"抽壳"命令生成的衬砌体),精确对准左下角点。

（2）在面板上点击激活"干涉检查"命令。

命令：_interfere

选择第一组对象或［嵌套选择(N)/设置(S)］：(点击选中长方体)找到 1 个

选择第一组对象或［嵌套选择(N)/设置(S)］：(点击选中衬砌体)找到 1 个,总计 2 个

选择第一组对象或［嵌套选择(N)/设置(S)］：(第一组对象选择结束,按回车键,显示见图 15-14)

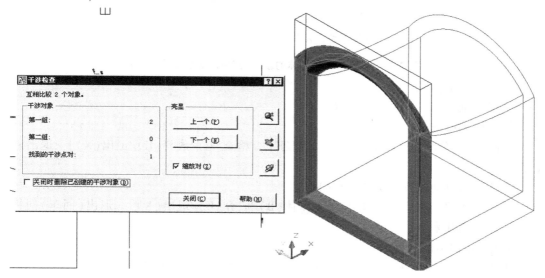

图 15-14　干涉检查选项

选择第二组对象或［嵌套选择(N)/检查第一组(K)］<检查>：(去掉已经勾选的"关闭时删除已创建的干涉对象"为空白,如图 15-14 所示。按回车键,干涉对象已经创建完成)。

（3）用"布尔减"命令,将长方体减去"干涉体",得到进水口门头挡墙与进水门的合成实体在面板中点击"布尔减"命令。

命令：_subtract 选择要从中减去的实体或面域...

选择对象：(点击长方体)找到 1 个

选择对象：(回车)

选择要减去的实体或面域...

选择对象：(点击刚刚创建的干涉体)找到 1 个

选择对象：(回车,便得到布尔减的结果,具体如图 15-15 中的虚线部分)

从图 15-15 中可以看出"差集(布尔减)"得到的实体分为不相连的两部分,其中上面的部分为进水口门头挡墙,下面的部分为 2 m 厚的进水口门实体,此部分应当删除,但必须将两部分"分割"开来,才能单独完成删除命令。下面的操作为分割差集实体。

（4）用"分割"命令将进水口门头墙与进水门分割开来,删除进水门,只剩下进水口门头挡墙;

点击"三维实体的编辑"工具栏中的"分割" 🔲 命令。

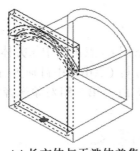
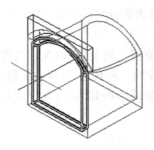

(a) 长方体与干涉体差集　　　　(b) 分割后分为两部分

图 15-15　长方体与干涉体的差集（图中的黑色虚线部分）

命令行提示：

选择三维实体：（选择差集实体）

输入体编辑选项

［压印(I)/分割实体(P)/抽壳(S)/清除(L)/检查(C)/放弃(U)/退出(X)］<退出>：（回车）

实体编辑自动检查：SOLIDCHECK = 1

输入实体编辑选项［面(F)/边(E)/体(B)/放弃(U)/退出(X)］<退出(回车)便将差集实体分离开来

具体如图 15-15 所示。

再用"删除"命令将进水门部分删除，仅剩下进水口门头挡墙部分。

(5)用"布尔加"命令将衬砌体与门头挡墙部分合并，就完成了进水口整体衬砌部分的绘制。

具体操作如下：

点击"三维实体编辑"工具栏中的"布尔减"命令

命令：_union

选择对象：（点击衬砌体）找到 1 个

选择对象：（点击进水口门头挡墙）找到 1 个，总计 2 个

选择对象：（回车，便得到进水口的总图，如图 15-16 所示）

15.1.3　有坡度的导流洞进口三维立体图的制作

对于大型工程，有些是不带有坡度的，例如大型体育场、标志性建筑、大坝。但是对于线型工程一般是带有坡度的，例如道路、隧道等。带有坡度的工程制作三维立体图应当考虑到坡度因素。在上文中介绍的导流洞进口，是按水平绘制的，实际设计是带有坡度的。本节将按照带有坡度的设计进行三维立体图的绘制。

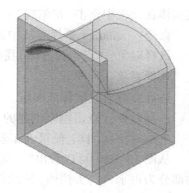

图 15-16　进水口总体三维立体图

15.1.3.1　某导流洞进口设计

某导流洞进口设计图见图 15-17。

其中：

（1）设计顶部为长半轴为 20、短半轴为 5 的椭圆。高程范围为 394.97～389.97。断面顶部圆弧半径为 13.25。

（2）底面倾角为−0.664 6%，0+000 高程为 366.000，0+020 高程为 365.867。

（3）门脸高为 29，顶高为 395.000，底高为 366.000，厚度为 2。

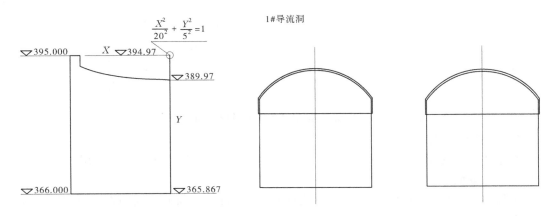

图 15-17　导流洞进口设计图

15.1.3.2　制作思路

（1）绘制辅助长方体，作为绘制过程的立体参照。

用 box 命令绘制长为 20、宽为 22、高为 29 的长方体，"炸开"长方体为各个独立的直线。辅助的长方体是为了以后在绘图过程中，能够有立体的参照物。方便在长方体的某个面设置 UCS，绘制椭圆及横断面图。

用 plan 命令得到该面的正视图后，图上将显示一个长 20、高 29 的长方形。

从设计图上看到，顶部的椭圆中线低于上边缘线 0.03，因此应绘制平行于上边沿线且低于该线 0.03 m 的平行线，作为椭圆的中平线，并将该线延长至 40 m，这就是椭圆的 2 倍长半轴。由此绘制椭圆线进水口的 0+000 横断面的顶高为 29−0.03＝28.97。

（2）由于底面有坡度−0.664 6%，因此在 0+020 处的底面应当降低（−0.133）。实际绘制时可以沿长方体的下边缘线，向下 0.133 m。考虑到椭圆的短半轴长为 5，则 0+020 横断面的顶高为 28.97−5.0+0.133＝24.103。

（3）绘制 1/4 椭圆。首先绘制整个椭圆，再用"剪裁"命令剪裁为 1/4 椭圆。

（4）绘制 0+000 和 0+020 横断面图，可以在长方体的左侧面上绘制这两个开挖断面。

前面已经计算出两个断面的顶高，可以根据圆顶的半径 13.25，其弦长为 22，计算出其弦高为 5.863，由此计算出 0+000 断面的肩高为 23.107 m，0+020 断面的肩高为 18.24 m。由此可以用多段线绘制出两个断面（开挖）图。

（5）留空断面的绘制。留空断面可以用"偏移"命令，向内偏移 2 m 求得。

以上操作在上一节已经讲过，这里省略。以上操作的结果见图 15-18。

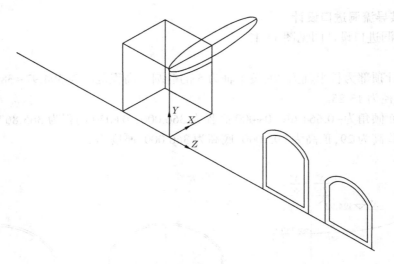

图 15-18　辅助长方体、椭圆的绘制及横断面图的绘制

（6）开挖体的绘制。

开挖体必须使用"放样"命令,并使用 1/4 椭圆线为唯一的导向线。然后用"剖切"命令将底面的曲面体剖切掉。

①移动 0+000 横断面至 1/4 椭圆的高端点,精确将横断面的顶面中点对准;移动 0+000 横断面至 1/4 下端点,精确对准。

这里需要说明的是:0+000 断面的顶端就是 1/4 椭圆的端点,因设计图中显示,其高度是 28.97(比前脸低 3 cm),下端应当与长方体底面对齐。

0+020 断面的顶端应当与 1/4 椭圆线的另一端对齐,但底面应当比基准水平线低 0.133,这是用于纵坡产生的差值。

②用"放样"命令绘制开挖体。

命令:_loft
按放样次序选择横截面:(点击 0+000 开挖断面) 找到 1 个
按放样次序选择横截面:(点击 0+020 开挖断面) 找到 1 个,总计 2 个
按放样次序选择横截面:(回车)
输入选项 [导向(G)/路径(P)/仅横截面(C)] <仅横截面>: g
选择导向曲线:(点击 1/4 椭圆线)找到 1 个
选择导向曲线:(回车,即可完成开挖部分的绘制)

用同样的步骤可以绘制出留空体的绘制,这里省略,得到的结果如图 15-19 所示。

从图 15-19 可以看出,由 1 条导向线(1/4 椭圆线)生成的实体底面仍为椭圆线,而底面为斜面。可以采用"剖切"的方法生成。

当然也可以用 5 条导向线(顶部 1 条椭圆线、肩部 2 条椭圆线、底面 2 条边界线),如果其中 1 条不能完全与横断面相交,命令就被执行,调整较为烦琐。本例只使用一条椭圆线,表示所有边线都沿椭圆线只要使用"剖切"命令将底面多余的曲线实体切割掉,得到的结果便符合设计要求。

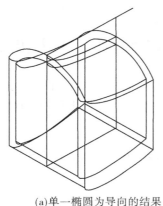
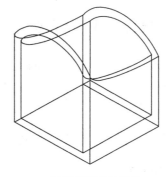

(a)单一椭圆为导向的结果　　　　　　　　(b)剖切以后的结果

图 15-19　"放样"命令生成开挖体、留空体及"剖切"后结果

（7）衬砌体的绘制。有两种方法,一是"布尔减"的方法;二是使用"抽壳"命令。

具体方法和实体的差异均在上文介绍过,这里省略。

（8）整体进水口的绘制。只要绘制出进口的前门脸,用"布尔加"的方法将"前门脸" + "衬砌体"就可得到完整的进水口。

具体做法是:先绘制一个长 2、宽 22、高 29 的长方体,将其左下角对准衬砌体左下角,使用"干涉检查"命令求得干涉;再用"布尔减":门脸体－干涉体＝(顶部前脸+门口内两米)实体,用"分割"命令,将门口 2 m 厚的部分分割并删除,便得到门脸顶部,与衬砌体相加,便得到最终的进水口衬砌体。这个操作过程已经在上节中介绍过,这里省略。具体见图 15-20。

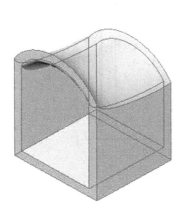
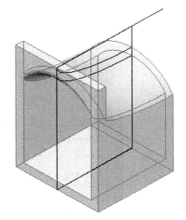

图 15-20　带有坡度的进水口三维实体图

带有坡度的实体,还有其他的类别,这在以后的章节结合实例介绍。

附件:plan 命令

在本例中绘制椭圆时,可以在平面上绘制,具体使用 plan 命令。

plan 的功能为显示指定用户坐标系的平面视图。

当选定新的 UCS 时,如果想在 UCS 的 *XY* 平面上绘图,就可输入 plan 命令,按回车键,即可显示当前 UCS 的 *XY* 二维平面图,可以在上面绘制各种图形。

15.2　导流洞带有坡度的直线段三维立体图的制作

导流洞大多数路段是带有坡度的直线段。设计部门会根据不同地段的地质情况及前后端连接对象的需求设计不同的断面,例如某水电站导流洞就有 D1、D2、D3、D4、W1、W2…等多种断面类型。

15.2.1　只有一个横断面的带坡度直线段(0+020~0+100)三维图的绘制

15.2.1.1　平面设计参数

导流洞进口为导流洞中线的起点,桩号为 K0+000,坐标为 $x = 7\,232.021$、$y = 5\,890.039$,高程为 367.000,纵坡为: -0.664 8%。

(1)进水口末端中线的桩号为 K0+020,坐标为 $x = 7\,214.259$,$y = 5\,890.231$,高程为 366.668。0+100 的平面坐标: $x = 7\,482.930$,$y = 6\,039.242$,高程为 366.335。

(2)横断面设计图。

从 0+020~0+100 的横断面均为 D1 型,具体见图 15-21。

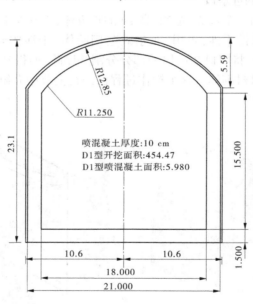

图 15-21　D1 型断面设计图

喷锚厚度 0.1,衬砌厚度 1.5,故 D1 断面有喷锚层 0.1,衬砌层 1.5,留空体底板宽 18,肩高 15.5。

15.2.1.2　实体绘制过程

(1)在 WCS 下,打开正交和对象捕捉,绘制一个长 80、宽 21.2、高 30 的长方体作为辅助体。辅助体的作用是利用其左侧面和正面两个平面作为参考面,分别绘制横断面和中线面。

(2)在其正面建立 UCS,以底边线作为水平线,其右端点向下移动 0.532,即坡度为

−0.664 6%时,应当下移的尺寸。连接左端点及下移点即为坡度线。

（3）在长方体左侧面建立 UCS,并在其延长线上绘制开挖体,衬砌体和留空体断面。注意衬砌体和开挖体的间距只有 0.1,距离太近,不易进行操作,故开挖体单独绘制断面,衬砌体和留空体可以绘制在一起。

考虑到以后的应用,应当建立开挖、喷锚、衬砌、留空和总体图层以备用。

（4）将开挖体断面和衬砌体断面底面中心分别复制到坡度线,对准坡度线,用放样命令求得开挖体、衬砌体,用布尔减便得到喷锚体。

（5）同样的方法可以得到衬砌体减去留空体,便得到最终的衬砌体。具体请参阅图 15-22。

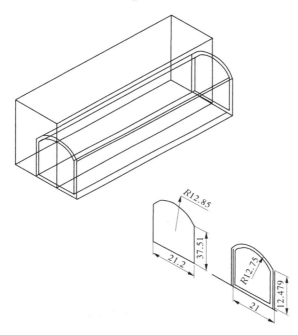

图 15-22　带坡度的直线段绘制过程

15.2.1.3　本例绘制过程的几点说明

（1）本例应当绘制的横断面有 3 个,开挖体、喷锚边界体、留空体,其中开挖体与喷锚边界之间的厚度仅 0.1 m。正常的方法是将 3 个断面重叠地绘制。实践证明,两个断面相距较近时,对象捕捉时容易产生混淆,不易操作。因此,2 个形状类似、距离相近的横断面,宜分为两个断面图绘制。最后通过平移让其重叠。此外"抽壳"命令中,有时删除面也容易混淆,不宜在复杂的绘图过程中使用。

一句话,绘图过程尽量简单化。

（2）本例中的直线段的标准断面 D1 型,但不宜用"拉伸"命令,原因是"拉伸"命令是保证断面与路径线垂直的,本例中是带有坡度的,应当使用"放样"命令。

（3）本例中使用"放样"命令的"仅横断面"即可。

15.2.2 两端横截面形状相差较大的带有坡度的直线段(0+426.494~0+448.494)

15.2.2.1 设计参数

1.纵断面设计

本段是竖井前过渡直线段,长度为22,其纵坡设计如图15-23所示。

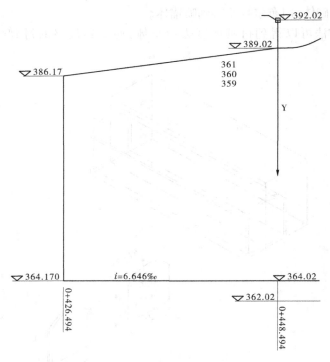

图 15-23 过渡直线段纵断面设计图

2.横断面设计

两端的横断面形状和尺寸都有较大的差别,具体见图15-24。

3.中线坐标

0+426.494:$X=7\,404.739$,$Y=86\,356.235$,$H=364.166$($h=-0.664\,6\%×22=-0.146$);

0+448.494:$X=7\,399.471$,$Y=86\,377.595$,$H=364.020$。

15.2.2.2 绘图思路

(1)在正交和WCS状态下绘制复制长方体,其长度为22,与该直线段长度相等。宽度为26,高度为22。

(2)在长方体左侧面建立UCS,并沿底线向X方向绘制30、30、30的延长线,绘制横断面图。

(3)在长方体正面建立UCS,设底面线为水平线,绘制坡度线。

(4)建立开挖层、留空层、衬砌层、开挖体、留空体等各层。

(5)用"放样"命令绘制各个实体。

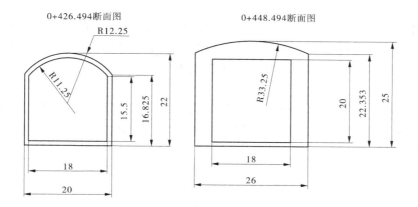

图 15-24　竖井前过渡段横断面设计图

15.2.2.3　绘图操作

（1）建立新图层。分别创建辅助线、开挖层、衬砌层、开挖体、留空体等图层。

（2）设置"正交"、西南等轴侧投影和 WCS 状态。

（3）打开"辅助线"层为当前图层。

（4）绘制横断面图。

①绘制一个长方体作为辅助线,命令如下:

命令: _box

指定第一个角点或〔中心(C)〕:

指定其他角点或〔立方体(C)/长度(L)〕: l

指定长度: 22

指定宽度: 26

指定高度或〔两点(2P)〕: 22,回车,辅助长方体绘制完毕

②分解(炸开)长方体为 6 个面。分解的目的是简化辅助线,便于"捕捉"及其他操作。

命令: _explode

选择对象:(点击长方体)找到 1 个

选择对象:回车,长方体分解为 6 个侧面

③在左侧面上建立新的 UCS,准备在下沿线延长线上绘制横断面图。

命令: _ucs

当前 UCS 名称: ∗左视∗

指定 UCS 的原点或〔面(F)/命名(NA)/对象(OB)/上一个(P)/视图(V)/世界(W)/X/Y/Z/Z 轴(ZA)〕<世界>:(点击左视图面的左下角,设为 UCS 的原点)

指定 X 轴上的点或 <接受>:(点击左视面的右下角为 x 方向点)

指定 XY 平面上的点或 <接受>:(点击左视面的左上角为 y 方向点)回车,UCS 设定完毕

④用直线命令从辅助左侧面的右下角开始,绘制连续的 3 段直线段 40、40、40,绘制

过程省略。

⑤绘制横断面图。依据图15-23给出的尺寸,用多段线绘制横断面图。这里介绍一种用直线绘制横断面图,再用"边界"命令生成多段线的方法。由于延长线位于当前 UCS 中,故可以直接绘制。将当前图层设置为"断面层",并打开"正交"状态。先绘制 0+426.494 开挖断面。

a.以第一条延长线的终点分别在 x 方向绘制直线长 20,y 方向绘制直线长 16.825,再在新绘制长 20 直线的终点 y 方向绘制直线长 16.825。这时形成了断面的左肩点、底边和右肩点。

b.点击"绘图/圆弧/起点、终点、圆弧半径(R)"命令,命令行显示:

命令:_arc 指定圆弧的起点或 [圆心(C)]:(点击右肩点)

指定圆弧的第二个点或 [圆心(C)/端点(E)]:_e

指定圆弧的端点:(点击左肩点)

指定圆弧的圆心或 [角度(A)/方向(D)/半径(R)]:_r 指定圆弧的半径:(输入 12.25,回车,红色的圆弧绘制完成)

此时断面各个边框线已经绘制完成,但它不是多段线,以下用"边界"命令生成多段线。

c.用"边界"命令生成多段线。点击"边界"命令,屏幕上显示"边界创建"对话框,见图15-25。

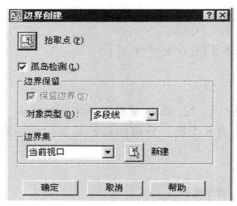

图 15-25 "边界创建"对话框

点击"拾取点",对话框消失,显示屏幕绘制的断面边框,在边框内点击移动。

命令:_boundary

拾取内部点:正在选择所有对象…

正在选择所有可见对象…

正在分析所选数据…

正在分析内部孤岛…

拾取内部点:

boundary 已创建 1 个多段线

这时横断面已经变成一个封闭的红色多段线,如图15-26所示。

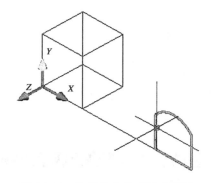

图 15-26　边界命令生成的多段线

⑥其他断面的绘制与上面介绍的方法类似,这里省略。最终绘制完成的横断面图请参阅图 15-24。

(5)绘制底面中线纵剖面图。

①以辅助体的正面为基准,建立 UCS,开启"正交"和"对象捕捉",其 X 轴即为水平线。

②绘制坡度线(实体底面中线)。

因辅助面为水平线,底边长度 22,坡度为 - 0.664 6%,计算出坡降为 - 0.146。

用 line 命令,起点为正面右下角,向下移动 0.146,即为该段底面中线的坡降点。用直线连接正面的左下角与坡降点之间的连线,即为新实体的底面中线。

③平移 0+426.494 横断面(开挖断面和留空断面)。使留空断面底边中点对准坡度线的起点;平移 0+448.494 的开挖断面和留空断面,使留空断面底边中点对准坡度线的终点。具体如图 15-27 所示。

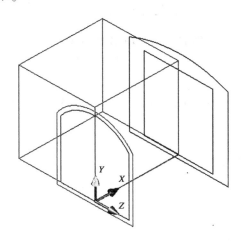

图 15-27　坡度线起点(0+426.494)至终点(0+448.494)的开挖和留空断面

④用"放样"命令生成开挖体和留空体。

a.开挖体的创建。

将 WCS 设置为当前坐标系,点击"面板/放样"命令:

命令：_loft

按放样次序选择横截面：(点击起点的开挖断面线) 找到 1 个

按放样次序选择横截面：(点击终点的开挖断面线) 找到 1 个,总计 2 个

按放样次序选择横截面：(回车)

输入选项 [导向(G)/路径(P)/仅横截面(C)] <仅横截面>:(回车,显示"放样设置对话框")

结构如图 15-28 所示。

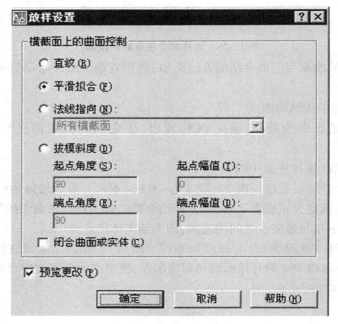

图 15-28　"放样设置"对话框

选择"平滑拟合(P)",点击"确定"按钮,则绘制开挖体完成。

b.留空体的创建。

留空体的创建过程与开挖体的创建过程除了使用的断面不同,其操作完全相同,这里省略。

⑤用"布尔减"命令生成衬砌体。

点击"面板/差集(布尔减)"命令:

命令：_subtract 选择要从中减去的实体或面域…

选择对象：(点击开挖体) 找到 1 个

选择对象：(回车)

选择要减去的实体或面域…

选择对象：(点击留空体) 找到 1 个

选择对象：(回车,完成衬砌体的创建)

具体请参阅图 15-29。

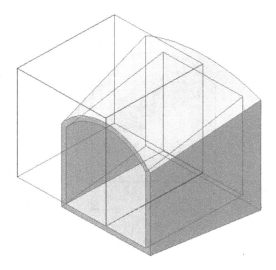

图 15-29　竖井前过渡段衬砌体的三维立体图

15.2.3　堵头段三维立体图的创建

所谓堵头段,是设计的该导流洞在大坝截流时用作导流,截流结束后,该导流洞要在此处封堵起来,其下游部分改为水电站发电时的流水洞。

15.2.3.1　堵头段设计图

1.纵断面图

纵断面图见图 15-30。

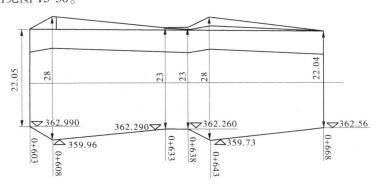

图 15-30　导流洞堵头段纵断面图

2.横断面图

堵头段开挖横断面图见图 15-31。

15.2.3.2　绘图过程思路

(1)图层设置。图层有开挖层、留空层、下部充填层、总图层、断面层、参照层、中线层、衬砌层、视口层、标注层。

(2)参照。在坐标系下,绘制长 65、宽 26、高 30 的长方体。以底板中线为纵断面线(水平线)为 0 平面(实际高程为 363.992),在终点向下绘制直线长度为 0.432(0.664 6×

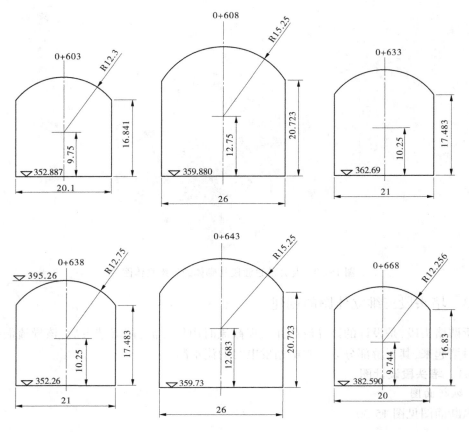

说明:
　　1.本图中断面均为开挖断面图。
　　2.顶面和两侧面的衬砌厚度均为 1 m。
　　3.底板流水坡度为 0.664 6%,起点(0+603)的流水底板高度为 363.992,终点(0+668)的流水
　　　底板高度为363.562,均高于这两点的底板高度 1 m。
　　4.流水底板以下与开挖断面之间的空间部分均用钢筋混凝土充填。设计有专用的钢筋布设图。

图 15-31　堵头段开挖横断面图

65＝0.432),并在参照体右侧面底边角点向下绘制 0.432 的直线点,向上绘制 0.568 的直
线段,连接两条直线。

　　(3)在中线面上建立新的 UCS,以中线起点为 0 连续绘制长(5,-3.032)、(25,
-0.702)、(5,-0.742)、(5,-3.262)、(25,-0.43)终点,分别对应 0+603、0+608、0+633、0+
638、0+643、0+668 桩号点及高程。这些点就是以后用"放样"命令时放置横断面底边中
点的位置。其中的负数是各桩号点高程与起点高程之间的高差。

　　(4)在参照体左侧面建立新的 UCS,延长左侧面底边直线,每隔 30 为一个分点,作为
绘制各个横断面的起点,依次绘制 6 个横断面。并利用"偏移"1 命令绘出留空体横断面。

　　(5)恢复至 WCS 坐标系,利用"放样"命令绘制。将横断面平移至中线上各点的位
置,用"放样/仅横断面/直纹(R)"命令,绘制开挖体、留空体。并在同一位置复制 2 份。

（6）利用布尔运算得到以下实体，并各自建立图层。在流水面建立 UCS，用"剖切"命令，将开挖体 1 分割为两部分，保留下部分为底部铺垫体。

用"布尔减"命令求得：开挖体−留空体＝衬砌体 1（临时）。

用"布尔减"命令求得：衬砌体 1 − 底面铺垫体 ＝ 顶面与两侧面衬砌体。

用"布尔加"命令求得：衬砌体 1 ＋ 底面铺垫体 ＝ 总衬砌体。

15.2.3.3 绘图操作

（1）计算出各横断面底板位置与堵头段底板起点的高差，见表 15-1。

表 15-1　堵头段底板高程、高差表

桩号	间距	底板高程	与起点高差
0+603		362.992	0
0+608	5	359.960	−3.032
0+633	25	362.290	−0.702
0+638	5	362.250	−0.742
0+643	5	359.730	−3.262
0+668	25	362.562	−0.430

在 WCS 和正交模式下，在 WCS 坐标系下，用 box 命令绘制长 65、宽 26、高 30 的长方体。绘制过程省略。参照体的主要作用为确定水平面和各竖直面，为以后绘制各横断面线中点、桩号和高程作参照，这里以长方体的底面作为 0 平面（实际高程应为 362.992），其余各节点的临时高程见表 15-1。

（2）绘制参照体（辅助线）。在 WCS 坐标系下，用 box 命令绘制长 65、宽 26、高 30 的长方体。以底板中线为纵断面线（水平线）为 0 平面（实际高程为 363.992），在终点向下绘制直线长度为 0.432（0.664 6×65＝0.432）。并在参照体右侧面底边角点向下绘制 0.432 的直线点。右侧面底边两角向上各绘制 0.568 的直线段，左侧面底边两角向上各绘制 1 m 直线，连接这 4 个点即为流水面，原参照体下底面即为水平面（0 平面）。

（3）绘制堵头段下边沿线。在中线面上建立新的 UCS，以中线起点为 0 连续绘制长（5，−3.032）、（25，−0.702）、（5，−0.742）、（5，−3.262）、（25，−0.430）终点，分别对应 0+603、0+608、0+633、0+638、0+643、0+668 桩号点及高程。这些点就是以后用"放样"命令时放置横断面底边中点的位置，其中的负数是各桩号点高程与起点高程之间的高差连接各点。

具体请参阅图 15-32，并将此图保存为参照层。

（4）绘制横断面图。

在参照体左侧面建立新的 UCS，延长左侧面底边直线，每隔 30 为一个分点，作为绘制各个横断面的起点，依次绘制 6 个横断面。并利用"偏移"1 命令绘出留空体横断面。以上操作过程省略。

将绘制好的断面图进行尺寸标注，并对照设计图进行尺寸检查，及时修正绘制断面的误差，以保证下面的操作不出现连带误差。检查正确无误后，将各个横断面保存在"横断面"层，将标注的尺寸保存在"尺寸标注"层。

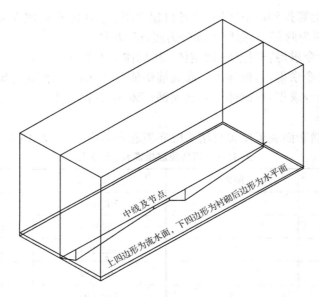

图 15-32　在参照体中线下绘制堵头段下边缘线和流水面

绘制的横断面图必须是闭合的多段线,才能利用"放样"命令创建实体。如果原来绘制的断面是用直线和弧线连接的,就应当使用"边界"命令,将其转换为多段线。

实际上横断面图是绘制在参照体左侧面平面上的,其优点是便于在后续操作时平移各个横断面,具体见图 15-33。

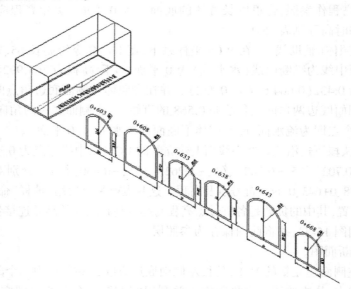

图 15-33　在参照体左侧面平面上绘制横断面图

(5)绘制开挖体和留空体及原始衬砌体(开挖体－留空体)。

依次将各个开挖横断面、留空横断面平移对准中线下的折线点,为应用"放样"命令绘制开挖体及留空体做准备。并将坐标系转换为 WCS 坐标系。

用"放样"命令生成开挖体、留空体的操作如下：

①创建开挖体。点击"面板"/"放样"命令，激活该命令，以下按命令行提示操作：

命令：_loft

按放样次序选择横截面：(点击第 1 个 0+603 开挖断面) 找到 1 个

按放样次序选择横截面：(点击第 2 个 0+608 开挖断面) 找到 1 个,总计 2 个

按放样次序选择横截面：(点击第 3 个 0+633 开挖断面) 找到 1 个,总计 3 个

按放样次序选择横截面：(点击第 4 个 0+638 开挖断面) 找到 1 个,总计 4 个

按放样次序选择横截面：(点击第 5 个 0+643 开挖断面) 找到 1 个,总计 5 个

按放样次序选择横截面：(点击第 6 个 0+668 开挖断面) 找到 1 个,总计 6 个

按放样次序选择横截面：(横断面输入结束,回车)

输入选项〔导向(G)/路径(P)/仅横截面(C)〕<仅横截面>：(回车,显示"放样设置"复选框,见图 15-34)

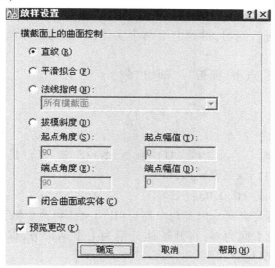

图 15-34　"放样设置"复选框

点击选择"直纹(R)"选项,按回车键,创建完毕

需要说明的是：本例必须选择"直纹",才符合设计要求。直纹可以保证各断面之间的区间不会用圆滑的曲线连接。

②创建留空体。创建留空体的过程和创建开挖体的过程完全一致,只不过依次选择的横断面留空体的横断面。具体过程省略。

在使用"放样"命令依次选择横断面时,既可以从左到右依次选择,也可从右到左依次选择,得到的结果完全相同。

创建的开挖体和留空体图见图 15-35。

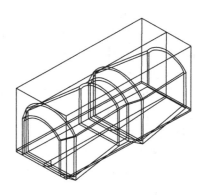

图 15-35　创建开挖体和留空体图

考虑到以后要多次用到开挖体和留空体生成其他实体,点击"复制"命令,再分别复制 2 个开挖体和留空体,并保存。

③用"布尔减"命令生成原始衬砌体。点击"布尔减"命令:

命令: _subtract 选择要从中减去的实体或面域…

选择对象:(点击开挖体)找到 1 个

选择对象:(回车)

选择要减去的实体或面域 …

选择对象:(点击留空体) 找到 1 个

选择对象:(回车,便得到布尔减的结果–原始的衬砌体)

实际上只有流水面以上的顶部和两侧面需要衬砌,流水面以下的钢筋混凝土都是浇筑的,俗称"铺垫层"。

④用"布尔减"命令绘制铺衬体。所谓铺衬体,就是流水面以下的钢筋混凝土铺垫层,前面已经绘制了流水面。因流水面是一个斜平面,可以先在斜平面上建立 UCS,用"剖切"命令对开挖体进行剖切,得到上下两个实体,下面的实体就是铺垫体。具体操作如下:

先关闭开挖体图层,点击"面板"/"剖切"命令:

命令: _slice

选择要剖切的对象:(点击开挖体)找到 1 个

选择要剖切的对象:(回车)

指定切面的起点或 [平面对象(O)/曲面(S)/Z 轴(Z)/视图(V)/XY(XY)/YZ(YZ)/ZX(ZX)/三点(3)] <三点>: xy

指定 XY 平面上的点 <0,0,0>:(回车)

在所需的侧面上指定点或 [保留两个侧面(B)] <保留两个侧面>:(回车)

即可将开挖体以流水面为界,将开挖体分割为上下两部分,保留下部分,保存在"铺垫层"。具体见图 15-36(b)。

(6)借助流水面平面,剖切原始铺垫体,得到需要衬砌的顶面实体和两侧面实体。

之前我们已经创建了初始衬砌体,可以将其移至有参照体流水面的原始位置,并在流水面上建立新的 UCS,用"剖切"命令,对初始衬砌体进行剖切,选定剖切面就是 XY 平面,便将初始衬砌体分割为两部分,上部就是顶部和两侧的实际衬砌体。其操作过程与前文介绍的剖切开挖体相同,这里省略。衬砌体的实际形状见图 15-36(a)中的上图 。

(7)创建衬砌与铺垫总体混凝土立体图。

将图 15-36(a)中顶部、两侧部分实体与铺垫体用布尔加组合,形成整体的衬砌体,即所要绘制的整体立体图。只有将两部分准确对准,即可用布尔加命令。具体操作省略。结果见图 15-37。

(8)剖切纵断面线。总衬砌立体图结构绘制完成后,虽然可以看出其结构,但细部的尺寸标注较为麻烦。这时就需要绘制立体剖面图。纵剖面图的绘制方法如下:

①在堵头段三维立体图中位面上建立新的 UCS;

②点击"面板/剖切"命令,以下按命令行提示操作:

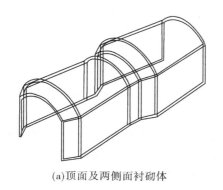

(a)顶面及两侧面衬砌体

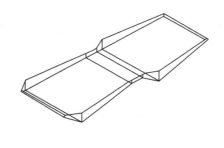

(b)铺垫体

图 15-36　顶部和两侧面衬砌图

命令：_slice

选择要剖切的对象：(点击总衬砌图,选中该实体)找到 1 个

选择要剖切的对象：(回车)

指定切面的起点或［平面对象(O)/曲面(S)/Z轴(Z)/视图(V)/XY(XY)/YZ(YZ)/ZX(ZX)/三点(3)］<三点>：(输入 xy,回车。选中 xy 平面作为剖切面)

指定 XY 平面上的点 <0,0,0>：(回车)

在所需的侧面上指定点或［保留两个侧面(B)］<保留两个侧面>：(回车,保留两个侧面)

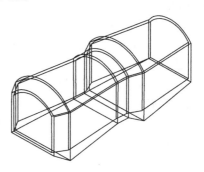

图 15-37　堵头段总衬砌图

剖切操作完成。移走前侧面,保留后侧面,并进行尺寸标注。

尺寸标注时,应根据标注尺寸所在的平面即时建立新的 UCS,因为标注尺寸的数字只有在 XY 平面上才能显示。本例中的尺寸标注分别在几个平面上,因此都必须先建立UCS,再进行尺寸标注和文字书写。得到的结果如图 15-38 所示。该剖面图即为最终的成果。

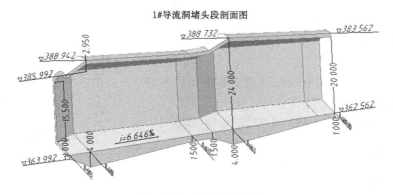

图 15-38　剖面图及尺寸

这里需要说明的是:本例中的最后一个横断面,原设计总高度为 22.04,根据数据计算

应为22.00,中间的差值是由计算时取位不同造成的,对工程质量不会造成影响。

15.2.4　直线段隧道工程绘制三维模型的小结

（1）对于直线段隧道工程,因其不包含曲线,可以先绘制等长的长方体作为参照体,参照体的作用在于便于利用长方体的各个面垂直、正交的特性,在适当位置绘制纵横断面图。

（2）一般先绘制出中线的纵断面图,取参照体底面作为0水平面,则其中线即为水平线,可以此为准,推算出各个节点与水平线的高差及桩号绘制纵断面图,在其垂直方向线上绘制横断面图。带有坡度时,应当参照水平线绘制出坡度线。

（3）通常采用"放样"命令生成实体。之前应将横断面平移至设计位置,再利用"放样"命令。

（4）"放样"命令有多个选项,应依据设计图选择,选择"导向"时,应保证各个断面通过导向线。即便选"仅横断面",又有"直纹""平滑拟合""法线指向"等选项,应根据设计需要选择。

（5）当绘制的尺寸很小时,容易出现在屏幕上看不见绘制的图形的情况。这时,可以绘制一个较大的简单实体,例如大圆柱、球或长方体,包含住绘制的实体,以便在屏幕上不同的视图中查找。查找时先找到绘制的临时大实体,然后放大,找到绘制的实体,进行修改或编辑。

（6）绘制完成后,应对照原设计图进行检查,检查无误后,绘图才算完成。

15.3　带有坡度的曲线段隧道的绘制

在道路和水利工程中,除了有直线段,还有曲线段。曲线段又包含圆曲线段和缓和曲线段,本节分别介绍这两种曲线隧道的绘制方法。

15.3.1　带有坡度圆曲线段隧道的绘制

图15-39所示的圆曲线段是某水电站导流洞和发电尾水隧道的三维立体图,本节介绍该类曲线隧道三维立体图的绘制方法。

15.3.1.1　原设计图

如图15-40所示的圆曲线在隧道工程中是经常遇到的,它的断面结构见图15-39。

转角 $\beta = 249°06'23.1'' - 193°51'22.5'' = 55°15'00.6''$。

曲线长 $= 2\pi R \dfrac{\beta}{360} = 3.141\ 592\ 7×200×55.250\ 167/180 = 192.859\ 46$。

$h = 192.859\ 46×0.664\ 6/100 = 1.282$。

螺旋线每一圈的高差为 $200\pi×2×0.664\ 6/100 = 8.352$。

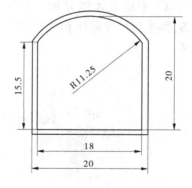

图15-39　圆曲线部分
为 W1 型横断面

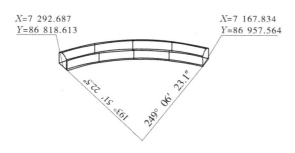

$X = 7\ 292.687$ $Y = 86\ 818.613$

$X = 7\ 167.834$ $Y = 86\ 957.564$

193°51′22.5″

249°06′23.1″

图 15-40　带有坡度的圆曲线隧道

15.3.1.2　分析

本曲线有两种绘制方法,一是中轴线用圆弧绘制,其优点是绘制比较简单,但是绘制时没有考虑坡度,以后在加入坐标系统时需考虑落差的问题;二是用螺旋线绘制,可以在绘制时就考虑到坡度。本书采用螺旋线绘制。

（1）螺旋线每圈的高差:$h = 1.30 \times 360 / (56\text{-}08\text{-}36) = 8.352$。

（2）桩号增大的方向为顺时针方向,坡度为负值,这也是螺旋线的正方向为逆时针方向,则圈高应为$+8.352$。

（3）计算出导流洞起点至已知直圆点 ZY 的方位角 103°51′22.5″,圆直点 YH 至导流洞终点的方位角为 159°06′23.1″,则该圆曲线的转角为 55°15′00.6″,以上角度均为测量坐标系。图中标出的方位角是直圆点和圆直点至圆心点的坐标方位角,圆心点至该两点的坐标方位角应当减去 180°。即 13°51′22.5″和 69°06′23.1″。

（4）先绘制半径为 200 的参照圆,在圆上确定圆曲线的起点和终点;再绘制螺旋线,半径为 200,圈高为 8.32,圈数设定为 0.5 即可够用;最后在圆曲线起点和终点处进行剖切,得到需要的圆曲线段。

因该段实际上是螺旋线,因此需要用垂直断面进行剖切,可以绘制参照圆柱来确定参照面。

15.3.1.3　制作步骤

1.绘制圆曲线对应的圆心角

（1）在屏幕上绘制半径为 200 的圆,并以圆心为新原点,从圆心向 4 个象限点连线,以原 WCS 的 Y 方向为新 X 方向,以原 X 方向为 Y 方向建立新 UCS。此时的 UCS 就是测量坐标系。

（2）绘制圆心角命令。

命令:line 指定第一点:(点击圆心作为直线第 1 点)

指定下一点或［放弃(U)］:200<13°51′22.5″

指定下一点或［放弃(U)］:(回车,绘制圆心到直圆点 ZY 的直线)

命令:_line 指定第一点:(点击圆心作为直线第一点)

指定下一点或［放弃(U)］:200<69°06′23.1″

指定下一点或［放弃(U)］:(回车,创建圆心至圆直点 YZ 的直线)

（3）将坐标系转换为 WCS 世界坐标系,用标注角度命令标注圆心角的大小应该为

55°15′00.6″。表明绘制无误,如果出错,检查修正。

说明:在 UCS 中,ZY(或 YZ)点是绝对坐标,因此指定下一点可以用输入 200<13°51′22.5″ 求得,一般情况下,应使用 @ 200<13°51′22.5″ 绘制,如图 15-41 所示。

2.绘制圆曲线段的开挖和留空横断面

(1)在 WCS 下,沿圆心向第 1 象限起点用直线延长 50,并以圆心为原点,该延长线为 X 轴,垂直方向为 Y 轴,创建新的 UCS,此时就可以以延长线为底边绘制横断面。先绘制开挖断面:底边长度 20,肩高 16.83,点击"绘图/圆弧/起点、端点、半径"命令绘制与两肩连接的圆弧,圆弧半径输入 12.25,即可绘制结束。

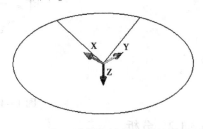

图 15-41　圆曲线段圆心角的绘制

(2)用"绘图/边界"命令,将其转换为多段线。

(3)用"偏移"命令,绘制留空断面,偏移距离为 1,生成的横断面图如图 15-42 所示。

图 15-42　横断面的绘制

(4)绘制螺旋线(在 WCS 下)。点击"面板/螺旋线"命令,中点选圆心,上底面半径 200,下底面半径 200,输入 h,输入圈高 8.352,输入 T,输入圈数:0.5,半圈的螺旋线绘制完毕。图 15-43 中的红色半圆就是 1/2 圈螺旋线。

(5)复制横断面,分别以横断面底边中点对准螺旋线的起点和终点,用"放样"命令,以红色螺旋线为导向,即可绘制出开挖体,复制螺旋线对准留空面中点,同样的方法绘制出留空体。

(6)以圆曲线的圆心角边线为基准剖切开挖体和留空体,平移多余的部分就得到圆曲线段隧道,如图 15-43 所示。

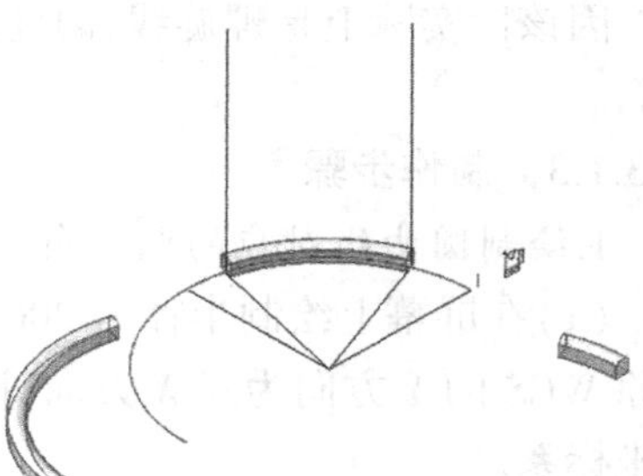

15.3.1.4　绘制说明

(1)带有坡度的圆曲线段,在相同坡度下采用"放样"命令螺旋线作为导向线,即可绘出。在绘制过程中,应当注意:横断面必须与螺旋线相交,因此一般选在螺旋线的起点作为第 1 个横断面,而终点选在半圆处。

图 15-43　剖切后生成带有坡度的圆曲线段

(2)绘制螺旋线时应当计算出圈高,圈高 = i(坡度)×圆周长 = $2\pi R \times i$。

(3)采用剖切之前,可以先绘制一个辅助圆柱体,以便于剖切曲线段的起点和终点。

(4)开挖体和留空体宜复制并保存在单独的图层中,因为以后在计算工程量时,会用到开挖体、留空体及衬砌体。

15.3.2 带有坡度的缓和曲线段隧道的绘制

前面创建实体模型轴线的都是可以用 AutoCAD 命令直接生成的实体,创建实体模型的信息较为完整,歧义最少。而在实际中有部分实体轴线(或导向线)是无法用 AutoCAD 直接绘制的曲线,例如工程上常见的双曲线、道路工程中的缓和曲线等。遇到这样的情况,可以采用先计算出每相隔 10 m 的各点的 X、Y、Z 坐标,在图上依据这些坐标绘制出三维的点位。用样条曲线进行连接后作为"导向"线,用放样命令绘制出实体。

15.3.2.1 道路工程设计中的缓和曲线的隧道的数学模型

汽车由直线行驶进入圆曲线的轨迹就是缓和曲线,这种曲线的数学模式比较复杂,以曲率为 0 的点作为回旋线起点和坐标原点并以起点的切线作为 X 轴时,其数学公式为

$$X = l - \frac{l^5}{40R^2L_0^2} + \frac{l^9}{3\ 456R^4L_0^4} - \cdots$$

$$Y = \frac{l^3}{6RL_0} - \frac{l^7}{336R^3L_0^3} + \cdots$$

这种曲线在软件中是不能直接用命令绘制的,实例中的数据如下:

已知:转点 $JD12$,桩号:2+991.131,$X = 3\ 144.5$,$Y = 4\ 242$。

起点至 $JD12$ 的方位角:108°06′58″,转角:-61°07′30″。

$R = 102$,缓和曲线长 $L_0 = 50$,$ZH = 2+905.347$,$HY = 2+955.347$。

圆心坐标:$X = 3\ 261.328$,$Y = 4\ 186.214$,本段坡度为 -5%。

为便于绘图,高程不要输入绝对高程,起点为 0 即可。根据上述公式得到的结果见表 15-2。

表 15-2

L	X	Y	Z	坡度 i	备注
0-40	0	0	+2.0		
0+00	0	0	0	-5%	缓和曲线起点 ZH
0+10	10	0.033	-0.5		
0+20	19.997	0.261	-1.0		
0+30	29.977	0.883	-1.5		
0+40	39.902	2.095	-2.0		
0+50	49.700	4.102	-2.5		缓和曲线终点 HY

15.3.2.2 制作步骤

(1)展点。在屏幕上画正交的直线作为 UCS 的坐标轴,自定义坐标系,然后按表 15-2 的数据展点。

(2)绘制三维样条曲线。以上述的各点绘制样条曲线,需要注意的是,绘制样条曲线

时,起点切线方向和终点切线方向不仅要考虑平面相切,还要考虑高程,本例中设定原点的高程为0,目的是方便计算切点的高程。

（3）在屏幕上显示4个视口,分别是俯视、主视、左视和西南等轴测。

（4）在左视图上绘制隧道断面图。

（5）利用"布尔减"运算,绘制出隧道三维模型。

（6）编辑与检查。

检查对于单项三维模型的精确绘制非常必要,因为在绘制单项工程时如果出现问题,集成时肯定对不上。检查的主要内容是绘制的三维模型是否与设计图完全符合;绘制的精度是否达到设计图族要求的精度。检查的结果要记载在笔记本上,以便在以后集成出现问题时进行查对。

本例绘制的三维模型过程见图15-44、图15-45。

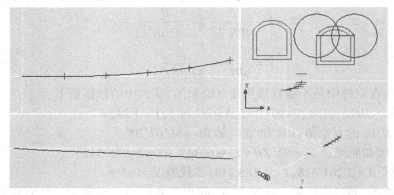

图15-44　缓和曲线段隧道三维模型的制作

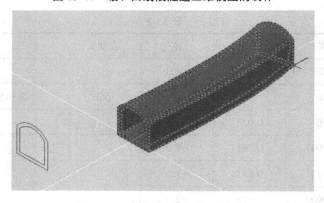

图15-45　缓和曲线隧道三维模型

15.4　多层单体结构组合体的绘制

在大型工程中有许多单项工程是由多个单体工程组合、叠加而成的。绘制时应首先对整个工程按照由下至上的原则,将整个工程分为0层(底层)、1层、2层…,直至最高的N层。各层的命名规则为序号–底面高程(取值到m)。例如0层的底面高程为365.25则其全名为 0-365。1 层的底面高度为 391,全名 1-381……最高层的底面高程 423,其全名为 N-423。

　　绘制时先绘制 0 层的各个单独实体,经检查无误后,按照中轴线进行对接。接着仍然在 0 平面绘制第 1 层结构,进行对接检查无误后,用"三维移动""对齐""三维对齐""三维旋转""三维镜像""三维阵列"等三维编辑命令,以 0 层的实体为基准进行对接。检查无误后,绘制第 2 层的实体……依照本方法,到最后完成第 N 层实体的绘制与对接。最终完成多层组合体的绘制。

　　需要说明的是,各个实体的绘制一般都在 0 平面上完成,完成后再与相对应的第 n 层对接。其原因是,0 平面便于绘制参照实体,便于绘图操作和检查。以下以导流洞竖井的实例介绍绘制过程。

15.4.1　1#导流洞竖井段三维立体图的绘制

　　某水电站总计有 6 条导流洞,因 1#导流洞功能单一,4#导流洞结构较 1#导流洞较为复杂一些,故选择其作为绘三维图的实例。

15.4.1.1　竖井段底层(0 平面)的绘制

1.底层(0 平面)的结构

　　竖井底层总长 80 m,其中进水段包括断面渐变段、顶部椭圆段,出水段包括顶部椭圆段、出水口渐变段,具体请参阅图 15-46。

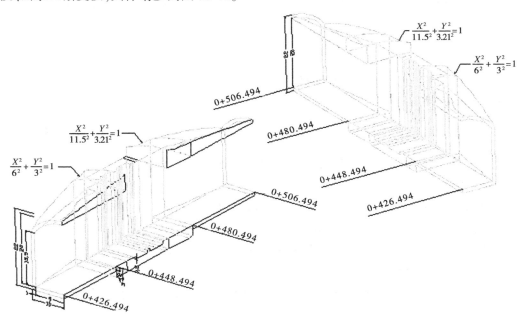

前过渡段:0+426.494 ~ 0+448.494,长 22 ;前椭圆段:0+448.494 ~ 0+452.994,长 4.5;
竖井段:0+452.994 ~ 0+470.494,长 17.5
后椭圆段:0+470.484 ~ 0+480.494,长 10;后过渡段:0+480.494 ~ 506.494 ,长 26,总长 80

图 15-46　1#导流洞竖井段底层(0 平面)剖面图

2.竖井前过渡段的绘制

竖井前过渡段的三维立体图绘制过程已经在 15.2.2 部分中详细介绍,这里省略。

3.竖井后过渡段的绘制

竖井后过渡段的设计参数和前过渡段相同,只是方向调转了 180°,只要将前过渡段沿中轴线旋转 180°,就能够得到其三维立体图。

4.前顶部椭圆段的绘制

竖井前的 4.5 m,顶部中线是 $\dfrac{X^2}{6^2}+\dfrac{Y^2}{3^2}=1$ 的椭圆线(见图 15-47),绘制的方法同 15.1.3 节的椭圆,只是参数不同,方向相差 180°,绘制方法近似,这里省略。注意,此处的椭圆段只有一部分,没有到达长半轴的终点。

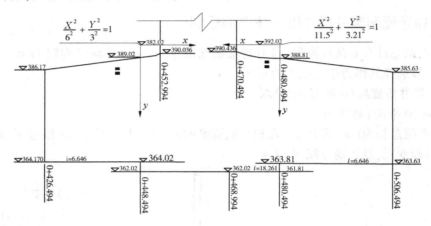

图 15-47 1#导流洞纵断面图

5.后底部椭圆段的绘制

竖井后的 10 m,顶部中线是 $\dfrac{X^2}{11.5^2}+\dfrac{Y^2}{3.21^2}=1$ 的椭圆线,只是参数与 15.1.3 部分不同,绘制方法相同,这里省略。后椭圆段也没有到达长半轴终点,只有 10 m。

6.竖井段底层的绘制

竖井段底层(0 平面)设计三视图及立体图如图 15-48 所示。绘制过程如下:

(1)绘制以下尺寸的 2 个长方体:

长方体 1:长 26,宽 17.5,高 23;绘制顶面中轴线,在中轴线终点向下绘制 20 m 下垂线。

长方体 2:长 18,宽 17.5,高 20;绘制顶面中轴线,在中轴线终点向下绘制 20 m 下垂线。

(2)在长方体 1 的顶面建立 UCS 坐标系,按设计图中尺寸及位置绘制多面体 3,具体见图 15-49 俯视图中阴影区域的多边形,并将其复制至图中相邻的位置。

(3)将两个多面体利用"面域"命令,生成两个面域,再用"拉伸"命令分别向下方向拉伸 20.8 m,形成 2 个多面体:多面体 1、多面体 2。

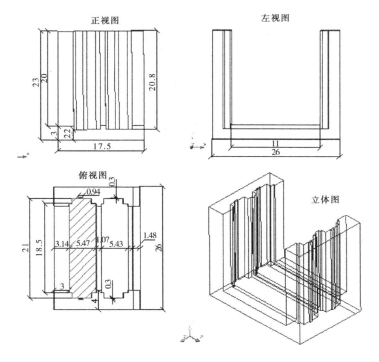

图 15-48　1#竖井底层衬砌三视图及立体图

（4）用"布尔减"命令，长方体 1-长方体 2-多面体 1-多面体 2 = 底层衬砌体，即可得到图 15-48 中立体图所示的形状，绘图结束。

在此说明：竖井部分的 0 平面为水平的，故可以直接采用以上步骤直接生成，而不必考虑坡度的影响。

（5）1#导流洞的底面纵坡为 0.664 6%，因其竖井段（长 17.5）变为水平，故临近的下椭圆段底板的坡度设计为 1.826%，其他各段的坡度仍为 0.664 6%。

15.4.1.2　第 1 层（顶面高程 409）三维立体图的绘制

第 1 层竖井的结构三视图及立体剖面图如图 15-49 所示，从俯视图可以看出，其平面结构的混凝土结构部分和 0 层（底层），差别的部分在于：0 层中部的 18 m 宽，作为流水空间是空旷的，而第 1 层除闸门及闸槽部分外，都是连接的。另外，就是预留有止水设施的安装空间。具体的绘制方法如下：

（1）绘制长 26、宽 17.5、高度 23.98 的长方体 1，在长方体 1 的顶面建立 UCS。

（2）在新的 UCS 绘制闸槽平面图，分别用"拉伸"命令向下拉伸 33.98，得到 2 个闸槽的实体（含闸门上下移动空间）。

（3）UCS 平面上，按照图纸中的位置和尺寸绘制止水结构平面图，分别用"拉伸"命令向下拉伸不同高度得到各个止水的结构实体，并在相同的位置复制各个止水结构。

（4）用"布尔减"以长方体 1 减去闸槽实体和止水结构空间，得到 1 层衬砌体和复制的止水结构图。

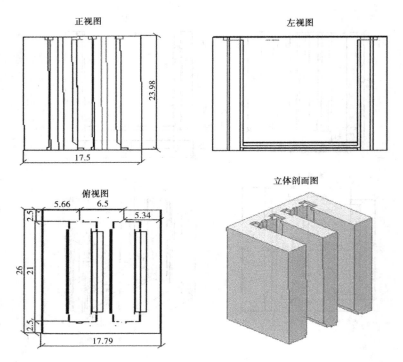

正视图   左视图

俯视图   立体剖面图

图 15-49　第 1 层(顶面高程 409)竖井结构三视图及立体剖面图

最后经过整饰和检查,得到第 1 层的三维立体图如图 15-50 所示。

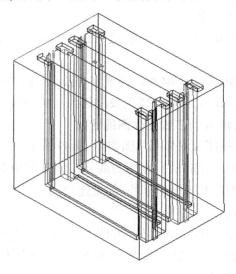

图 15-50　第 1 层(顶板高程 409)三维立体全图

15.4.1.3　竖井顶层(第 2 层:底面 409,顶面 438)的绘制

竖井顶层结构见图 15-51。整体为厚度为 1 长方体框中中间有两个闸槽组成,在第 1
闸室的左侧壁上连接有 4 根腿型直立支撑,同样在第 2 闸室右侧壁上也连接有 4 根腿型
直立支撑。两个闸室中间的隔壁墙的两侧距底面 12.86 和 20.92 处,分别各设置一条横支

撑梁。此外,在顶部左右两侧预留有穿绳孔。

绘制过程如下:

(1)绘制长 26、宽 17.5、高 29.76 的长方体 1,以长方体顶面建立新的 UCS 坐标系,并在此平面上绘制出俯视图中的所有图形。以不同颜色表示 8 个支腿位置、3 个小方孔的位置。

(2)绘制长 24、宽 15.5、高 19.76 的长方体 2,将长方体 2 以底板中线终点为基点平移至长方体 1 的底板中线终点,再用"布尔减"命令,生成厚度为 1 的方框。

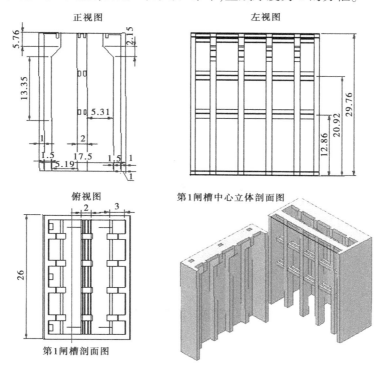

图 15-51 1#竖井顶层三视图及第 1 闸槽立体剖面图(第 2 层:底面 409,顶面 438)

(3)单独绘制两侧的 1 根支腿的立体图,通过复制将其移至长方体 1 顶面的俯视图中标出支腿的位置。再绘制出中间一个立柱的立体图,并将其平移至俯视图中。

(4)绘制出横梁,并复制平移至长方体 1 顶面俯视图中位置,通过向下移动 9 和 17 至合适位置。

(5)绘制厚 1 m、宽 4 m、长 26 m 的两侧盖板,复制至两侧位置,对准方框的角;绘制厚度 1、宽 1、长 26 的中间盖板,移动至中线位置,对准中线。

(6)通过"布尔加"命令,将以上实体合并。

(7)绘制小方框,移动至顶面开孔位置。用"布尔减"命令开方孔。

15.4.1.4 竖井各层之间的检查与对接

三维实体的对接一般需要 3 个公共点,通常使用"对齐""三维对齐"命令。对于竖井各层的对接应先在两个对接体找到对应点。对于导流洞前后顺序对接的实体,由于是连续的隧道,其流水底板必须是连续的,不应出现中断。也就是前一个实体的流水终点和紧接着实体的流水起点有相同的高程。

用"剖切"命令对1#导流洞竖井段三维实体沿中轴线剖切后的结果如图15-52所示。

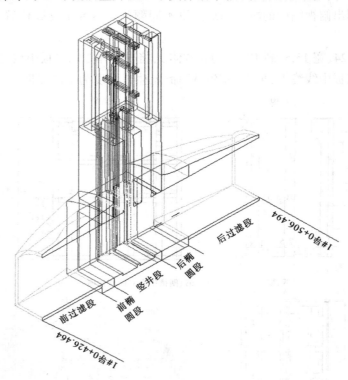

图 15-52　1#导流洞竖井段三维立体纵断面图

15.4.2　2#洞竖井段三维立体图的绘制

该水电站的导流洞竖井设计有两类,其中15.4.1部分介绍的1#竖井为单独的一类,另有4条导流洞竖井闸室底层内部设置有分水中墩,其分水中墩只要将俯视图用封闭的多段线绘出,用"拉伸"命令即可绘出,其他绘制方法同1#竖井,这里省略。以下将2#竖井的底层设计图1、中墩平面图及三维立体剖面图给出。请读者作为练习习题,自己绘制时参考。

2#导流洞竖井闸室底部设计图如图15-53、图15-54所示。

2#导流洞竖井段的前过渡段、前椭圆段、后椭圆段和后过渡段和1#导流洞竖井结构相似,只是参数略有不同,绘制的结果见图15-55。

2#导流洞竖井闸室及中墩剖面图见图15-56。

为保持图面清晰,本图将分水中墩从竖井底板移出。

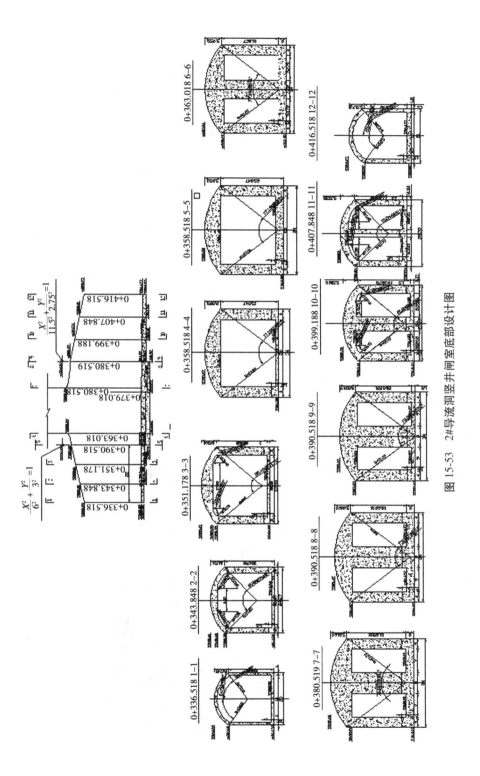

图 15-53　2#导流洞竖井闸室底部设计图

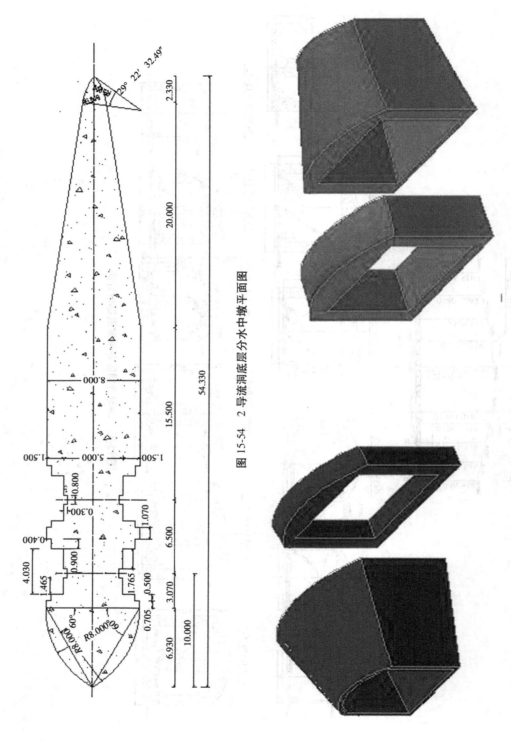

图 15-54　2 号导流洞底层分水中墩平面图

图 15-55　2#导流洞前过渡段和前椭圆段（蓝色部分）、后椭圆段和后过渡段（红色部分）三维立体图

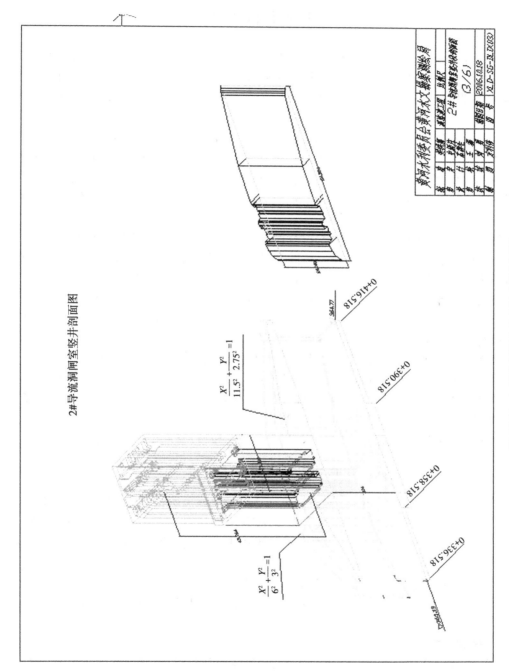

2#导流洞闸室竖井剖面图

$$\frac{X^2}{11.5^2} + \frac{Y^2}{2.75^2} = 1$$

$$\frac{X^2}{6^2} + \frac{Y^2}{3^2} = 1$$

0+416.518

0+390.518

0+358.518

0+336.518

图 15-56 2#导流洞竖井闸室及中墩剖面图

15.5　单项工程的对接

在利用 AutoCAD 绘制单项工程建筑三维立体图时,通常采用的坐标系为独立坐标系且正交方向为建筑物的纵横轴线,高程控制使用设计单位的 0 平面为基准。例如长方形的大楼,一般设长度方向为 X 方向,宽度方向为 Y 方向,高程则设定一层的底面为 0 平面。

这种方法不仅在绘制时能够利用 AutoCAD 的"正交"功能,使绘图工程简便,绘出的三维立体图也与设计图纸方向一致,便于检查与对照。但是对于大型的线型工程,例如道路、桥梁和隧道工程,由多个不同结构的直线段和曲线段组成,距离较长,工程设计图就是在地形图中标出的,这就与一定范围的工程坐标系发生联系。每个单项工程的每个点都会具有工程坐标系坐标。

整体工程是由各个单项工程连接、组合而成的。将单项工程按某些参照准确地连接组合起来,就形成了整体工程的三维立体图。对于坡度为 0 的工程,一般以带有桩号的水平中线作为参照;对于带有坡度的整体工程,可以使用带有坡度的中轴线作为参照连接。

如果需要制作的三维立体图上的各点具有平面坐标属性,则需要分几步进行:①按平面坐标绘制出中轴线的坐标,从而绘制出标准的中轴线;②按桩号坐标系中轴线对各个单项实体进行对接;③通过"三维对齐"和"三维旋转"等命令,将按桩号坐标系中轴线对接的实体转换到平面坐标系中轴线上。得到的俯视图,就是二维绘图的平面图。

较为复杂的是带有三维坐标(X,Y,Z)的连接。需要先绘制带有桩号的三维坐标的水平中轴线坡度线,最后按分别对带有坡度的单项工程立体图单独进行"对齐""三维对齐""三维旋转"命令,对准带有三维坐标的坡度线上的节点。

由于带有三维坐标的立体图上的各点均带有坐标属性,又称为三维数字模型。

15.5.1　三维坐标点的位置绘制和点名的标注

建立三维数字模型的首要工作是将三维立体图轴线或主要参照点绘制出来。对于单项工程,至少需要 3 个以上的三维基点。然后用"对齐"(三维对齐)命令选择三维立体图上的基点,对齐基准三维坐标点,因此快速、准确绘制这些轴线点或其他基点的三维坐标图是建立三维数字模型的充分必要条件。

本书第 3 章已经详细地介绍了批量绘制二维坐标点位置的方法,可以用来绘制二维图的坐标控制点。对于三维坐标点,也可以采用类似的方法进行绘制。在绘制三维坐标点之前,应当首先对 AutoCAD 进行必要的设置准备。

15.5.1.1　绘制三维坐标点的准备

(1)将 AutoCAD 中坐标系转为世界坐标系,西南等轴测状态,并将显示屏显示由"三维线框"转为"二维线框"(黑屏)状态,才能全部看清楚在三维立体下的线条和文字位置。在三维线框下,有时会看不清文字和线条,在当前坐标系的 XY 平面上才能看清。在二维线框下的黑屏下,一般都能看得清楚。

（2）默认状态下，屏幕上的点是没有长度和大小的，因此很难看见。宜在"点样式"中首先选择"十"字样式，点的大小设置宜为5~10个单位，以便能清晰看到展绘点的位置。

（3）文字样式应选择"工程"样式，即国标大字体（gbenor.shx—gbcbig.shx）否则汉字会显示"?"。

（4）直线样式宜选择使用实线，即便需要虚线，也要在绘制结束后，才转为"虚线"样式。

（5）AutoCAD中的默认坐标系为世界坐标系，其平面坐标系与我们学习数学时的笛卡儿坐标系相同。水平方向为 X 轴，垂直方向为 Y 轴，其方位角是逆时针旋转为+角度。

而测量专业坐标系则不同。其竖直方向为 X 轴，水平方向为 Y 轴，其方位角是顺时针为+角度。在 AutoCAD 中显示测量坐标系的坐标点位，就必须将测量坐标系的 X、Y 坐标值进行转换输入，即输入平面坐标 Y 坐标值，X 坐标值。其 Z 坐标值不变。在绘制某控制点（X、Y、Z 坐标）位置时，输入值应为该点的 Y、X、Z 坐标值。

（6）在输入点的坐标值时，应将中文输入软件改为"英文/半角"格式，不得使用全角或中文格式。因为这些格式在 AutoCAD 中不能识别。

15.5.1.2　坐标点的展示

AutoCAD 中的"点"（point）命令、直线（line）、多段线（pline）是绘制点、线的基本命令，可以直接用于三维坐标点的绘制。

直接用"点"命令连续绘制多个坐标点。

在显示区直接操作即可，其过程如下：

选择"绘图/点/多点"命令或在命令行输入命令 point，连续展绘坐标点

命令行显示：指定点：输入点的"Y 坐标值、X 坐标值、Z 坐标值"，按回车键。

就会在屏幕上展示该点的位置，第 1 点展点结束。

命令行又显示：指定点：接着输入第 2 个点的"Y 坐标值，X 坐标值、Z 坐标值"，按回车键，第 2 点展点完成。

连续输入以后各点坐标，就会批量展示各个坐标点的位置。批量展点结束，按"Esc"键即可。

当屏幕上看不到展示点时，按"范围缩放"命令"🔍"，即可显示各点的位置。

读者可以任选几个三维坐标点的 Y、X、Z 坐标作为实例实际检验一下测量坐标系与世界坐标系的区别。

15.5.1.3　展示多个控制点

在 Excel 中坐标 Y、X 合并为 YX 列文本数据，可自动批量展示多个控制点。

例 1：已知有批量测量控制点的坐标 X、Y、Z 和各点的点名，并已经存入 Excel，如图 15-57所示，介绍利用坐标点 X、Y 在图上自动展点。

（1）在 Excel 中进行坐标数据的转换。

图 15-57 中 E 列的公式，所有括号中的数据之间都是用逗号分隔。

选中 E 列数据（E2~E4），复制备用。

（2）利用合并后的数据展点在 AutoCAD 中展示三维坐标点。

打开 CAD，在命令行输入："point"或单击"点"命令，点击命令行"指定点："激活该命

E2 ▼ f_x =CONCATENATE(B2,",",C2,",",D2)

	A	B	C	D	E	F	G	H
1	点名	y	x	z	yxz			
2	基点1	1000	1000	200	1000,1000,200			
3	基点2	3000	2000	180	3000,2000,180			
4	基点3	5000	6000	400	5000,6000,400			

图 15-57　利用 CONCATENATE(…)函数合并为"Y、X、Z"数据列

令,再单击右键,在下拉列表中点击"粘贴"命令,就完成点的展示,如图 15-58 所示。

从图 15-58 中可以看出,这些点没有名称,如果展示点太多,就容易发生混淆。

15.5.1.4　生成脚本文件批量注记点名

所谓脚本文件,是指在 Excel 中生成的 text 文件数据的基础上,复制其数据到"记事本"中,保存为脚本文件＊＊＊.scr,存入记事本中。

在三维空间里,只有在当前 UCS 的 XY 平面上才可用直接注记文字。但是在立体图中,各点都不一定在一个平面上,每次注记文字时,均需要在点的平面上建立新的 UCS 的 XY 平面,比较麻烦。

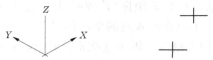

图 15-58　生成点在三维坐标系中的位置图

打开 AutoCAD,直接点击"工具"/"运行脚本"命令,就会显示含有脚本文件的文件夹,从中找到需要的.scr 文件名,点击打开,就会在脚本文件中的各点位置旁边,显示点名注记。整合过程不需要其他的命令。生成脚本文件的过程如下:

(1)在 Excel 表格中生成脚本文件＊＊＊.scr 需要的数据。如图 15-59 的 Excel 表格中所示,有 4 个已知 x、y、z 坐标的空间点,在 A、B、C、D 各列中输入:点名 y、x、z 坐标值。在 E 列对坐标数据进行合并:写入公式 E2=CONCATENATE(B2,","　,C2,",",D2),其最终结果是各个数据之间用逗号分隔。

I2 ▼ f_x =CONCATENATE(F2,"",E2,"",G2,"",H2," ","",A2)

	A	B	C	D	E	F	G	H	I
1	点名	y	x	z	yxz	text	字高	旋转角度	脚本文件
2	基点1	1000	1000	200	1000,1000,200	text	200	0	text 1000,1000,200 200 0 基点1
3	基点2	3000	2000	180	3000,2000,180	text	200	0	text 3000,2000,180 200 0 基点2
4	基点3	5000	6000	400	5000,6000,400	text	200	0	text 5000,6000,400 200 0 基点3
5	基点4	8000	7000	480	8000,7000,480	text	200	0	text 8000,7000,480 200 0 基点4

Text　空格　坐标　空格　字高　空格　旋转角　空格　空格　点名

图 15-59　Excel 表格数据为脚本文件准备数据

(2)将 E 列数据复制,转入 AutoCAD 界面,点击"点"(point)命令。

命令行显示:指定点:(左键单击一下,会出现一条竖线闪烁,此时单击右键,会出现下列菜单)在下拉菜单中选中"粘贴"命令,点击粘贴,就会将复制的多点数据输入,绘制各点坐标位置。

这里注意,有时在屏幕上看不到点,这可能是"点样式"没有设置为"+"号。也可以用点击"直线"(line)命令,用上述类似的步骤,直接绘出各点相连的直线。

(3)生成脚本文件数据。

此项就是直接绘制点位的数据。以后的 F 列填入 text,G 列填入字高（100~300），H 列是显示文字的旋转角度,一般设为 0 或 90 第 I 列是公式合并,＝CONCATENATE（F2, " ",G2," ",H2," ",A2）,这里请注意,在"公式列表"框中填入参数时,各个列之间都是填""（空格）,最后填入"A2"列前应当填入,才能得到公式需要的格式。为了使标注文字不要紧挨住点位,可以在最后的 I 列前加 2 个空格。第 I 列的公式和数据具体见图 15-59 所示。

图 15-59 的 I 列＝CONCATENATE（F2," ", E2," ",G2," ",H2," "," ",A2）,

（4）创建脚本文件。①复制 I 列数据,打开 Windows"程序/附件/记事本",将复制的 I 列数据粘贴到记事本中。然后打开"文件"菜单,选中"保存"点击,将显示如图 15-60 所示的对话框。

②在"保存类型"中,选择"所有文件"选项。

③在"文件名"中输入" ＊ ＊（名称）.scr",点击"保存",就完成 .scr 的脚本文件,具体见图 15-60。

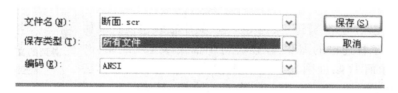

图 15-60　保存为脚本文件

（5）利用"脚本文件"在 AutoCAD 中标注点名。

由 Windows 界面转换到 AutoCAD 界面,打开前面已经绘制的各点位置图,并将显示屏改为二维线框,西南等轴测投影。点击"工具/运行脚本"命令,在"我的文档"文件夹中寻找已经保存过的脚本文件"断面.scr",点击选中显示如图 15-61 所示的界面。

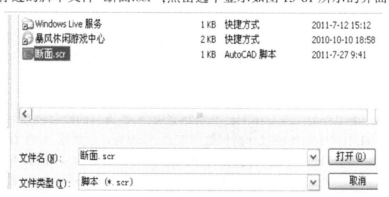

图 15-61　运用脚本文件

点击"打开"按钮,运行脚本文件界面消失,这时就会发现,在绘制的点位旁边,每个点名注记已经标注完毕。标注后的文字注记见图 15-62。

考虑到实际的各点坐标的精度均为小数点 3 位数,在 Excel 表中时太长,在图中展示时图的比例太小,不易看清,故本例中数字均是人为凑整的数据。

采用运行脚本文件进行批量点名标注时,并不需要其他命令的配合,可以省去手工文字注记的多个重复操作。

15.5.2 三维工程图的直线连接

图 15-62 运行脚本命令
得到的文字注记结果
(三维立体)

三维工程的连接一般是以中轴线为基准线,以桩号和高程二维坐标为参数,这样就简化了绘制的过程,在工程建设中得到广泛的应用,如常用的二维纵剖面图、横断面图等。对于三维立体图的连接,也可使用这种设想和方法。对于线型的道路、隧道和桥梁等工程,往往有两种坐标系同时存在并使用。一种是测绘行业采用的工程坐标系,另一种是所谓的"桩号坐标系",现场施工人员往往使用桩号坐标系,测量人员往往将整桩号点和特征点的坐标都计算出来,作为现场放样的基本数据。采用 AutoCAD 绘图后可以实现图上直接量取桩号坐标的方法,作为计算结果的检查。

线性工程包括道路、隧道、渠道等工程,其中轴线包括直线和曲线。但为了工程建设的需要,往往会将中轴线以直线绘制,例如二维的纵剖面图(断面图),就是将中轴线以直线绘制的。它不仅可以清晰表示工程的纵向坡度、各桩号高程,其横断面图也可以表示在某桩号的规格。

纵断面图一般以桩号为纵坐标、高程为横坐标。在工程建设中,对于高程的控制有重要作用。

对应于三维立体图,也可以采用直线连接的方法实现上述功能。只不过需要将曲线段拉直,以桩号为准将其绘制成直线段。将曲线段改为直线段绘制一般都比较简单,一般用"放样"命令就会实现。

对工程进行线性连接的实质是:将连续的单项工程中轴线投影到一个垂直于 0 平面且与 X 轴平行的 $X'Z$ 平面上,使其发挥类似二维纵剖面图的作用,且便于绘图和实际应用。

15.5.2.1 绘制底面中轴线(坡度线)

假定各个分项工程的三维立体图已经绘制完成,线性连接的绘制过程如下:

(1)在 Excel 中将中轴线桩号和高程数据汇总、整理为点位数据、标注数据,并将标注数据在"记事本"中打开,保存选项:所有文件,最后保存为后缀为.scr 的脚本文件。

(2)在 AutoCAD 中,绘制三维点(100,100,0),用长方体(box)命令,绘制左下角为(100,100,0),长度大于最大桩号,宽度为 200,高度大于最高高程的长方体,并选择其正前面或正后面为新的 UCS,准备绘制纵断面线。

(3)复制点位数据,用"line"命令绘制中轴线(坡度线);打开"工具/运行脚本"命令,用脚本文件标注各点的桩号。

(4)依次将绘制完的各分项工程三维立体图至中轴线界面,用三维"对齐"命令,对准各个节点。最终形成线型的三维立体图。下面以实例说明绘制过程。

有一段线性工程,已经绘制出各单项工程的三维立体图,要求将其按直线连接的方式进行对接。其中轴线和底面高程如图 15-63 所示。

桩号	起点距 x	底板高程 z
0+000	0	367
0+020	20	366.867
0+050	50	366.668
0+100	100	366.335
0+134	134	366.109
0+174	174	365.884
0+214	214	365.578
0+419	419	364.215

图 15-63　1#洞桩号和底板高程

在二维的纵断面图中,一般都将高程值扩大数倍,以清晰地看到其坡度变化,由于三维图都是按 1:1 的比例绘制的,故一般都以 1:1 的比例绘制。

(1)按照前节所介绍的方法,在 Excel 表格中,生成脚本文件需要的数据,见图 15-64。

	H3	▼		fx	=CONCATENATE(E3," ",C3," ",F3," ",G3," ",D3)			
	A	B	C	D	E	F	G	H
	起点距	底板高程	合　并	桩号	text	字高	旋转	总体合并
	x	z			text			
	0	367	0,367	0+000	text	5	270	text 0,367 5 270　0+000
	20	366.867	20,366.867	0+020	text	5	270	text 20,366.867 5 270　0+020
	50	366.668	50,366.668	0+050	text	5	270	text 50,366.668 5 270　0+050
	100	366.335	100,366.335	0+100	text	5	270	text 100,366.335 5 270　0+100
	134	366.109	134,366.109	0+134	text	5	270	text 134,366.109 5 270　0+134
	174	365.884	174,365.884	0+174	text	5	270	text 174,365.884 5 270　0+174
	214	365.578	214,365.578	0+214	text	5	270	text 214,365.578 5 270　0+214
	419	364.215	419,364.215	0+419	text	5	270	text 419,364.215 5 270　0+419

图中表的说明:

1.本表与上一节所讲的基本一样,所不同的是:注记文字的方向由 0°旋转为 270°,将点名改为"桩号",且由 A 列转为 D 列,字高也由 200 改为 5。

2.本表的 C 列,其合并公式各列之间都是用","号分隔,用于绘制带坡度的中轴线。

3.本表的 H 列,其合并公式各列之间都是用"(空格)"分隔,D3 列之前的空格可以为 2 个以上,目的是使标注文字不紧挨点位。

图 15-64　脚本文件需要的数据

(2)将 H 列数据拷贝至"记事本"中,保存为后缀为.scr 格式的脚本文件:"1 纵.scr",保存在我的文档文件夹。

(3)新建 AutoCAD 界面,打开"正交""对象捕捉",绘制辅助长方体,操作如下:

①确定绘图的范围。在本例中,最大桩号为 0+419,高程最高为 367。因此,辅助长方体定为 500,200,500,绘图范围:(0,0,0~800,400,600)。确定绘图范围的目的是将图形限制在固定的范围内,便于坐标变换时查找需要的图形。

②绘制复制长方体。点击"点"(point)命令(绘制长方体左下角)

命令:_point

317

当前点模式：PDMODE=2　PDSIZE=0.0000

指定点：(100,100,0 回车,指定辅助长方体左下角位置)

命令：_box

指定第一个角点或 [中心(C)]：

指定其他角点或 [立方体(C)/长度(L)]：l

指定长度 <500.0000>：

指定宽度 <200.0000>：

指定高度或 [两点(2P)] <400.0000>：(回车,则辅助长方体绘制完毕)

点击"分解"命令,将长方体分解为 6 个平面

令：_explode

选择对象：找到 1 个,(回车)

再用"删除"命令,仅保留正前方立面,删除其余 5 个平面

(4) 在长方体的正前面建立 UCS,并绘制中轴线。

以 (100,100,0) 为原点,长边方向为 X 轴,高程方向为 Y 轴,建立新的 UCS。

绘制各点桩号和高程,在本节的 Excel 表格中复制 C 列数据。

在 AutoCAD 界面上点击 line 命令：

命令：_line 指定第一点：(左键单击,闪烁,单击右键,显示对话框,点击"粘贴",将执行下列命令)

命令：_line 指定第一点：0,367

指定下一点或 [放弃(U)]：20,366.867

指定下一点或 [放弃(U)]：50,366.668

指定下一点或 [闭合(C)/放弃(U)]：100,366.335

指定下一点或 [闭合(C)/放弃(U)]：134,366.109

指定下一点或 [闭合(C)/放弃(U)]：174,365.884

指定下一点或 [闭合(C)/放弃(U)]：214,365.578

指定下一点或 [闭合(C)/放弃(U)]：419,364.215

结果生成连续的直线连接。

点击"工具/脚本运行"命令,找出脚本文件 1 纵.scr,点击"打开"按钮,将自动标注文字(各点桩号),如图 15-65 所示。

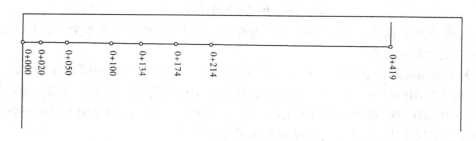

图 15-65　底板中轴坡度线(粉红)及桩号标注

15.5.2.2 将各个单项工程以底面中轴坡度线为基准连接

（1）从其他文件中复制该段工程的三维立体图至本文件的模型界面中。

打开保存已经绘制单项工程的三维立体图，选中某项工程，单击右键，选择"带基点复制"命令，单击，命令行提示：选择基点：（点击该项工程三维图中的某一点作为基点）

重新打开底板中轴线文件，单击右键，点击"粘贴"。

命令行提示：选择基点（在合适位置点击，该项工程的三维立体图已经复制至底板中轴线界面）。

（2）利用"修改/三维编辑/对齐"命令，将单项工程的底面中轴坡度线对齐刚刚绘制的底面中轴坡度线。

（3）在中轴坡度线的终点绘制高 30 的垂直线；另外在三维立体图中连接底面中轴坡度线，在终点也向上绘制 30 的垂直线。

"三维编辑/对齐"命令需要 3 对点对准，第 1 点是底面中轴坡度线的起点，第 2 点是底面中轴坡度线的终点，第 3 点就是绘制的高 30 的终点。

点击"修改/三维编辑/对齐"命令：

命令：_align

选择对象：找到 1 个

选择对象：找到 1 个，总计 2 个

选择对象：找到 1 个，总计 3 个

选择对象：找到 1 个，总计 4 个

选择对象：找到 1 个，总计 5 个

选择对象：找到 1 个，总计 6 个

选择对象：找到 1 个，总计 7 个

选择对象：

指定第一个源点：（点击三维立体图的底面中轴线起点）

指定第一个目标点：（点击坡度线 0+000 点）

指定第二个源点：（点击三维立体图的底面中轴线终点）

指定第二个目标点：（点击坡度线 0+419 点）

指定第三个源点或 <继续>：（点击三维立体图终点绘制的高 30 垂直线最高点）

指定第三个目标点：（点击坡度线终点向上的垂直线最高点）

对齐完成，得到的图形如图 15-66 所示。

15.5.2.3 将曲线段按直线段绘制三维立体图

本导流洞的曲线段为不加缓和曲线的圆曲线段，圆半径为 200，其桩号为 0+902.737～1+195.591，曲线总长度为 292.854，起点底板高程 361.000，坡度为 0，其终端底板高程也等于 361.000，其横断面均如图 15-39 所示。

为了绘制类似纵剖面的三维立体图，需将曲线段按直线段绘制。因其坡度为 0，比较容易绘制。其方法如下：

（1）将坐标系定为世界坐标系 WCS，西南等轴测投影，二维线框，打开"正交"与"对象捕捉"，将"点样式"设置为"+"形式。

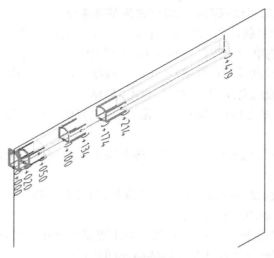

图 15-66　直线连接后的结果（其中的一部分）

（2）激活"点"（point）命令：

命令行提示：指定点：（输入 902.737，0，0，回车），A 点

命令行提示：指定点：（输入 195，591，0，0，回车）（B 点）

命令行提示：指定点：（输入 902.737，0，361.000，回车）（C 点）

图上将显示该三点。

连接 AB、AC，并绘制垂直于 ABC 面的直线 AD，长 50，具体如图 15-67 所示。

（3）绘制横断面。以 A 点为原点，AD 为 X 轴、AC 为 Y 轴设置新的 UCS，在 AD 延长线上绘制横断面图。

从横断面设计图（见图 15-39）上看出，开挖面的底边长为 20，两肩高均为 15.5，顶部的圆半径为 12.25。先用"直线"命令绘制出底边长 20 及两肩高为 15.5 的 3 条边，再用多段线命令，绘制出闭合的多段线断面图。过程这里省略。

（4）使用"复制"命令，以底边中点 E 为基点，点击 A，就绘制成以底边中点为 A 的开挖体断面图。再用"偏移"命令，将此断面线向内偏移 1 m，就自动生成留空体横断面图。

（5）将坐标系改为 WCS 西南等轴测投影。点击"面板/拉伸"，激活该命令；选择 AB 直线为路径，点击直线 AD，就生成该段的开挖体和留空体，用"布尔减"命令，开挖体–留空体 = 衬砌体。便得到如图 15-68 的蓝色实体。

（6）用"复制"命令，复制蓝色的实体，基点选择 A，点击 C 点，便得到以 C 点为基点的新实体。就是带有高程的新实体（红色的衬砌体）。

15.5.3　某水电站 3#导流洞立体图直线连接实例

3#导流洞各个单项工程的三维立体图已经绘制结束，现要求将各个单项工程按桩号进行直线连接。

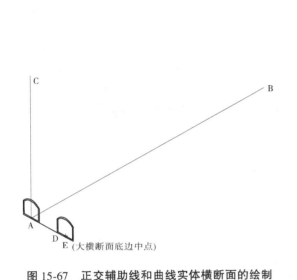

C

B

A

D (大横断面底边中点)

图 15-67　正交辅助线和曲线实体横断面的绘制

说明:图中的衬砌体实际上是曲面体,
本图是将中轴线拉直为直线的结果,
目的是绘制整体的直线连接体。

图 15-68　带有高程的衬砌体

15.5.3.1　在 Excel 中生成展示起点距、高程和生成标注的桩号和高程数据

（1）C 列数据的生成。在 Excel 表格中,复制 C 列数据,可以用 line 命令生成纵、横比例为 1∶1 的纵断面线。C 列数据的生成可以使用公式 = CONCATENATE（A4,",",B4）将 A、B 列合并生成,见图 15-69。

	C4	▼	fx	=CONCATENATE(A4,",",B4)	
	A	B	C	D	E
1				3#导流洞桩号和高程	
2	起点距	底板高程	合　并	桩号	text
3	x	z			text
4	0	367	0,367	0+000	text
5	20	366.949	20,366.949	0+020	text
6	50	366.871	50,366.871	0+050	text
7	120	366.691	120,366.691	0+120	text
8	190	366.511	190,366.511	0+190	text
9	248	366.362	248,366.362	0+248	text
10	430	365.894	430,365.894	0+430	text
11	495	365.726	495,365.726	0+495	text
12	572.14	365.528	572.14,365.528	0+576.14	text
13	768.118	365.024	768.118,365.024	0+768.118	text
14	896	364.695	896,364.695	0+896	text
15	976	364.489	976,364.489	0+976	text
16	1016	364.386	1016,364.386	1+016	text
17	1100	364.17	1100,364.17	1+100	text
18	1256	363.768	1256,363.768	1+256	text
19	1260.483	363.757	1260.483,363.757	1+260.483	text
20	1260.483	363.257	1260.483,363.257	1+260.483	text
21	1360.483	363	1360.483,363	1+360.483	text

图 15-69　3#导流洞的桩号和高程表

（2）展示纵断面线上各点桩号脚本文件数据的生成（D 列）。

表中的 A 列为起点距，B 列为流水中轴线各桩号节点的高程，C 列数据是使用该表数据直接绘制中轴线桩号与高程

D 列为点名（桩号），E 列为 text，表示文本，F 列为文字字高，G 列为标注时文字旋转角度。它们组合后，可以生成脚本文件，激活脚本文件可以自动标注文字。

H 列用公式 = CONCATENATE（……）合并时，一般都会在"函数参数"列表框中填入，单击某列数据生成，各列数据之间全部用 1 个""（空格）相隔，最后一个空格可以填入 2 个，这样可以使标注的第一个文字偏离点位 1 个空格。具体参看图 15-70。

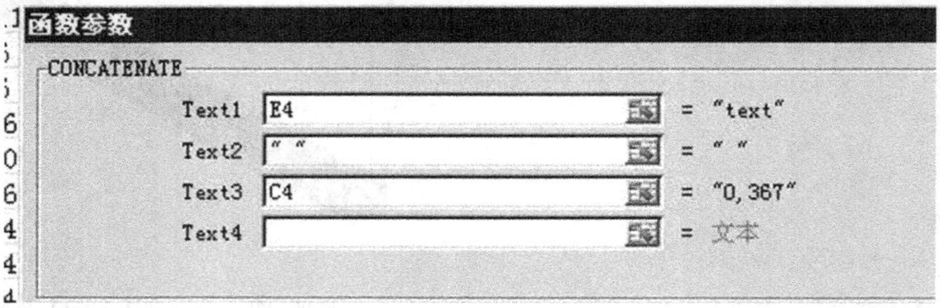

图 15-70　H 列用公式 = CONCATENATE（……）时，各列之间用空格相隔

将 H 列数据复制，打开 Windows 中的"文件/附件/写字板"，选择"所有文件"选项，并保存为后缀为 scr 的脚本文件，见图 15-71。

f_x =CONCATENATE(E4," ",C4," ",F4," ",G4," ",D4)					
C	D	E	F	G	H
	3#导流洞桩号和高程数据				
`合　并	桩号	text	字高	旋转	标注桩号的脚本文件数据
		text			
0, 367	0+000	text	20	270	text 0, 367 20 270　0+000
20, 366. 949	0+020	text	20	270	text 20, 366. 949 20 270　0+020
50, 366. 871	0+050	text	20	270	text 50, 366. 871 20 270　0+050
120, 366. 691	0+120	text	20	270	text 120, 366. 691 20 270　0+120
190, 366. 511	0+190	text	20	270	text 190, 366. 511 20 270　0+190
248, 366. 362	0+248	text	20	270	text 248, 366. 362 20 270　0+248
430, 365. 894	0+430	text	20	270	text 430, 365. 894 20 270　0+430
495, 365. 726	0+495	text	20	270	text 495, 365. 726 20 270　0+495
572. 14, 365. 528	0+576.14	text	20	270	text 572.14, 365. 528 20 270　0+576.14
768. 118, 365. 024	0+768.118	text	20	270	text 768.118, 365. 024 20 270　0+768. 118
896, 364. 695	0+896	text	20	270	text 896, 364. 695 20 270　0+896
976, 364. 489	0+976	text	20	270	text 976, 364. 489 20 270　0+976
1016, 364. 386	1+016	text	20	270	text 1016, 364. 386 20 270　1+016
1100, 364. 17	1+100	text	20	270	text 1100, 364. 17 20 270　1+100
1256, 363. 768	1+256	text	20	270	text 1256, 363. 768 20 270　1+256
1260. 483, 363. 757	1+260.483	text	20	270	text 1260. 483, 363. 757 20 270　1+260. 483
1260. 483, 363. 257	1+260.483	text	20	270	text 1260. 483, 363. 257 20 270　1+260. 483
1360. 483, 363	1+360.483	text	20	270	text 1360. 483, 363 20 270　1+360. 483

图 15-71　标注桩号和标注各点高程的脚本文件数据

（3）创建 I 列展示各点高程脚本文件的数据。

对于纵断面图，除了标注桩号，还应标注各点高程，用生成 H 列数据的方法，生成 I 列数据。I 列数据中，将文字的旋转角度改为 0°，另外 B 列是数字，同样能够展示。

注意：在填入数据时，应在"英文/半角"状态下（包括小数点），否则得到的数据生成的脚本文件不能展示文字，且很难查找出原因。

I 列数据见图 15-72。

（1）将 H 列数据复制到记事本中，选择"所有文件"选项，保存为 3 桩号 1.scr 脚本文件，保存在"我的文档"之中。

（2）将 I 列数据复制到记事本中，选择"所有文件"选项，保存为"3#显高程.scr"脚本文件，保存在"我的文档"之中。

CONCATENATE(E4," ",C4," ",F4," ",0," ",B4)

D	E	F	G	H	I
3#导流洞桩号和高程数据				标注桩号的脚本文件数据	标注高程的脚本文件数据
桩号	text	字高	旋转		
	text				
0+000	text	20	270	text 0，367 20 270 0+000	text 0，367 20 0 367
9	0+020	text	20	270 text 20，366.949 20 270 0+020	text 20，366.949 20 0 366.949
1	0+050	text	20	270 text 50，366.871 20 270 0+050	text 50，366.871 20 0 366.871
91	0+120	text	20	270 text 120，366.691 20 270 0+120	text 120，366.691 20 0 366.691
11	0+190	text	20	270 text 190，366.511 20 270 0+190	text 190，366.511 20 0 366.511
52	0+248	text	20	270 text 248，366.362 20 270 0+248	text 248，366.362 20 0 366.362
94	0+430	text	20	270 text 430，365.894 20 270 0+430	text 430，365.894 20 0 365.894
26	0+495	text	20	270 text 495，365.726 20 270 0+495	text 495，365.726 20 0 365.726
5.528	0+576.14	text	20	270 text 572.14，365.528 20 270 0+576.14	text 572.14，365.528 20 0 365.528
35.024	0+768.118	text	20	270 text 768.118，365.024 20 270 0+768.118	text 768.118，365.024 20 0 365.024
95	0+896	text	20	270 text 896，364.695 20 270 0+896	text 896，364.695 20 0 364.695
39	0+976	text	20	270 text 976，364.489 20 270 0+976	text 976，364.489 20 0 364.489
386	1+016	text	20	270 text 1016，364.386 20 270 1+016	text 1016，364.386 20 0 364.386
17	1+100	text	20	270 text 1100，364.17 20 270 1+100	text 1100，364.17 20 0 364.17
768	1+256	text	20	270 text 1256，363.768 20 270 1+256	text 1256，363.768 20 0 363.768
363.757	1+260.483	text	20	270 text 1260.483，363.757 20 270 1+260.483	text 1260.483，363.757 20 0 363.757
363.257	1+260.483	text	20	270 text 1260.483，363.257 20 270 1+260.483	text 1260.483，363.257 20 0 363.257
363	1+360.483	text	20	270 text 1360.483，363 20 270 1+360.483	text 1360.483，363 20 0 363

图 15-72　展示高程的 I 列数据的生成

15.5.3.2　绘制纵断面线及桩号、高程注记

（1）绘制辅助长方体。

辅助长方体的作用是以其正面为绘制纵断面线的 UCS 平面。

选坐标系 WCS，正交状态，西南等轴测投影，二维线框。

命令：box

指定第一个角点或 ［中心（C）］：200,200,0（保证底面为 0 平面）

指定其他角点或 ［立方体（C）/长度（L）］：l

指定长度：1500

指定宽度：200

指定高度或 ［两点（2P）］：400

长方体绘制结束。然后"炸开"长方体，使各个表面为独立的平面实体。

（2）以长方体正面为参照，绘制坡度中线，标注桩号和高程。

①在正面上建立新的 UCS，使原点位于正面的左下角，长边为 X 轴，高度方向为 Y 轴。

②复制 Excel 中 C 列数据，然后打开 AutoCAD 界面，点击"直线"（line）命令。

命令行提示：line 指定第一点：（点击此处，再右键单击显示复选框，点击"粘贴"）

在 XY 平面上就显示带有坡度的中心线。

③用脚本文件："3 桩号 1.scr"，自动标注坡度中线上各点的桩号。点击"工具/运行脚本"命令，就显示"选择脚本文件"对话框，找到"3 桩号 1.scr"点击，在文件名栏，就显示 3 桩号 1.scr，点击打开，就会展示各点的桩号（文字方向旋转 270°），操作过程见图 15-73。

④选中脚本文件："3#显高程.scr"，自动标注坡度中线上各点的高程。点击"工具/运行脚本"命令，就显示"选择脚本文件"对话框，找到"3#显高程.scr"点击，在文件名栏，就

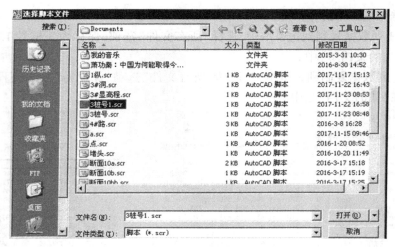

图 15-73　选中脚本文件标注桩号

显示"3#显高程.scr",点击打开,就会展示各点的高程。操作过程与显示桩号相同。

将高程标注的文字高度改为10,并将其向下移动100,得到 *XY* 平面上的坡度中线如图 15-74 所示。

图 15-74　3#导流洞底面坡度中线图

使用脚本文件在坐标点附近标注桩号和高程,是方便规整的方法。

(3)将复制绘制好的 3#导流洞三维立体图复制到坡度中线图文件中。

(4)将圆曲线部分按直线桩号拉直,并按直线段绘制其三维立体图。

本例中圆曲线的参数:直圆点 ZY 桩号:0+572.14,底板高程为:365.528;

圆直点 YZ 桩号:0+768.118,高程为:365.024;

曲线总长为 196.978 ,高差为 0.504。其横断面均同图 15-39 所示。

前一节已经介绍过将曲线部分与直线绘制的过程与方法,这里省略。

(5)用"对齐"命令将各个单项工程以底面坡度线为准,移动到坡度轴线的对应桩号。

在 3#导流洞底面坡度线的每个接头处,向上绘制高 50 的垂直线;其顶点作为"对齐"命令操作时的第三个目标点;接着在每个单项工程图的底面流水中轴线终点也向上绘制 1 条向上高 50 的垂直线,其顶点作为"对齐"命令的第三个源点。

"对齐"命令的第一个源点为各个单项工程的底面流水中轴线的起点,第一个目标点是相应桩号底面坡度线节点;第二个源点为各个单项工程流水中轴线的终点,第二个目标点是相应桩号坡度线节点。

利用对齐命令的具体操作:

点击"修改/ 三维操作 / 对齐"命令:

命令:_align

选择对象：找到 1 个

选择对象：(回车)

指定第一个源点：(点击第一个原始点)

INTERSECT 所选对象太多

指定第一个目标点：(在目标上点击相应的目标点)

指定第二个源点：(点击第二个原始点)

指定第二个目标点：(在目标上点击相应的目标点)

指定第三个源点或 <继续>：(点击第三个原始点)

指定第三个目标点：(点第三个目标点,回车,第一个分项工程就移至流水中轴线上了)

……

以此类推,用同样的方法,可以将 3#导流洞所有分项工程以流水中轴线为目标,顺序连接在一起。

对于曲线部分,由于是按直线部分绘制的,亦可按同样的方法连接在一起。

(6)连接后的检查。

如果绘制过程没有失误,最后得到的直线连接总图理论上应当是无缝连接,但分项工程时取位至毫米,故实际中其误差应在毫米级,可以从上面查找某点的桩号和高程(不包含平面坐标 X、Y)。如果在检查桩号或高程出现大于毫米的误差,证明其绘制或连接过程有误,应及时查找与改正。

对于线性工程,绘制直线连接三维立体图是为了与二维图中的纵断面图对应,可以方便地进行转换。

15.5.4　三维数字模型的制作

所谓三维数字模型,是指三维立体图除具备正确的几何属性外,其图中的任一点还都具备坐标(X、Y、Z)属性,可以通过查询坐标命令,在命令行显示图中任一点的坐标。

某水电站 3#导流洞全部分项工程的三维立体图已经制作完成,现需要将整个导流洞按准确坐标连接,创建三维数字模型。

15.5.4.1　准备工作

(1)计算出每个单项工程中轴线起点、终点的坐标 X、Y 和底板中轴线的高程 Z。将这些数据输入 Excel,在 F 列输入公式=CONCATENATE(D4,",",C4,",",E4),生成绘制各点点位的数据文件,使用时,复制该列数据;在 AutoCAD 中用 point、line、pline 命令均可以绘制批量点的位置,具体见图 15-75。

(2)增加 G 列(text)、H 列(字高)、I 列(旋转角),并在 J 列利用公式：=CONCATE-NATE(G4,"　",F4,"　",H4,"　",I4,"　",B4),生成在测点展示点名的脚本文件数据,具体见图 15-76。

复制该列数据,将其粘贴到 Windows 中"程序/附件/ 记事本"中,选中"所有文件",在"我的文档"文件夹中,保存为"3 立体点名.scr"脚本文件。

(3)在 K 列输入公式：=CONCATENATE(G4,"　",F4,"　",H4,"　",0,"　",E4),生成

	F4	▼	(	f_x	=CONCATENATE(D4,",",C4,",",E4)	
	A	B	C	D	E	F	G

	A	B	C	D	E	F	G
1							
2	起点距	桩号	底板中轴线坐标			复制后直接在AutoCAD中展示点	
3	s	neme	x	y	z	合 并	text
4	0	0+000	7347.883	86169.175	367	86169.175,7347.883,367	text
5	20	0+020	7347.093	86188.593	366.949	86188.593,7347.093,366.949	text
6	50	0+050	7335.909	86217.72	366.871	86217.72,7335.909,366.871	text
7	120	0+120	7319.144	86285.683	366.691	86285.683,7319.144,366.691	text
8	190	0+190	7302.38	86353.646	366.511	86353.646,7302.38,366.511	text
9	248	0+248	7288.25	86410.929	366.362	86410.929,7288.25,366.362	text
10	430	0+430	7244.903	86586.662	365.894	86586.662,7244.903,365.894	text
11	495	0+495	7229.336	86649.77	365.726	86649.77,7229.336,365.726	text
12	572.14	0+576.14	7210.862	86724.665	365.528	86724.665,7210.862,365.528	text
13	768.118	0+768.118	7085.088	86864.706	365.024	86864.706,7085.088,365.024	text
14	896	0+896	6964.918	86908.445	364.695	86908.445,6964.918,364.695	text
15	976	0+976	6889.743	86935.807	364.489	86935.807,6889.743,364.489	text
16	1016	1+016	6852.184	86949.477	364.386	86949.477,6852.184,364.386	text
17	1100	1+100	6773.221	86978.218	364.17	86978.218,6773.221,364.17	text
18	1256	1+256	6626.629	87031.573	363.768	87031.573,6626.629,363.768	text
19	1260.483	1+260.483	6622.417	87033.107	363.757	87033.107,6622.417,363.757	text
20	1260.483	1+260.483	6622.417	87033.107	363.257	87033.107,6622.417,363.257	text
21	1360.483	1+360.483	6528.447	87067.309	363	87067.309,6528.447,363	text

图 15-75　在 F 列生成绘制批量点位的数据

=CONCATENATE(G4,",",F4,",",H4,",",I4,",",B4)			
G	H	I	J

G	H	I	J
			在点的位置显示点名
			生成点名的脚本文件原始数据
text	字高	旋转角	
text	20	270	text 86169.175,7347.883,367 20 270 0+000
text	20	270	text 86188.593,7347.093,366.949 20 270 0+020
text	20	270	text 86217.72,7335.909,366.871 20 270 0+050
text	20	270	text 86285.683,7319.144,366.691 20 270 0+120
text	20	270	text 86353.646,7302.38,366.511 20 270 0+190
text	20	270	text 86410.929,7288.25,366.362 20 270 0+248
text	20	270	text 86586.662,7244.903,365.894 20 270 0+430
text	20	270	text 86649.77,7229.336,365.726 20 270 0+495
text	20	270	text 86724.665,7210.862,365.528 20 270 0+576.14
text	20	270	text 86864.706,7085.088,365.024 20 270 0+768.118
text	20	270	text 86908.445,6964.918,364.695 20 270 0+896
text	20	270	text 86935.807,6889.743,364.489 20 270 0+976
text	20	270	text 86949.477,6852.184,364.386 20 270 1+016
text	20	270	text 86978.218,6773.221,364.17 20 270 1+100
text	20	270	text 87031.573,6626.629,363.768 20 270 1+256
text	20	270	text 87033.107,6622.417,363.757 20 270 1+260.483
text	20	270	text 87033.107,6622.417,363.257 20 270 1+260.483
text	20	270	text 87067.309,6528.447,363 20 270 1+360.483

图 15-76　在 J 列生成点名的脚本文件数据

在测点展示点名的脚本文件数据,具体见图 15-77。

（4）复制该列数据,将其粘贴到 Windows 中"程序"/"附件"/"记事本"中,选中"所有文件",在"我的文档"文件夹中,保存为"3 立体高程.scr"脚本文件。

实际操作如下：在 Excel 中选中 K 列数据(不包含表头),单击右键,仅复制数据。

在 Windows 界面中点击"程序"/"附件"/"记事本",将复制的 K 列数据粘贴至记事本中,然后点击"文件、保存",如图 15-78、图 15-79 所示。

| K4 | ▼ | f_x | =CONCATENATE(G4," ",F4," ",H4," ",0," ",E4) |

J	K
在点的位置显示点名 生成点名的脚本文件原始数据	在点的位置显示高程 生成点的高程脚本文件原始数据
text 86169.175,7347.883,367 20 270 0+000	text 86169.175,7347.883,367 20 0 367
text 86188.593,7347.093,366.949 20 270 0+020	text 86188.593,7347.093,366.949 20 0 366.949
text 86217.72,7335.909,366.871 20 270 0+050	text 86217.72,7335.909,366.871 20 0 366.871
text 86285.683,7319.144,366.691 20 270 0+120	text 86285.683,7319.144,366.691 20 0 366.691
text 86353.646,7302.38,366.511 20 270 0+190	text 86353.646,7302.38,366.511 20 0 366.511
text 86410.929,7288.25,366.362 20 270 0+248	text 86410.929,7288.25,366.362 20 0 366.362
text 86586.662,7244.903,365.894 20 270 0+430	text 86586.662,7244.903,365.894 20 0 365.894
text 86649.77,7229.336,365.726 20 270 0+495	text 86649.77,7229.336,365.726 20 0 365.726
text 86724.665,7210.862,365.528 20 270 0+576.14	text 86724.665,7210.862,365.528 20 0 365.528
text 86864.706,7085.088,365.024 20 270 0+768.118	text 86864.706,7085.088,365.024 20 0 365.024
text 86908.445,6964.918,364.695 20 270 0+896	text 86908.445,6964.918,364.695 20 0 364.695
text 86935.807,6889.743,364.489 20 270 0+976	text 86935.807,6889.743,364.489 20 0 364.489
text 86949.477,6852.184,364.386 20 270 1+016	text 86949.477,6852.184,364.386 20 0 364.386
text 86978.218,6773.221,364.17 20 270 1+100	text 86978.218,6773.221,364.17 20 0 364.17
text 87031.573,6626.629,363.768 20 270 1+095	text 87031.573,6626.629,363.768 20 0 363.768
text 87033.107,6622.417,363.757 20 270 1+260.483	text 87033.107,6622.417,363.757 20 0 363.757
text 87033.107,6622.417,363.257 20 270 1+260.483	text 87033.107,6622.417,363.257 20 0 363.257
text 87067.309,6528.447,363 20 270 1+360.483	text 87067.309,6528.447,363 20 0 363

图 15-77　复制 K 列数据

图 15-78　将数据粘贴至记事本,并点击保存

15.5.4.2　批量绘制 3#导流洞立体点位、坡度轴线、展示桩号和高程

1.绘制 3#导流洞三维立体底板坡度线

复制 Excel 中的 F 列数据,在 AutoCAD 界面中,选择二维线框、世界坐标系(WCS),西南等轴测。

点击"直线"(line)命令。命令行提示:line 指定第一点:(点击激活,光标闪烁)单击右键,点击"粘贴"。

在黑色屏幕上就会自动批量绘制出三维多段直线。(底面中轴坡度线)

图 15-79　保存为"名称 .scr"脚本文件

2.展示各节点桩号(点名)

在 AutoCAD 界面下,点击"工具/运行脚本"命令,在屏幕上会显示如图 15-80 的界面。

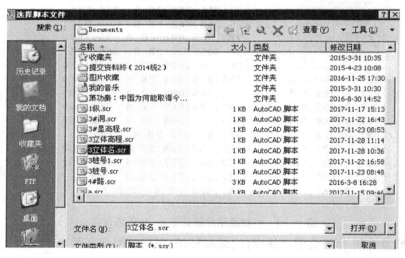

图 15-80　运行脚本文件"3 立体名.scr"

点击"打开"按钮,就会自动在三维直线的节点处显示桩号名(字体旋转 270°)。

3.展示各节点高程

用同样的方法打开脚本文件"3 立体高程.scr"就自动在各节点附近展示各点高程。

使用脚本文件不仅适用于展示二维点名和高程,亦可展示三维点的名称与高程,不过需要注意的是,在文字格式上应当选择国标工程字,否则有时会显示"??"号,表示 Auto-CAD 中缺少该文字的字库。

全部绘制结束后的结果见图 15-81。本图是建立三维数字模型的基准。

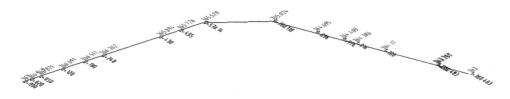

图 15-81 批量绘制三维点连线、点名和高程的结果

可以用"查询工具栏"中的"定位点"命令查询图中各点的平面坐标和高程,查询时应当注意,采用世界坐标系(WCS)作为测量坐标系时,命令行提示的 Y 坐标是工程测量坐标系中的 X 坐标,X 坐标是工程测量坐标系中的 Y 坐标。

15.5.4.3 三维数字模型的制作

对于一个项目的各个分项工程,三维立体图往往是多人分别绘制的。在连接时,需要将各个分项工程的三维立体图复制到图 15-82 所在图框中,再进行连接。其过程如下:

(1)准备工作。

①复制各个分项工程的三维立体图,使用"带基点复制"命令,至"3#底层坡度中轴线"文件。

②建立各个分项工程的图层。为了以后的应用,将每个单项工程的三维立体图设 1 个图层,例如本例中可以设置进口、…、竖井、…、堵头、…、曲线段、…、终点、出口闸室等图层。

③分别在"3#底层坡度中轴线"节点上和各个分项工程的起、终点绘制长 50 的垂直线,作为使用"对齐"命令时,第 3 个源点和第 3 个目标点。

④将已经标注的桩号、高程分别设为桩号层、高程层,并分别对桩号、高程标注的位置、字体大小、旋转角度进行调整。调整的原则是:标注不应被对齐后三维立体图遮挡、桩号标注方向应垂直于底板中轴线、高程标注应平行于底板中轴线。

(2)使用对齐命令,将各个单项工程移至相对应的底板中轴线位置。

①单项工程三维数字模型的制作。"对齐"在"修改"菜单中,点击"修改/三维操作/对齐"即可激活此命令。当然也可使用"三维对齐"命令但"三维对齐"命令没有"对齐"命令直观、好用。

以下以进口段为例,将进口段三维立体图通过"对齐"命令,移至底板中轴线上,建立其三维数字模型的方法,操作过程见图 15-82、图 15-83。

图 15-82 中左上角图为进口的三维立体图,带有三维坐标 X、Y、Z 的底板中轴线 0+000~0+020 为进口段应当对齐的三维直线段,首先在 0+000 处向上方绘制长度为 50 的垂直线(红色),同样在进口段的三维立体图中绘制出其底板坡度中轴线及向上的长度为 50 的垂直线。操作如下:

点击"修改 / 三维操作 /对齐"命令,激活该命令。

命令行提示:

命令:_align

选择对象：找到 1 个(点击单项工程进口段的三维立体图)

选择对象：(回车)

指定第一个源点：(点击进口段三维立体图底板进口流水中轴线起点(进门中点))

指定第一个目标点：(点击坡度中轴线起点 0+000 处)

指定第二个源点：(点击进口段三维立体图流水中轴线终点)

指定第二个目标点：(点击坡度中轴线 0+020 点)

指定第三个源点或 <继续>：(点击进口段三维立体图进口处垂直线顶点)

指定第三个目标点：(点击坡度中轴线起点垂直线顶点)

进口段三维立体图就准确地移至坡度中轴线上，如图 15-83 所示。

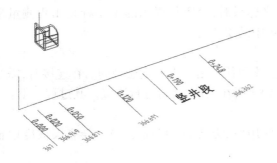
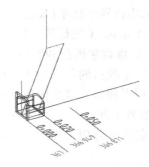

图 15-82　将进口段三维立体图　　　　　图 15-83　"对齐"命令将进口段三维立体图
对准底板中轴线　　　　　　　　　移至 3#导流洞底板坡度中轴线上

因底板流水中轴线带有 X、Y、Z 坐标，对齐了该两点，又对齐了其垂直线的顶点，也就是保证了进口段的一个面与 WCS 坐标系发生了直接的对应关系，故进口段上所有点都具备了三维坐标属性。

②按照同样的方法，将 3#导流洞的所有单项工程都对齐其底板流水中轴线，就得到了 3#导流洞整体的三维数字模型，具体见图 15-84。

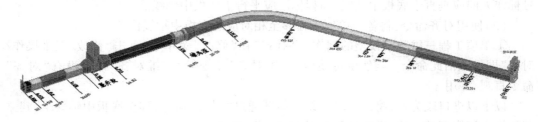

图 15-84　某水电站 3#导流洞的三维数字模型

15.5.4.4　小结

三维数字模型包含大量的信息，制作起来也比较烦琐，在初次制作完成后，应在图上标注依据的设计图号及日期。当设计单位进行设计变更时，应当及时对模型进行修改，并将修改的依据和日期进行标注。

三维数字模型应保存在不同的计算机中，并拷贝 2 份存档保存。

第16章 立体图在工程中的应用

根据采用的基准不同,可以将三维立体图分为如下三类:

(1)以正交的参照物为基准绘制的三维立体工程图。

开始绘制单项工程的三维立体图时,都是选择在正交模式下,先绘制适当的长方体或者正交的直线作为参照。绘制时能够充分利用正交和参照面,不仅使绘制过程简单化,也便于进行纵横断面的剖切,尺寸和文字的标注。但其缺陷是:不带有工程坐标 X、Y、Z 属性,相邻三维实体图连接时,依据 3 个对应点为基准,对于较长的线性工程,连接后会产生累计误差。

(2)以工程连续桩号和底板水流中轴线为基准的直线型三维立体图。

考虑到控制工程规格和进度的需要,并参照二维工程纵断面图绘制过程,我们设想将工程的曲线部分伸展为直线的方法,绘制出直线形三维立体连接图。直线形三维立体连接图以线性工程底板中轴线(或坡度中轴线)的桩号和高程为基准(其中的 0+000 桩号点,应设为固定值,例如 200,200 和准确高程值 Z)。用"剖切"命令得到纵、横断面图可以直接用三视图直观表示。图上各点具有桩号和高程属性,将 UCS 坐标系的 $(0, Z)$ 定在 0+000 处,可以直接用查询命令进行查询,其精度可以满足毫米的要求。

(3)以工程测量坐标系 X、Y、Z 为基准的三维数字模型。

严格按照三维工程坐标 X、Y、Z 绘制出工程底板中轴线(坡度中轴线),并以此为基准,使用"对齐"(三维对齐)命令创建的三维实体,各点都具有 X、Y、Z 坐标属性,可以作为实用的数据库对工程的位置和规格进行查询,并对测量成果进行检验。使用得当,可以成为工程测量人员的有力工具。

16.1 单项工程的三维立体图的应用

在工程建设中,技术人员对工程的管理包括投资管理、进度管理和质量管理。对于结构简单的工程,常规的二维图已经可以满足现场的需要,但是对于结构复杂的工程,就需要使用三维立体图。以下以某导流洞进口段的施工图为实例,介绍其施工图的绘制方法。

16.1.1 创建复杂单体工程结构尺寸图

一般在表示单项工程结构时都采用三视图(正视图、俯视图和侧视图)表示,对于较为复杂的工程,有时还需要加上断面图和剖面图,这些图纸都是二维的。随着 AutoCAD 绘制工程的三维立体图,目前的工程结构图一般由二维的三视图和三维立体图表示,在需要增加断面和剖面图时,也会根据需要增加三维的剖面图。以下以导流洞进口的结构尺寸图为例,介绍目前常用的工程结构尺寸图。

该导流洞进口段顶板中线为 1/4 椭圆的一部分,顶板有 -0.664 6% 的坡度。设计图纸不能细致表示其结构的细节,故绘制了该段的直线连接三维立体图和三维数字模型,以此为基础绘制了供施工、监理和测量技术人员需要的施工用图。

采用 14.5.3 部分或 13.1.2 部分的方法将其三维立体图转换为二维的正视图、俯视图、左视图。

采用 14.5.3 部分的方法如下:

(1)导流洞进口的顶部曲线为 1/4 的 $\dfrac{x^2}{20^2}+\dfrac{y^2}{5^2}=1$ 的椭圆线,绘制该三维立体图时,选择底面的高程为 0,即底面位于 XY 平面上,且放置在与坐标轴平行或正交的位置。可以利用"设置视图"命令生成标准的三视图(影视图)。

(2)再利用"设置图形"命令,将三视图的影视图转为线框图。

采用 13.1.2 部分的方法如下:

(1)在正交模式下,在合适位置复制 4 个三维立体图。

(2)通过旋转,将其分别设为当俯视时,为正视图、俯视图和左视图。

(3)用"平面摄影"命令,将其转换为线框图,再进行修饰后成为二维的三视图。

在线框图上标注尺寸和说明,并加上三维立体图,便得到需要的工程机构图。

利用布局设置多个视口,加上图框得到标准的工程结构尺寸图。具体见图 16-5"导流洞进口段施工图 1—进口段三维图及立体图"。

16.1.2　利用三维立体图截切工程断面图的方法

较复杂的单项工程,其横断面往往是随着桩号的变化而变化的,这时可使用"截切"(section)命令,得到各个桩号的横断面,移出在合适位置排列,并在布局中统一显示,便得到各个桩号的横断面图。

使用"截切"命令时,需要用 3 点确定截切面。在操作时一般预先绘制辅助的桩号正交线图,将其复制到实体的中轴线上。在应用"截切""剖切"等命令时,可以快速确定某桩号截切面上的 3 点。具体如图 16-1 所示。

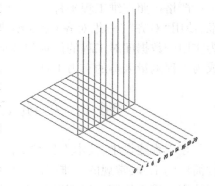

图 16-1　用于确定截切面的
辅助桩号正交线图

对各个断面进行尺寸标注后,便得到各个横断面标准图。横断面图是地下工程控制质量的基本工具,可以通过开挖后的实测断面图与之比较,得到超挖、欠挖的位置和工程量。图 16-2 是导流洞进口段每相隔 2 m 的横断面图。

将此图在布局里通过"俯视""正视""左视"命令,变为断面的正视图,并标注尺寸,便得到导流洞进口段每相隔 2 m 的横断面图。

16.1.3　利用三维立体图确定工程量的方法

大型工程每天都需要向上级报告当天完成的工程量,以控制工程施工的进度。在使

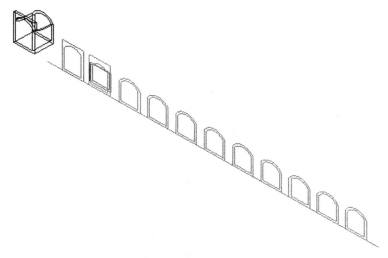

图 16-2 导流洞进口段每相隔 2 m 的横断面图

用二维图时,往往上报的是当天的进尺,其精确的工程量一般都是粗算的数值。如果绘制有工程的三维立体图,就可以根据进尺得到准确的工程量值。其方法是用"剖切"命令将三维实体按桩号分割为多块,再使用"查询/面域/质量特性",分别查询出每块工程量,具体见图 16-3 。

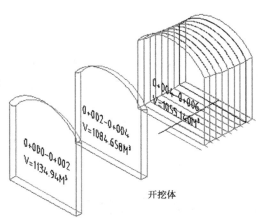

开挖体

图 16-3 导流洞进口段开挖体分段工程量图

对于地下工程,还有一个重要的工程量指标,就是衬砌体的进尺混凝土工程量。需要根据衬砌体的三维立体图,采用"剖切"命令分段切割为多个实体,仍用"剖切"命令分块,用"面域/质量特性"命令查询,其过程与方法同上,这里省略。

16.1.4 用三维数字模型查询复杂工程的节点坐标

对于结构复杂的工程项目,需要计算出其特征点的三维坐标 X、Y、Z 坐标,其计算过程较为烦琐。对于像导流洞进口这样的工程项目,其顶板中线为椭圆的一部分,没有明显的节点。可以采用前几节的方法,用"剖切"或"截切"(section)命令,在三维数字模型上标出每相隔 2 m 的断面图,再用"查询/定位点"命令,查询出断面上各点的坐标。具体请参阅图 16-4 。

三维立体模型

图 16-4　在三维数字模型上查询各个节点的三维坐标

说明:在三维数字模型上查询坐标之前,应首先将坐标系统转为世界坐标系(WCS),且查询的坐标 X 实际是工程坐标系的 Y 坐标,Y 坐标实际上是工程坐标系的 X 坐标。

点击"查询工具栏"中的"定位点"命令,分别点击 0+000 桩号衬砌后的 4 个角,命令行提示结果如下:

指定 UCS 的原点或［面(F)/命名(NA)/对象(OB)/上一个(P)/视图(V)/世界(W)/X/Y/Z/Z 轴(ZA)］<世界>: _w

命令:_id 指定点:　　X=85 944.786 5　　Y=7 517.558 9　　Z=365.000 0

命令:_id 指定点:　　X=85 939.517 5　　Y=7 496.199 1　　Z=365.000 0

命令:_id 指定点:　　X=85 944.786 8　　Y=7 517.558 8　　Z=394.000 0

命令:_id 指定点:　　X=85 939.517 8　　Y=7 496.199 1　　Z=394.000 0

……

将这 4 点的 X 坐标记录为 y,Y 坐标记录为 x,Z 坐标不变,便得到该 4 点的工程坐标系坐标。将导流洞所有桩号的节点坐标记录并列表保存,即得到导流洞所有节点的工程坐标系坐标。其实例见 16.2 节中的工程施工图:导流洞各桩号节点坐标。

16.2　三维立体图在导流洞进口段应用实例

为了表示结构复杂的单项工程的内部结构和尺寸,除了绘制三视图和立体图,往往需要绘制其剖切面和横断面图。在 AutoCAD 中,利用三维立体图绘制剖切面和横断面的命令有"剖切""截切"(section)和"截面平面"(sectionplane)"三个命令。它们的功能区别如下:

(1)剖切(slice)。其功能是通过剖切选定的实体来创建新的实体。它的图标 ，准确地表示了该命令的含义,就是拿刀子将实体切开,形成两个新的实体。它往往用于将实体剖切开来查看实体的内部结构。

(2)截切(section)。其功能是指定截切面与实体相交,在截切位置生成横断面,并被放置在当前图层上。截切命令并不改变原来的实体,只在截切位置生成横断面,且横断面可以移出或复制。

（3）截面平面（sectionplane）。它使用一个透明的截切平面与三维实体相交,生成一个活动截面。激活活动截面后可以在静止状态或在三维模型中移动查看模型的内部细节。

截面平面命令的功能较多,但应用过程复杂,且截切平面命令对 AutoCAD 显界面上的所有实体有效。因此,最好用于单个实体,以免在显示界面上形成多个实体的截切面。

以下的实例是溪洛渡水电站 1#导流洞进口段施工中,测量监理用三维立体图、三维数字模型绘制控制施工过程的工程量、进度和质量的施工图(见图 16-5~图 16-9)。其中,图 16-9 是采用进口段衬砌体三维数字模型,用剖切方法得到的每相隔 2 m 的横断面各角点三维坐标。

2005 年,我们绘制导流洞三维立体图时,工程施工图全部使用传统二维平面图绘制。当时考虑三维立体图在工程施工中的应用,其思路是部分替代二维施工图。对于三维图的新应用,是按照监理的基本职能,对工程三控制—投资(工程量)、进度和质量控制的要求,新增加了以下 5 类施工用图。

第一幅(图 16-5):标有尺寸的标准三视图(俯视、正视、左视)和三维立体图。能够清晰、直观地了解进口段的结构和尺寸。

第二幅(图 16-6):进口段的开挖和衬砌断面的结构尺寸,用于检查和控制开挖隧道断面的尺寸;在衬砌前控制断面混凝土模板断面的规格和尺寸。

第三幅(图 16-7):按照准确的结构尺寸施工时,进口段每相隔 2 m 的开挖工程量及累计工程量,可以作为完成工程量的依据。

第四幅(图 16-8):进口段衬砌体每相隔 2 m 的混凝土方量及累计方量,可以作为混凝土衬砌施工所需方量及完成方量的依据。

第五幅(图 16-9):进口段各桩号横断面角点坐标汇总。本图必须在三维数字模型下制作并查询。由于进口段顶板中线为椭圆,用手工计算的方法求得某一个桩号横断面角点坐标是很烦琐的。但绘制了三维立体图并转换为三维立体模型后,采用剖切的方法,就可以通过"定位点"命令查询多个角点的三维坐标。本图中,桩号−A、B、C、D 点坐标,是某桩号开挖体横断面的 4 个角点的 X、Y、Z 坐标。例如 0+012A 的 X、Y、Z,就是 0+012 桩号横断面底板左下角点的平面坐标 XY 和高程 Z。

桩号—a、b、c、d 点坐标是衬砌后留空体断面 4 个角点,其坐标也列在表中,可以用于检查衬砌后的模板的超欠量。

用三维数字模型查询各点的坐标对于实体的特征点是比较准确的,但对于剖切得到的断面角点,其精度是绘图过程的累计值,请注意检查。

需要说明的是,使用三维立体图绘制施工图,并不排斥原来的二维工程图。历史上基本上都是用二维图作为设计和施工用图。实际上二维工程图也有了很大的发展和进步。例如水电六局和葛洲坝工程界绘制的二维平面设计综合汇总图,就汇总了导流洞所有平面图、断面图和剖面图的所有基本信息,成为我们绘制三维立体图的参考。它的绘图理念就突破了传统的正视图、俯视图和侧视图不能绘制在同一幅图上的理念。

目前三维立体图已经广泛在工程建设中应用,在白鹤滩水电站施工中,业主已要求工程量的计算以三维立体图为准。

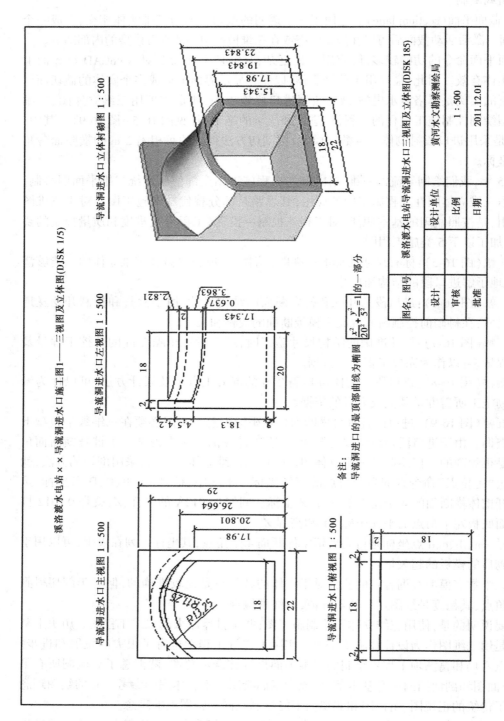

溪洛渡水电站××导流洞进水口施工图1——三视图及立体图(DJSK 1/5)

导流洞进水口立体砌图 1:500

导流洞进水口左视图 1:500

导流洞进水口主视图 1:500

导流洞进水口俯视图 1:500

备注：

导流洞进口的最顶部曲线为椭圆 $\boxed{\dfrac{x^2}{20^2}+\dfrac{y^2}{5^2}=1}$ 的一部分

图名、图号	溪洛渡水电站导流洞进水口三视图及立体图(DJSK 185)		
设计	设计单位	黄河水文勘察测绘局	
审核	比例	1:500	
批准	日期	2011.12.01	

图 16-5 导流洞进口段施工图1——进口段三维图及立体图

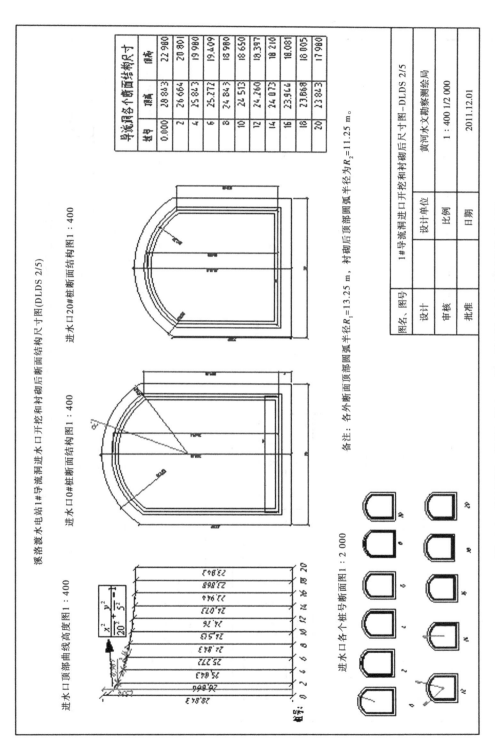

溪洛渡水电站1#导流洞进水口开挖和衬砌后断面结构尺寸图(DLDS 2/5)

进水口0#桩断面结构图1：400

进水口20#桩断面结构图1：400

进水口顶部曲线高度图1：400

进水口各个桩号断面图1：2 000

$$\frac{x^2}{20^2}+\frac{y^2}{5^2}=1$$

导流洞各个断面结构尺寸		
桩号	顶高	底高
0.000	28.883	22.980
2	26.664	20.301
4	25.843	19.980
6	25.272	19.409
8	24.843	18.980
10	24.513	18.650
12	24.260	18.397
14	24.073	18.210
16	23.944	18.081
18	23.868	18.005
20	23.843	17.980

备注：各外断面顶部顶部圆弧半径 $R_1=13.25$ m，衬砌后顶部圆弧半径为 $R_2=11.25$ m。

图名、图号	1#导流洞进口开挖和衬砌后尺寸图-DLDS 2/5	
设计	设计单位	黄河水文勘察测绘局
审核	比例	1：400 1/2 000
批准	日期	2011.12.01

图 16-6　导流洞进口段施工图 2——进口段开挖衬砌断面结构尺寸图

溪洛渡水电站×号导流洞进水口施工图3——桩号间开挖方量值及累计值(DJSK 3/5)

0+000～0+020分段开挖方量值及累计方量图1:500

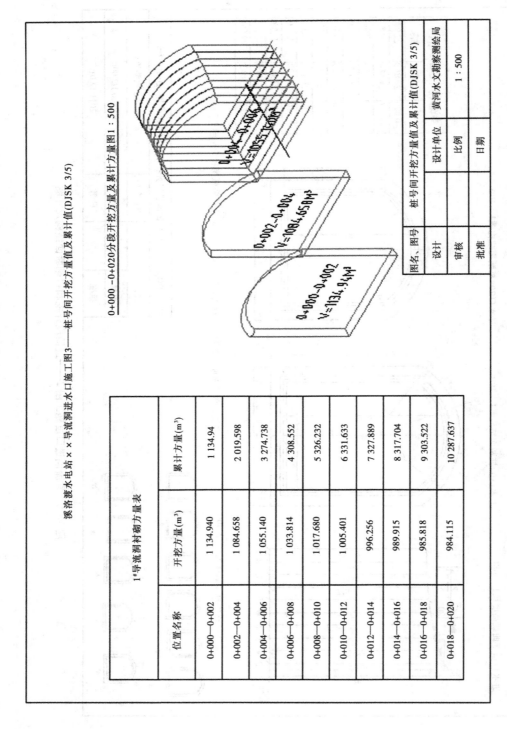

1#导流洞衬砌方量表

位置名称	开挖方量(m³)	累计方量(m³)
0+000—0+002	1 134.940	1 134.94
0+002—0+004	1 084.658	2 019.598
0+004—0+006	1 055.140	3 274.738
0+006—0+008	1 033.814	4 308.552
0+008—0+010	1 017.680	5 326.232
0+010—0+012	1 005.401	6 331.633
0+012—0+014	996.256	7 327.889
0+014—0+016	989.915	8 317.704
0+016—0+018	985.818	9 303.522
0+018—0+020	984.115	10 287.637

图名、图号	桩号间开挖方量值及累计值(DJSK 3/5)	
设计	设计单位	黄河水文勘察测绘局
审核	比例	1:500
批准	日期	

图16-7 导流洞进口段施工图3——进口段每隔2 m开挖方量及累计值

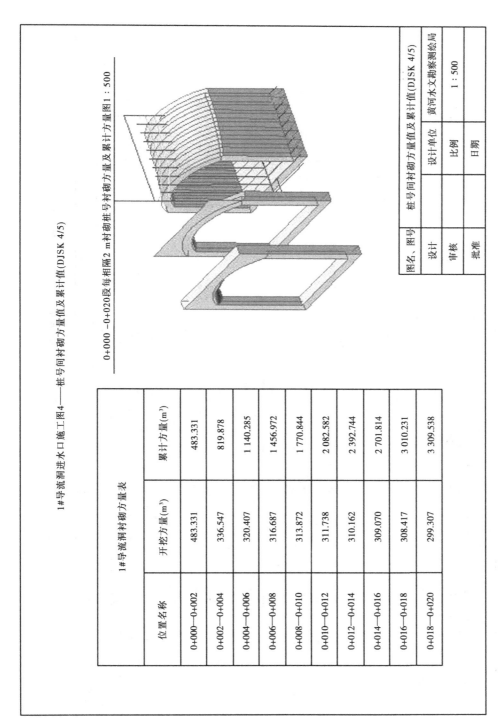

1#导流洞进水口施工图4——桩号间衬砌方量值及累计值(DJSK 4/5)

0+000~0+020段每相隔2 m衬砌桩号衬砌方量及累计方量图1：500

1#导流洞衬砌方量表

位置名称	开挖方量(m³)	累计方量(m³)
0+000—0+002	483.331	483.331
0+002—0+004	336.547	819.878
0+004—0+006	320.407	1 140.285
0+006—0+008	316.687	1 456.972
0+008—0+010	313.872	1 770.844
0+010—0+012	311.738	2 082.582
0+012—0+014	310.162	2 392.744
0+014—0+016	309.070	2 701.814
0+016—0+018	308.417	3 010.231
0+018—0+020	299.307	3 309.538

图名、图号	桩号间衬砌方量值及累计值(DJSK 4/5)	
设计	设计单位	黄河水文勘察测绘局
审核	比例	1：500
批准	日期	

图 16-8 导流洞进口段施工图 4——进口段衬砌体每相隔 2 m 衬砌混凝土方量及累计

1#导流洞施工图之5——进口段各桩号横断面角点坐标（DJSK 5/5）

导流洞特征点坐标表

点名	X	Y	Z	点名	X	Y	Z
0+000A	7486.899	85950.511	365.000	0+000a	7498.161	85939.997	367.011
0+000B	7486.899	85950.511	374.000	0+000b	7498.161	85950.997	387.348
0+000C	7517.559	85944.782	374.000	0+000c	7515.617	85944.308	387.348
0+000D	7517.559	85944.786	365.000	0+000d	7515.617	85944.307	367.011
0+002A	7495.221	85941.459	364.987	0+002a	7497.662	85941.938	366.987
0+002B	7495.221	85941.459	359.111	0+002b	7497.662	85941.938	385.165
0+002C	7517.080	85946.728	385.111	0+002c	7515.180	85946.249	385.165
0+002D	7517.113	85942.728	364.988	0+002d	7515.180	85946.249	366.987
0+004A	7495.244	85943.388	363.973	0+004a	7497.483	85943.111	364.973
0+004B	7495.244	85943.388	384.944	0+004b	7497.155	85943.992	384.389
0+004C	7516.572	85948.786	384.944	0+004c	7514.632	85948.383	384.389
0+004D	7516.684	85948.657	364.973	0+004d	7514.653	85948.191	366.973
0+006A	7497.165	85945.330	364.960	0+006a	7496.704	85945.122	366.960
0+006B	7494.734	85945.455	384.387	0+006b	7496.677	85945.938	383.752
0+006C	7516.894	85950.724	384.387	0+006c	7514.153	85950.241	383.752
0+006D	7516.125	85951.569	364.960	0+006d	7514.180	85950.189	366.960
0+008A	7494.286	85947.211	364.947	0+008a	7496.225	85947.263	366.947
0+008B	7494.256	85941.304	383.968	0+008b	7496.199	85947.868	383.332
0+008C	7515.616	85952.663	383.968	0+008c	7513.675	85952.180	383.332
0+008D	7515.646	85952.546	364.947	0+008d	7513.701	85952.074	366.947
0+010A	7493.881	85949.313	364.934	0+010a	7495.146	85949.215	366.934
0+010B	7493.831	85949.334	383.645	0+010b	7495.720	85949.819	383.009
0+010C	7515.137	85954.603	383.645	0+010c	7513.197	85954.120	383.009
0+010D	7515.167	85954.482	364.934	0+010d	7513.222	85954.016	366.934
0+012A	7493.328	85951.155	364.920	0+012a	7495.267	85951.647	366.921
0+012B	7493.299	85951.274	383.369	0+012b	7495.242	85951.749	382.763
0+012C	7515.659	85956.543	383.369	0+012c	7512.718	85956.061	382.763
0+012D	7514.688	85956.424	364.920	0+012d	7512.743	85955.951	366.921
0+014A	7492.849	85953.097	364.907	0+014a	7494.788	85953.588	366.907
0+014B	7492.821	85953.215	383.311	0+014b	7494.763	85953.691	382.582
0+014C	7514.180	85958.484	383.311	0+014c	7512.239	85951.801	382.582
0+014D	7514.209	85951.366	364.907	0+014d	7512.264	85957.888	366.907
0+016A	7492.371	85955.088	364.894	0+016a	7494.309	85955.531	366.894
0+016B	7492.342	85955.156	383.094	0+016b	7494.284	85955.631	382.458
0+016C	7513.701	85960.425	383.094	0+016c	7511.760	85959.943	382.458
0+016D	7513.730	85951.307	364.894	0+016d	7511.785	85959.841	366.894
0+018A	7491.892	85956.980	364.880	0+018a	7493.830	85951.472	366.881
0+018B	7491.863	85951.097	383.824	0+018b	7493.805	85957.572	382.312
0+018C	7513.222	85962.366	383.824	0+018c	7511.282	85961.883	382.312
0+018D	7513.251	85962.249	364.880	0+018d	7511.306	85961.782	366.881
0+020A	7491.409	85951.935	364.867	0+020a	7493.351	85959.414	366.867
0+020B	7491.409	85951.936	383.804	0+020b	7493.355	85959.399	382.362
0+020C	7512.769	85964.205	383.804	0+020c	7510.877	85963.726	382.362
0+020D	7512.769	85964.204	364.867	0+020d	7510.877	85963.725	366.867

各点在断面图中位置

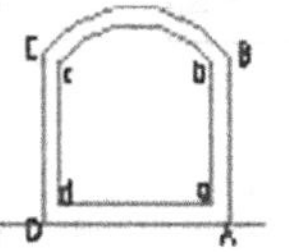

各桩号点的位置图

1#导流洞进口段
各个桩号断面剖面图1：500

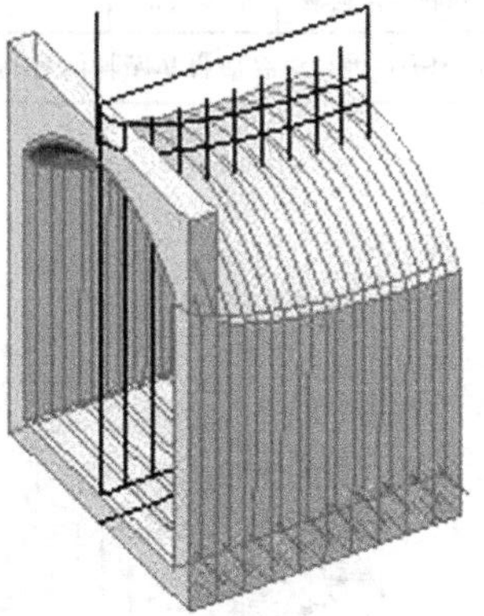

说明：
本图的坐标是用“定位点”命令三维数字模型中查询得到的。其中有些点有明显的误差，这些误差是在绘图过程中的各种误差积累的，本图没有进行校正，其原因是提醒使用此方法的同志注意绘图时的精确和检查校正。

图名、图号	1#导流进口段各桩号横断面角点坐标（DJSK 5/5）		
设计		设计单位	黄河水文勘察测绘局
审核		比例	1：500
批准		日期	

图 16-9　导流洞进口段施工图 5——进口段各桩号横断面角点坐标汇总

16.3 整体直线形三维立体图的应用

整体直线形三维立体图,是以工程轴线桩号和高程为基准将各个单项工程连接起来的(其曲线部分也伸展为直线)。其主要应用如下:

(1)实际上整体直线形三维立体图就是按正交状态连接三维立体图的图库,可以从中查询其任意点的高程和桩号。

(2)转换为二维的标准三视图(正视、俯视、左视)。从整体直线形立体图中复制得到的单项工程三维立体图,都是以中轴线为 X 方向的。

用"设置视图(SOLRVIEW)"命令生成三视图,并用"设置图形"命令,对三视图图形进行编辑,得到标准的三视图。亦可采用下述步骤将三维立体图转换为二维的三视图:

①在正交模式下,在合适位置复制 4 个三维立体图;

②通过旋转,将其分别摆设为当俯视时,为正视图、俯视图和左视图;

③用"平面摄影"命令,将其转换为线框图,再进行修饰后成为二维的三视图。

(3)转换为工程的纵断面图。将直线形三维立体图转为正视图,就是工程的纵剖面图。

(4)动态观察工程内部结构,对于复杂结构物,在整体图上无法看清其内部结构,可以采取将这部分结构从总图上复制下来,然后利用 CAD 的"三维动态显示"功能,对结构物进行旋转,从而了解这个结构的内部情况和尺寸。

通过"视图"命令下的"动态观察"三个命令之一,观察单项工程的内部结构,如图 16-10 所示。

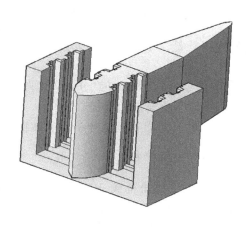

图 16-10　导流洞竖井段底层结构图

(5)查询工程量。复杂结构物一般都由混凝土或钢材构成,单价较高,准确计算其工程量,是投资控制的基本内容。过去对于结构复杂的建筑物,一般采用切断面的方法,首先在平面图上给出轴线,利用 CASS 软件切图得到相距一定距离的断面图,计算出每个断面的面积,按梯形公式计算其工程量,这样不仅费时费力,而且得出的工程量不大准确。

尤其是在导流洞工程中,有椭圆、抛物线、圆等几何形态通过旋转得到的复杂旋转实体,各个实体之间又有曲线连续的相联,用剖切断面的方法,只能由有限的断面计算,每个断面的面积也不尽准确,因此得出的总方量也不准确。

但是,如果准确绘制出该结构的三维立体图,只要利用它的查询功能,就可以准确计算出它的工程量。目前已经绘出 2#导流洞和 4#导流洞的三维立体数字图,因此只要点击"查询/体积"命令,选中导流洞的任何部位,都可以快速、准确地显示出计算工程量的结果和其他有关参数。

16.4　整体三维数字模型的应用

整体三维数字模型是在整体直线三维立体图的基础上制作的,直线形三维立体图所具有的功能三维数字模型也基本具备。因其带有三维坐标功能,其应用更为广泛。

16.4.1　可以作为设计图库使用

在大型工程中,设计图的数量非常之多,以至于各个单位都有专职的信息员保管设计图纸。尽管如此,技术人员查找设计图仍然比较麻烦。三维立体数字模型包含了设计图的基本信息,尺寸准确,且具有 X、Y、Z 立体坐标,如果在三维数字模型上加上标注和设计说明,就成为设计数据信息库。用户可在三维数字模型中迅速得到设计的信息资料,大大提高查图效率。

在工程建设的过程中,往往会进行某个工程的设计修改,对于三维数字模型,也应当及时依据修改设计图进行修改,并标注修改的依据及日期。

16.4.2　利用三维数字模型可以生成工程中常用的二维工程图

(1)三维数字模型的俯视图就是二维的工程平面图,可以直接在上面查阅工程节点的平面坐标 X、Y。

(2)通过"剖切""截切"等命令,可以求得任意处工程的断面图、剖面图。

(3)其主视图上可以查阅工程各个节点的高程。

(4)通过查询"质量、体积"命令,可以得到某项工程的体积(工程量)。

16.4.3　查阅工程各个节点的三维坐标

查阅三维数字模型上各节点的三维坐标 X、Y、Z 是其重要的功能。即便不是实体的节点,通过"剖切"等命令,也会得到其截面各个特征点的三维坐标。这项功能对于测量人员非常有用。例如,对于多层的复杂结构和复杂曲线结构,采用常规方法计算其特征点比较烦琐。利用三维数字模型就比较简便,其结果可以作为计算结果的检查。

16.4.4　制作各种技术会议的演示用图

由于三维数字模型具有从各个视角立体观察工程内部结构,并能够立即看到工程到结构的尺寸,特别适用于各种技术会议演示。目前,已经广泛在向上级汇报、施工组织设计研讨、专家审查等会议上应用。

（1）工程质量、进度、投资和安全控制会议的汇报用图。

（2）施工组织设计研讨会议用图。

（3）专家审查会议用图。

该类图纸可显示本周的工程进度、质量、投资和安全信息，一般是在三维数字模型上加上进度、质量、投资和安全的信息。进度一般以桩号加颜色表示，投资是在进度旁边用标注的形式显示完成的投资金额，质量表示在演示时显示出质量好坏的部位，例如工程质量优质的部位、桩号等；安全是在发生安全事故的部位，一般加现场的许多照片。

16.5　整体工程的三维数字模型实例

溪洛渡水电站是我国第二大水电站，主体工程包括导流洞工程、地下厂房工程和双曲拱坝工程三部分。导流洞工程是最早开工建设的主体工程，共 6 条（左右岸各 3 条）。最长的 1# 导流洞长度为 1 952.6 m，最短的 4# 导流洞长度为 1 268.9 m，6 条导流洞总长为 9 474.4 m；导流洞最大规格为 $(34×30.7) m^2$，最小规格为 $(20×22) m^2$。

绘制导流洞的三维立体图从绘制单项工程的三维立体图开始，一般选择其中轴线的方向为 X 轴方向，绘制时可以利用正交模式简化绘制过程。对于多层的复杂结构，一般从底层开始分层绘制，各层之间使用相邻层之间的公共点作为连接的基准。

各个单项工程绘制完毕后，对单条导流洞按底板中轴线节点桩号和坐标进行连接。最终汇总整体的三维数字模型。具体请参阅图 16-11。

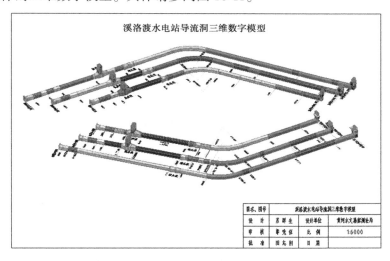

图 16-11　溪洛渡水电站导流洞三维数字模型

导流洞正在衬砌时照片和衬砌完工后照片参阅图 16-12、图 16-13 。

溪洛渡水电站导流洞总平面图如图 16-14 所示 。在 AutoCAD 上的世界坐标系（WCS）打开，可通过"查询/定位点"命令，可以查询任一处节点的平面坐标，但不能查询其高程 Z。

图 16-12　导流洞正在衬砌施工时的照片

图 16-13　导流洞衬砌完工后照片

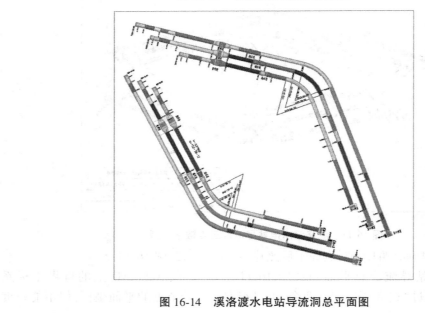

图 16-14　溪洛渡水电站导流洞总平面图

图 16-11 是溪洛渡水电站导流洞整体三维数字模型。由于其为三维立体的,在外观上,尤其是导流洞的方向上,与总平面图有明显的区别。在 AutoCAD 的世界坐标系(WCS)下,用"查询/定位点"命令,就可以查询任一处节点的三维坐标$(x$、y、$z)$。

16.6 直线形地下工程实测断面图的绘制

坐落在崇山峻岭的大型水利工程,由于地形的限制,除拦河大坝外,其余多数主体工程,例如发电机房和导流洞都位于地下。对地下工程的质量控制、工程量控制都依靠实测横断面的观测数据及处理。目前地下工程的实测都采用免棱镜全站仪进行。地下工程的测量控制一般采用导线形式。随着技术的进步,在地下工程测量中除使用工程坐标系外,在局部多采用了"桩号坐标系"。

地下工程开挖时的质量控制,目前常采用的方法是:①按照桩号坐标系实测开挖断面上各点的桩号坐标和高程,以桩号坐标系的 y(偏离中线值),z(高程)绘制某桩号的实测横断面;②绘制该桩号的标准设计断面图;③将标准设计断面的底边中点对准桩号坐标系的$(0,H)$(设计的底面高程)点,套绘在同一张图上;④在图上量取开挖断面的超欠挖工程量。

16.6.1 直线段桩号坐标系

16.6.1.1 桩号坐标系的基本概念

如图 16-15 所示,AB 为地下工程的中轴线,α 为中轴线的方位角。A 为中轴线上任一点,其工程坐标系平面坐标为:(X_0,Y_0),其桩号为 d_0。P 为地下工程的某个点,其工程坐标系坐标为(X,Y)。

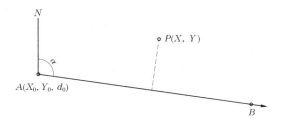

图 16-15 工程坐标系转换为桩号坐标系示意图

为了方便工程质量的控制与测量,隧道断面均采用桩号坐标系。桩号坐标系是为单项工程需要建立的临时坐标系,主要用于地下工程和道路。桩号坐标原点是变化的,即每一项工程有一个桩号坐标系与之相对应。为了与工程坐标系坐标区别,它是以隧道轴线 AB 为 U 轴;AB 右旋转 $90°$ 为 V 轴。V 值在偏离轴线 U 右侧为正、左侧为负。在控制工程质量时,V 值的准确值应当为隧道宽度的 1/2;桩号的 Z 轴即高程轴与工程坐标系完全相同。

16.6.1.2 将工程坐标系的坐标转换为桩号坐标系坐标

(1)将原点转换到中轴线上的 A 点

$$x' = x - x_0$$
$$y' = y - y_0$$

（2）将 X 轴旋转角度 α 为桩号坐标系的 U 轴

$$u = x'\cos\alpha + y'\sin\alpha + d_0$$
$$v = - x'\sin\alpha + y'\cos\alpha$$

整理后的公式为

$$u = (x - x_0)\cos\alpha + (y - y_0)\sin\alpha + d_0$$
$$y = - (x - x_0)\sin\alpha + (y - y_0)\cos\alpha$$

上述公式中的 d_0 是 A 点的桩号，实际上就是将桩号坐标系原点从 A 点平移到 $0+000$ 点。上述公式可以在 Excel 中实现应用，具体如图 16-16 所示。

	A	B	C	D	E	F	G	H	I
1	x0	yo	do	α°	′	″	α (弧度)	sin α	cos α
2	7347.883	86169.175	0	103	51	23	1.812635935	0.9708991	-0.23949
3									
4	x	y	x1	y1			U	V	Z
5	7343.093	86188.593	-4.79	19.418			20.000	0.000	高程不变
6	7335.909	86217.72	-11.974	48.545			50.000	0.000	
7	7319.144	86285.683	-28.739	116.51			120.000	0.000	
8	7308.95	86283.168	-38.9332	113.99			120.000	10.500	
9	7329.339	86288.188	-18.5443	119.01			119.990	-10.498	

图 16-16　在 Excel 表格中用公式计算桩号坐标

表格的说明：

（1）方位角（° ′ ″）用 3 个单元格表示，这样便于将 60 进位（° ′ ″）转换为弧度制。具体公式为：=（D2+E2/60+F2/3 600）* PI（）/180。

（2）单元格 C5 = A5-\$ A \$ 2，D5 = B5-\$ B \$ 2，表示平移后的新坐标。

（3）单元格 G5 = C5 * \$ I \$ 2+D5 * \$ H \$ 2+\$ C \$ 2，H5 = =-C5 * \$ H \$ 2+D5 * \$ I \$ 2。

应用该表格时，宜先填写 X_0、Y_0、d_0 及方位角，然后填写各测点的工程坐标系坐标 X、Y、Z。

桩号坐标系对于地下工程的放样和工程质量控制都非常便利，现场放样时，Y 坐标值即为放样点偏离中线的距离，可以准确地对隧道掌子面进行放样，检查验收时，得出的隧道断面点的 X 坐标即为该点的桩号，Y 坐标值即为该点偏离中线值，Z 坐标即为该点高程，与设计断面对照，隧道的质量数据清清楚楚。目前桩号坐标系在道路和大型水利工程中已经普遍应用。

16.6.2　地下工程实测断面图的绘制

16.6.2.1　地下隧道断面实测的过程

实测已经开挖结束的大型隧道断面的过程如下：①先在隧道底面以上 1.5 m 处的两侧都用红漆标注断面的桩号；②在隧道中间架设免棱镜全站仪，用自由设站的方法迅速求得测站的桩号坐标系平面坐标和高程，并以此为基准施测断面点；③施测时一人站在标有桩号的隧道一侧，用手电灯光对准另一侧的桩号位置，以此从底部开始照准断面上各点，全站仪观测者将目标对准手电的光点，以此观测断面上各点的桩号坐标系坐标和高程；

④当一个断面观测结束后，拿手电的人转到下一个断面，进行下一个断面各点的施测。一般每个测站可以观测 3~5 个断面。图 16-17 是徕卡 1202 全站仪观测结果在 Excel 中打开的结果。

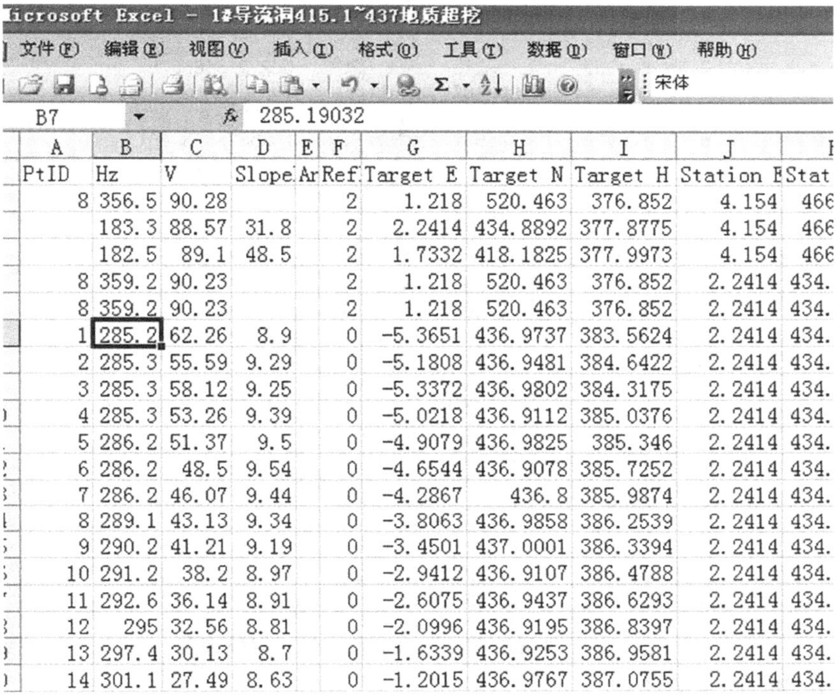

A	B	C	D	E	F	G	H	I	J	K
PtID	Hz	V	Slope	Ar	Ref	Target E	Target N	Target H	Station E	Stat
8	356.5	90.28			2	1.218	520.463	376.852	4.154	466
	183.3	88.57	31.8		2	2.2414	434.8892	377.8775	4.154	466
	182.5	89.1	48.5		2	1.7332	418.1825	377.9973	4.154	466
8	359.2	90.23			2	1.218	520.463	376.852	2.2414	434.
8	359.2	90.23			2	1.218	520.463	376.852	2.2414	434.
1	285.2	62.26	8.9		0	-5.3651	436.9737	383.5624	2.2414	434.
2	285.3	55.59	9.29		0	-5.1808	436.9481	384.6422	2.2414	434.
3	285.3	58.12	9.25		0	-5.3372	436.9802	384.3175	2.2414	434.
4	285.3	53.26	9.39		0	-5.0218	436.9112	385.0376	2.2414	434.
5	286.2	51.37	9.5		0	-4.9079	436.9825	385.346	2.2414	434.
6	286.2	48.5	9.54		0	-4.6544	436.9078	385.7252	2.2414	434.
7	286.2	46.07	9.44		0	-4.2867	436.8	385.9874	2.2414	434.
8	289.1	43.13	9.34		0	-3.8063	436.9858	386.2539	2.2414	434.
9	290.2	41.21	9.19		0	-3.4501	437.0001	386.3394	2.2414	434.
10	291.2	38.2	8.97		0	-2.9412	436.9107	386.4788	2.2414	434.
11	292.6	36.14	8.91		0	-2.6075	436.9437	386.6293	2.2414	434.
12	295	32.56	8.81		0	-2.0996	436.9195	386.8397	2.2414	434.
13	297.4	30.13	8.7		0	-1.6339	436.9253	386.9581	2.2414	434.
14	301.1	27.49	8.63		0	-1.2015	436.9767	387.0755	2.2414	434.

图 16-17　徕卡 1202 全站仪采集的地下工程断面数据格式

从徕卡全站仪得到的数据的 H 列为断面的桩号，从中可以看到实测断面时，现场很难准确确定横断面的位置，一般要求桩号的误差在±0.2 m，实际实测时，在断面线上会遇到较大的凸起或凹坑，现场无法准确观测到断面线上点，这时可适当前后移动（桩号误差大于 0.2），保证现场实测到断面凸凹处整体效果。

现场采集原始数据，内业将全站仪的数据传输至计算机，用 CASS 软件绘制地形图，再用施测的原始地形图切出断面图，与设计断面图合成后，得到合成图。在合成图上进行方量计算；对于地下工程，合同要求每 3 m 施测一个断面。每个断面也有设计的标准断面和施工后用免棱镜全站仪施测的现场施测断面，同样需要进行合成为合成断面图。然后在图上检查断面的超欠挖量和计算实际开挖量。合成断面图还包括图框、坐标方格网和图标。最后利用软件对合成图进行处理和方量计算。下面以地下工程为例，对各个过程进行介绍。

16.6.2.2　数据的整理

（1）删除不必要的行和列。

图 16-17 中的数据前 5 行是全站仪观测导线点的记录，首先予以删除。B、C、D、E、F 及 J、H⋯

（2）将上述表格中的 C 列测点偏离中线的矢量值）和 D 列（Z 高程）两列合并为一列

（采用 CONCATENATE 函数），得到的新列如图 16-18 所示。

A	B	C	D	E
E3			f_x	=CONCATENATE(C3,",",D3)
	0+070断面实测结果（桩号坐标系）			
	U（桩号）	V（偏离值）	Z	
1	69.937	-1.033	366.625	-1.033,366.625
2	69.959	-5.272	366.825	-5.272,366.825
3	69.98	-10.487	366.52	-10.487,366.52
4	70.081	-10.571	372.573	-10.571,372.573
5	70.078	-10.537	378.661	-10.537,378.661
6	70.065	-10.752	383.977	-10.752,383.977
7	69.95	-9.981	385.252	-9.981,385.252
8	69.967	-6.48	388.49	-6.48,388.49
9	70.085	-2.905	389.442	-2.905,389.442
10	70.007	2.259	389.677	2.259,389.677
11	70.015	5.694	388.24	5.694,388.24
12	69.975	8.544	386.567	8.544,386.567
13	69.929	9.645	385.194	9.645,385.194
14	70.042	10.534	384.282	10.534,384.282
15	69.958	10.316	383.021	10.316,383.021
16	69.931	10.545	381.467	10.545,381.467
17	69.892	10.452	378.321	10.452,378.321
18	70.036	10.566	375.878	10.566,375.878
19	70.071	10.431	373.413	10.431,373.413
20	69.987	10.628	371.078	10.628,371.078
21	69.584	10.41	369.593	10.41,369.593
22	69.905	10.548	366.744	10.548,366.744
23	69.941	7.538	366.725	7.538,366.725
24	69.824	2.033	366.878	2.033,366.878

图 16-18　某导流洞 0+070 断面实测结果整理表

16.6.2.3　施测断面图的绘制

每次将上面表格中的最后一列的一个断面数据复制，打开 AutoCAD 中的 line（绘直线）命令，将复制的数据进行粘贴，即可自动绘制出 0+070 断面图隧道。按上述操作绘制的断面图会出现最后一段的空格，再连接一下，便得到整体的 0+070 断面图，具体如图 16-19（a）所示。

16.6.2.4　标准设计断面图的绘制

如图 16-19（b）所示，0+070 断面标准尺寸已经在图上标出，其底边中点设计高程为366.820。按照图中参数即可绘制出该标准设计断面图。应当注明其底边中点设计高程。

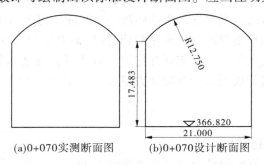

(a)0+070实测断面图　　　(b)0+070设计断面图

图 16-19　某导流洞 0+070 实测断面图与标准设计断面图

16.6.2.5 合成断面图的绘制

从图 16-19 可以看出，在桩号坐标系中，设计断面底边中点的桩号坐标系 U、V、Z 坐标应当为（70,0,366.820），左下角点为（70,−10.5,366.820），其右肩点的高程应为 366.820+17.483 = 384.303，故右肩点的桩号坐标系坐标为（70,10.5,384.303）。

在绘制实测图的二维坐标系中，只要标出上述 3 点中的其中一个坐标，将标准设计断面图的 1 个对应点移至该点，便成为合成图，按图 16-20 所示。实际上一般使用底边中点即可。

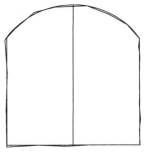

图 16-20　某导流洞 0+070
实测与设计断面合成图

16.6.3 应用断面图进行质量控制和地下工程量的计算

地下工程断面图在工程中的应用主要有以下几项：①根据合成图对地下工程的开挖进行质量控制，标明每个断面的超欠挖处；②计算地质超挖量；③作为地下工程验收的主要依据之一，进行归档。

16.6.3.1 利用断面图进行地下工程的质量控制

地下工程开挖时要进行放样，对于大型隧道除放出中心位置外，还要对凿眼位置进行放样，采用凿岩台车进行钻孔，孔深 4 m，每个循环进尺 3 m 多（每天可打 2~2.8 循环，进尺 8~10 m）。合同要求每 3 m 观测一个断面，也就是说，每放一次炮，都要实测一次断面进行质量控制。

质量控制依据实测的断面图，断面施测时采用免棱镜全站仪绕断面一周进行观测，坐标系统为桩号坐标系，得出的 X 坐标即为断面的桩号；Y 坐标即为洞壁各点偏离中线的距离（偏左为负值，偏右为正值）；H 即为观测点的高程。

进行数据处理包括将全站仪观测的每个断面数据绘制成实测断面图，将每个实测断面图与设计的标准断面图以中心点的位置和高程叠加后，得到合成断面图。所谓检测隧道的开挖质量，就是计算并在合成图上标出实测点与设计的差异，如果实测点的位置在设计断面以外，就是"超挖"，反之就是"欠挖"。

在合成断面图上，可以直观地看出超欠挖方的位置，并将超欠挖部位的超欠挖量表示出来，具体如下：

在 CAD 下，调出合成断面图；首先标注超挖部分，超挖部分的加前缀"+"，打开"标注样式"见图 16-21。点击"标注\对齐标注"，选择实测断面图的超欠挖部位点击，点击设计断面图上的对应位置，单击右键确认，结束。

一般欠挖加前缀"−"。具体操作步骤与超挖部分相似，读者可以参照上述步骤进行欠挖部分的操作。

合成图标注超欠挖量后的形式如图 16-22 所示。

16.6.3.2 超挖量的计算

1.超欠挖量

所谓超挖量，就是在某个断面图上，实测图边界线大于设计图边界线形成的各个多边

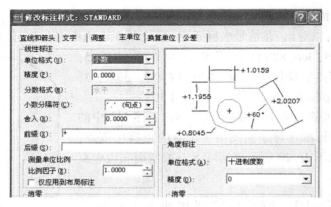

图 16-21　修改标注样式

形的面积总和;所谓欠挖量,就是实测图边界线小
于设计图边界线形成的多个多边形的面积总和。

2.超欠挖面积计算

打开"边界"命令,显示如图 16-23 所示,在
"对象类型"中选择"多段线"。

点击"新建"命令后,图 16-23 消失,依命令行
提示依次选择所要创建新边界的对象,选择完毕
后确认,又出现图 16-23,点击"拾取点"命令,依
次在超欠挖部位内部点击即可。

用"面积(AREA)"命令后命令行出现"指定
第一个角点或[对象(O)/加(A)/减(S)]",输入
A 后命令行出现"指定第一个角点或[对象(O)/

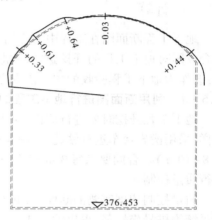

图 16-22　标注超欠挖量的合成图

减(S)]",输入 O 后命令行出现"(│加│模式)选择对象"依次将同一断面的各个超、欠
挖部位的面积汇总。

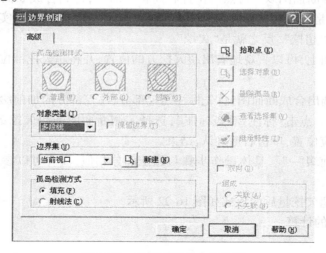

图 16-23　边界创建命令复选框

体积计算以两个相邻面积为底的梯形公式计算。

16.6.3.3 断面图的收集与归档

对于地下工程来讲,断面图是重要的技术资料,无论质量控制和成果归档,都必须完整予以保存。目前检查验收对断面图的要求都必须签字齐全,符合统一的格式。因断面图数量太多,平时在单元工程、分部工程验收时,就要收集完整,到整体工程结束验收时,就容易收集齐全。

断面资料收集的最有效的方法是建立断面图库,用数据库保存最好。

16.6.3.4 一次绘制多个实测断面图的方法

上述的方法即为地下工程实测断面绘制的基本方法,此方法的缺点就是每次仅能绘出一条断面。如果一次实测了多个横断面,则需要多次采用本方法依次绘制出各个断面图。经过探索,只要在 Excel 表格中对多个断面数据进行一下整理,便可以一次在 CAD 下绘制多个断面图,这里予以介绍。

在 Excel 中进行数据转换的原理,其实就是人为地将各个断面实测数据分离开,使观测数据能在 CAD 下一次绘制出来,具体的方法如下:

(1)在 Excel 表格的 Target E 列后新插入一列,写入公式:

$$E+A\times(\text{INT}(N+0.5)-K)$$

式中:K 为所测断面的最小整桩号,m;E 为 Target E(B1)单元格;N 为 Target N(C1)单元格;A 为系数,当所测断面桩号间距为 1 m 时,$A=20$,当所测断面桩号间距为 n 时,$A=20/n$。

这个公式的作用是将桩号各相临 1 m 的不同断面测点的 E 坐标值,依次增加 A,从而达到各个断面 E 坐标值相差 A,绘出的断面线不会重叠。

(2)将所测全站仪数据中的新"E 坐标"和"高程 H"两列数据合并为一列,用 CONCATENATE 函数将两列合并为新的一列,两列之间用","连接。

(3)将每个断面数据之间插入两行空行。

(4)将本列数据复制。

(5)打开 CAD,选"多段线"命令点击,在命令行的最后用右键单击,出现子菜单,选"粘贴"即可绘出全部断面。

(6)注意:绘出的断面桩号是由左到右逐步增加的。

16.7 "截面平面"命令在制作工程剖面图、断面图时的应用

前面在生成三维实体的剖面图、断面图时多使用剖切、截切命令,这两个命令的功能单一,而"截面平面"(sectionplane)命令功能众多,可以生成断面图,又生成剖面图。在需要时,可以转动角度查看实体。本节结合实例介绍其应用。

"截面平面"命令使用一个透明的截切平面与三维实体相交,生成一个活动截面。激活活动截面后可以在静止状态或在三维模型中移动查看模型的内部细节。

"截面平面"命令的功能较多,但需要的设置较多,不同的设置会得到不同的结果。

16.7.1 "截面平面"命令的基本操作

从图 16-24 可以看出,过渡段的起点断面为正常的隧道断面,但终点断面内框为长方形、外框的边框为长方形、顶部为半径为 33.25 的圆弧,且宽度和高度均与起点断面有明显的差异。三维立体图在绘制时是按照设计的各个横断面、底板高程,用"放样"命令绘制的。绘制时依据的横断面如图 16-25 所示。

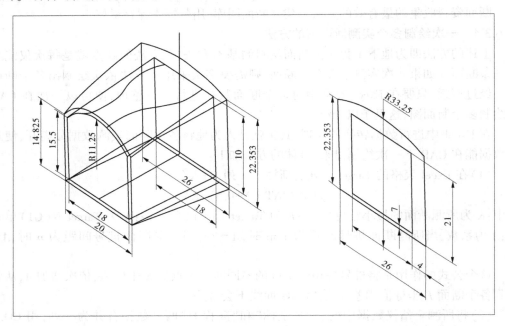

图 16-24　溪洛渡 1#导流洞竖井前过渡段三维立体图及断面图

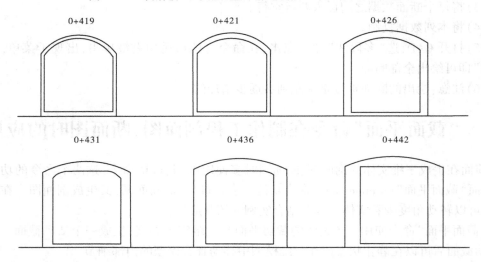

图 16-25　某导流洞竖井前过渡段横断面设计图

在工程建设中,创建单项工程的三维立体图后的工作就是利用三维立体图创建控制施工过程的施工用图。施工用图包括施工断面图、截面图和剖面图等。"截面平面"命令可以完成上述施工图的制作。

"截切平面"命令生成一个透明的截面平面与三维模型相交,这个平面对象在不激活时,只是保存三维实体有关这个截面的多种信息。激活后具有多种功能,选择不同的功能完成不同的绘图操作。绘图结束后,可以删除该透明截面,但绘制的其他图形则予以保留,注记尺寸后就作为施工用图。

16.7.1.1 创建"截面平面"的操作

(1)准备工作:绘制垂直于中轴线的各桩号横断面水平线:如图 16-26 的 0+420、0+425、0+430、0+435、0+440 横断面线。以后分别用这些断面线生成"截面平面"。

(2)点击"面板/截面平面"命令后,命令行提示:"选择面或任意点以定位截面线或[绘制截面(D)/正交(O)]:"分别点击 0+420 横断面线的起、终点,便创建如图 16-26 的透明"截面平面"。

目前的 0+420 截面处于静止状态,已经保存了该截面的大量信息。

16.7.1.2 激活"截面平面"后的设置

激活"截面平面"后,首先应根据绘制施工图的要求,进行"截切平面"的范围、观看截面的方向等设置,以免"截面平面"的范围过大,将不需要截切的实体包括在内,得到过多的截切图。过多的截切图不仅没有用处,还会与有用的三维实体重叠,必须炸开后才能删除。

选中截面对象:点击截面线,或单击截面的边界,则截面上出现夹点,如图 16-27 所示。

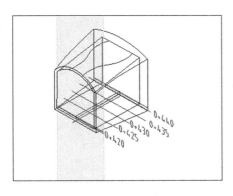

图 16-26　创建 0+420"截面平面"

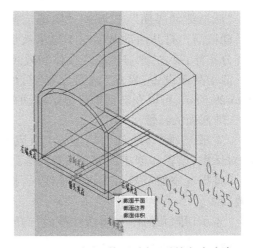

图 16-27　选中"截面对象"后的各个夹点

使用夹点可以操作活动截面:

左端点夹点:按住并左右拖动拉伸截切平面。

右端点夹点:按住并左右拖动拉伸截切平面。

箭头夹点:按住并沿垂直于截面线的线段(中线)方向拖动,可以前后移动截面。

方向夹点：单击方向夹点，可以反转截面平面的方向。

菜单夹点：单击显示截面菜单（"截面平面""截面边界""截面体积"）三种状态，可以选择截切范围。

打开选择"截面边界""截面体积"，按住并移动有关夹点，可以选择截面平面的范围。

截面平面：显示截面线和透明截切平面，截切平面向所有方向无限伸展。实际应尽量少用此项。

截面边界：以二维方框的形式显示截切平面的 XY 范围，可以沿 Z 轴无限延伸。

选中后，可以手工调节 XY 的范围，从而可以显示某桩号间的实体。

截面体积：以三维方框的形式显示截切平面在所有方向上的范围。

选中后，可以手工调节 XY 的范围，从而可以显示某桩号间的实体。

16.7.1.3　使用截面对象快捷菜

选中活动截面后，右键单击打开快捷菜单，如图 16-28 左图所示，点击"生成二维/三维截面……"，生成二维或三维截面。

图 16-28　截面设置菜单与"生成截面/标高"选择框

"激活活动界面"：打开和关闭选定截面对象的活动截面。打开活动截面时不显示被切除的那一部分实体；反之，则显示整个实体和截面对象。

活动截面设置：显示"截面设置"对话框。如图 16-29 所示，可以在对话框中显示活动截面或断面、三维截面的特性。

"生成二维/三维截面"：显示"生成截面/标高"对话框，设置和创建二维截面和三维截面。

"将折弯添加至截面"：将其他线段、折弯添加到截面线。

"显示切除几何体"：当活动截面打开时，在菜单上选择该项，将显示实体的切除部分。

16.7.1.4　确定"截切平面"的范围实例

在创建"截切平面"时，应当首先确定截切平面的范围，有三个选项："截面平面""截面边界""截面体积"。其中"截面平面"选项显示截面线和

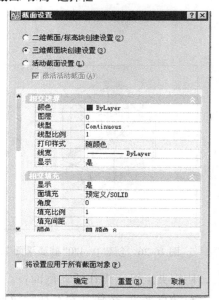

图 16-29　活动截面设置对话框

透明截切平面,截切平面向所有方向无限伸展。在应用时,会将屏幕上所有实体都包含在内,造成图面的混乱。

本例在 0+425 处创建"截切平面",通过选用"截面边界选项",会得到 0+425~0+435 的实体及截面,具体如图 16-30 所示。

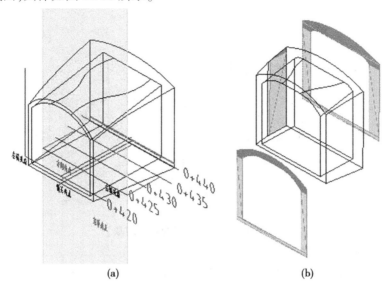

(a)　　　　　　　　　　　　　　　(b)

图 16-30　用 0+425"截切平面"得到 0+425~0+435 段实体和截面图

具体操作如下:

(1)点击"面板/截面平面"命令后,命令行提示:"选择面或任意点以定位截面线或[绘制截面(D)/正交(O)]:"分别点击 0+425 横断面线的起、终点,便创建如图 16-30(a)所示的透明"截面平面"。

(2)点击"菜单夹点",选择"截面边界",则在水平面上显示红色的方框,按住边框箭头,将边界线移至 0+435 断面线。

(3)打开"生成二维/ 三维截面 ……",自动打开"生成截面/标高"对话框,选择"三维截面",点击"创建",命令行提示:

指定插入点或 [基点(B)/比例(S)/X/Y/Z/旋转(R)]:(选择合适的点点击)

输入 X 比例因子,指定对角点,或 [角点(C)/XYZ(XYZ)] <1>:(回车)

输入 Y 比例因子或 <使用 X 比例因子>:(回车)

指定旋转角度 <0(回车),便得到图 16-30(b)结果:0+425~0+435 段的实体和前、后两个截面

(4)"炸开"三维截面。选中"三维截面",点击"分解(炸开)"命令,将三维截面分解开来。

用"移动"命令将 0+425 断面图前移,将 0+425 断面图后移,就得到图 16-30(b)的结果。

(5)在图 16-30(b)中,还有一个方块,它是在截面范围的另一个断面图,可以移出并删除。

16.7.2　创建具有折弯线段的截面对象

"截面平面"命令还可以创建带有折弯的截面对象,具体如图 16-31 所示。

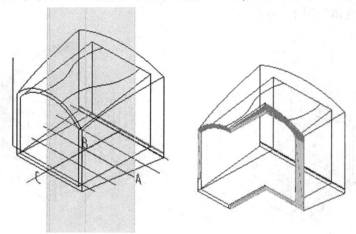

图 16-31　创建带折弯的截面对象

创建带折弯的截面对象操作如下:

(1)在过渡段三维立体图底板上建立新的 UCS,并沿中轴线和 0+435 断面线上绘制垂直的直线 AB、BC,作为折弯线。

(2) 打开"面板/ 截面平面"命令,命令行提示:

①命令:sectionplane

选择面或任意点以定位截面线[绘制截面 (D)/ 正交(O)]:d 回车,(输入 d 选项绘制截面)

指定起点:(拾取 A 点)

指定下一点:(拾取 B 点)

指定下一个点或按回车键(拾取 C 点,回车完成)

②激活"活动截面"进行如下操作:①在菜单夹点中选择"截面平面";②移动"边界夹点 C 至直线与实体交界处"。

③打开生成二维截面/三维截面……",此时"生成截面/标高"对话框自动打开,选择"三维截面",点击"创建",命令行提示:

指定插入点或 [基点(B)/比例(S)/X/Y/Z/旋转(R)]:(选择合适的点点击)

输入 X 比例因子,指定对角点,或 [角点(C)/XYZ(XYZ)] <1>:(回车)

输入 Y 比例因子或 <使用 X 比例因子>:(回车)

指定旋转角度 <0(回车)

便得到图 16-31 的结果。

(3)说明。

操作(2)中,移动"边界夹点 C 至直线与实体交界处"是必须做的,才能得到图 16-31 的结果。

如果不移动 C 点,因边界在 C 点,A、B、C 三点均不与实体相交,命令就理解为只需要截面平面图,而不会显示三维实体剖切后的结果。

随着 AutoCAD 版本的更新,像"截面平面"这样的复合新命令会在新的版本中不断出现。一方面这些新命令可以完成以前版本中多个命令才能完成的操作;另一方面,命令的设置也会增多,设置不同,得到的结果也不相同。本例就是向读者提供一个个例,请按本节的步骤操作一下,得到的结果不一定就是本节图中显示的结果但通过修改设置,就能够得到图中显示的形式。

参 考 文 献

[1] 刘霜艳,黎玉彪,戴成亮.AutoCAD 中文版辅助设计教程[M]. 北京:清华大学出版社,2005.

[2] 崔洪斌,王爱民.AutoCAD 2007 中文版实用教程[M].北京:人民邮电出版社,2006.

[3] 王利.计算机绘图(中级)——AutoCAD 2008 版三维建模与深入应用[M].上海:同济大学出版社, 2010.

[4] 张满栋,杨胜强.土木水利工程制图及计算机绘图[M].北京:机械工业出版社,2011.